光明城
LUMINOCITY

看见我们的未来

空间 → space
文本 → text
文献 → literature
访谈 → interview
书评 → book review

sac→ volume#9

建筑文化研究
studies of architecture & culture
第9辑
历史与批判
history and critique

主编 editor → 胡恒 HU Heng

南京大学建筑与城市规划学院 /
南京大学人文社会科学高级研究院
→ 主办

同济大学出版社
TONGJI UNIVERSITY PRESS
中国 · 上海

对于现代历史学者来说，历史研究具有批判性，这再正常不过。只要能够纠正对历史知识的误解与偏见，补充对历史认知的缺陷，提供对历史对象的正反面的对照解读，批判就可实现。很多历史学家已经这么做过。正如“批判史学”已经是个专有概念。

这里，我想谈的是，历史对我们能否作出批判？

这个问题可能要分三个层次。其一，历史对我们有无意义？其二，历史能否促使我们反思？其三，历史能否帮助我们改变“现实”？

对于第一个问题，如果“我们”是研究者，那么就有肯定答案。历史，无论是知识还是方法，对研究者都有莫大意义。它在改善、建立研究者的知识格式塔之余，还会用自己的某种特质（比如自由意志）来冲击研究者的内心，唤起共鸣。就像福柯在《知识考古学》第一章的最后写的：“总而言之，你们想象一下我在写作时经受了多少艰辛，感受到多少乐趣，如果我——用一只微微颤抖的手——布置了这样一座迷宫的话，你们还认为我会执着地埋头于这项研究，而我却要在这座迷宫中冒险，更改意图，为迷宫开凿地道，使迷宫远离它自身，找出它突出的部分，而这些突出部分又简化和扭曲着它的通道，我迷失在迷宫中，而当我终于出现时所遇上的目光却是我永远不想再见到的。无疑，像我这样，通过写作来丢面子的，远不止我一人。敬请你们不要问我是谁，更不要希求我保持不变，从一而终：因为这是一种身份的道义，它支配我们的身份证件。但愿它能在我们写作时给我们以自由。”

福柯将历史当作迷宫，将写作看成在迷宫中冒险。冒险的意思就是，在迷宫中看到自己的另一面貌，“丢面子”，以及开凿地道，改变迷宫。前者改变自己，后者改变历史。塔夫里曾抱怨美国同行们一直将其研究定性定位在20世纪70年代中期，“我认为，我不应当被轻易程式化，但是……在美国，提及我的人从来没有把事情放在历史的语境中去讨论：1973年不是1980年，不是1985年。”可见，塔夫里就是福柯所描述的那种能够通过写作改变自己的人。与福柯一样，塔夫里也认为历史写作（冒险）的终极目的就是主体的自由。他在《历史计划》一文的结尾写道：“研究越界和形式写作，把它们作为一种超越，作为驶出赫克勒斯石柱之外，超越法定界限的主体的远航。”自由或者说“超越法定界限的主体的远航”大概就是历史之于研究者的终极意义了。

那么，对于作为读者的“我们”，历史的意义又在何处？这就是第二个问题的内容。读历史可以促使我们反思自身（以及现实）吗？读哪种历史可以帮助我们反思？或者反过来，哪种历史会吸引我们去读、去反思？

我觉得，作为知识的历史迷宫，会让读者获得求知的满足。而作为被"开凿地道"的、传递着"自由"精神的历史迷宫，也许会激起读者更深层的共鸣。这种共鸣不是基于情感、情绪的，而是关于思维的。

用现代思维来研究历史，用只属于我们这个时代的研究方法来写作（如果用福柯的话说，就是那些"使迷宫远离它自身"的方法），就会让历史超出知识的范围，与读者产生深层共鸣，产生冲击，产生反思。我是这样认为的。

福柯在《知识考古学》中区分了传统的历史方法与自己的"新史学"方法："普通历史"与"总体历史"。普通历史旨在重建某一文明的整体形式，某一社会的原则，某一时期的全部现象所共有的意义，涉及这些现象的内聚力的规则。它与三种假设相关：第一种，假设某种同质的关系系统（因果关系、类比关联）的存在；第二种，假设历史的同一形式包含经济、社会、心理、技术、政治；第三种，假设历史本身是由阶段或时期连接起来的，它们是历史的内聚力的原则。福柯用总体历史对传统的普遍历史进行批判，提出了历史的新任务。"摆在我们面前的问题是：确定什么样的关系形式可以在这些不同的体系之间得到合乎情理的描述；这些体系能形成什么样的垂直系统；这些体系之间的关联与支配关系是怎样的；差距、不同的时间性和多种记忆暂留可能产生什么后果；在哪些不同的整体中，一些成分会同时出现；简言之，不仅要确定什么样的体系，还要确定什么样的'体系中的体系'——或者说，什么样的'范围'有可能建立起来。一个全面的描述围绕着一个中心把所有的现象集中起来——原则、意义、精神、世界观、整体形式；相反地，总体历史展开的是某一扩散的空间。"

福柯用现代思维来锻造总体历史的构成法则与方法论。这使他的写作充满了生命力。无论他研究的对象是18世纪的法国（《词与物》），还是两千多年前的古希腊（《性经验史》），我们都能从中体察到那些古人、古物、古代行为与我们此刻当下紧密联系在一起，脉搏一起跳动。阅读带来的反思几乎是不可避免且强劲有力。

那么，现代思维是什么样的呢？历史学家如何将之贯彻到写作中？我想，首先它是之前没有出现过的。其次，它必然产生于当代哲学（思想家），也就是马克思、尼采、弗洛伊德。比如福柯所说的在不同体系之间寻找某种关系形式来进行有说服力的描述，这显然就来自弗洛伊德在梦及潜意识世界与语言系统之间建立的联系。“在哪些不同的整体中，一些成分会同时出现；简言之，不仅要确定什么样的体系，还要确定什么样的‘体系中的体系’——或者说，什么样的‘范围’又可能建立起来”，这一观点显然来自马克思的《路易·波拿巴的雾月十八日》一书。而一切价值全部重估，且对主体自身保持不断的灵魂拷问，这自然来自尼采。没有这些现代思维的创造者，福柯的总体历史就无从谈起。

由现代思维推动的历史研究，是有着现实力量的。它除了给予读者以精神反思之外，还能动态地介入现实世界之中，对现实的构成产生作用。就像马克思的《路易·波拿巴的雾月十八日》、福柯的《规训与惩罚：监狱的诞生》，这些著作远远超出知识的范畴，对我们身处的世界产生强烈的冲击。《路易·波拿巴的雾月十八日》成为全世界无产阶级革命的推动器，《规训与惩罚》对现实秩序、规则、权力结构提出挑战。这是历史对现实产生批判性的最佳案例。

福柯在《什么是批判？》一文中阐释了批判的本质内涵：“批判的焦点本质上是权力、真理和被统治者的相互牵连的关系——一个牵连另一个，或另两个。如果纳入统治作为一种运动真的就是在一种社会实践的现实中借助以真理为名的权力机制来压服个人，那么我要说，批判就是这样一种运动，通过这种运动，被统治者向自己提供了一个权利，以便就真理的权力影响来质疑真理，就权力对真理的叙述来质疑权力。批判的本质功能就是在人们称之为‘真理的政治学’的那种游戏中来消除服从。”这段话为我们理解历史对现实的批判性的具体动作提供了明确的指向。历史不是帮助现实走向某条更美好的道路或提前实现某种目标，而是在“真理的政治学”中去消解某种无所不在的“统治”与“服从”。

这种批判性对我们提出了更高的要求。有着现代思维、掌握着新的史学方法论的历史学家，只是具备了基本的研究历史的能力。要想完成真正的批判性历史写作，他还得具有在“真理的政治学”游戏中通关的本事。

我的“当代史”系列也曾希望延续这种历史的批判性写作之路。我将福柯所说的在不同体系之间建立有说服力的关系形式作为“当代史”的基本原则。我用事件作为关系形式的切入点，将过去与当下这两套时空“体系”联系起来。“在哪些不同的整体中，一些成分会同时出现”，这就是当代史中的“周期”概念的来源，过去与当下能连成一个周期，正在于某些潜伏于过去的东西在当下爆发（事件）。这种爆发具有传染性、协同性、群体性。福柯所说的“体系中的体系”，我在一项研究中将之转换成“周期中的周期”。“不同的时间性和多种记忆暂留可能产生什么后果”，这句话更是我的“遗忘”系列研究的一个重要参考，对他的方法借鉴颇多。至于在“真理的政治学”的游戏中破解权力与真理的隐秘联系，“消除服从”，实现自由、“主体的远航”，这些看起来还是很遥远的目标。

本辑主题是“历史与批判”。目的很清楚：我希望将之前第4至第6辑针对“当代史”系列的研究与第8辑塔夫里的历史方法论放在一起，延续关于中国建筑的历史批判的构想。

就我所认知，塔夫里的历史研究是对马克思、福柯的新史学精神的重要继承。说他是马克思与福柯的思想在建筑领域的最响亮的回响亦不为过。其实，在当代建筑史研究中运用新史学的方法和理念的并不少，但是正如上文所说的，能够在“真理的政治学”游戏（按照塔氏的说法就是“复杂的权力的微观物理学”）中“冒着危险大杀四方”的却是罕见，能与塔氏并肩的几乎无人。塔夫里是真的像福柯那样在现实中运用历史来对权力结构、制度进行正面对抗、“消除服从”，并且为此付出了高昂的代价。

本辑主体内容按批判的对象分为“历史空间”与“历史文本”。一则是“空间批判”，一则是“文本批判”。另外收入塔氏的两则访谈压轴。按我个人的标准来看，现有的这些中国研究与“真理的政治学”尚有距离，但大家运用新史学的现代思维已成明显势态。对于这些研究者，如想推进批判之力，那么“就真理的权力影响来质疑真理，就权力对真理的叙述来质疑权力”这两条福柯指明的批判之道，理应被列入写作备忘录，朝夕揣摩、不懈实践才是。

空间 → space

目录

文本 → text

文本 → text

文献 → literature

访谈 → interview

书评 → book review

空间 → space

瞬时惊奇：对作为社会现象的南京大报恩寺遗址公园的一种观察[01]（诸葛净，东南大学建筑学院）

引言→ 2015 年12 月17 日开始向公众开放的南京大报恩寺遗址公园是一处难以定义之地。对于这个场地的不同想象及其阐释，以不无冲突的方式在这个场地中并置。这种混杂使大报恩寺遗址公园受到参观者的喜爱，一时间成为"小红书"和"大众点评"上颇具人气的景点，[02] 成为当代城市地标，这映射出当代城市社会状态的一种典型症候。

大报恩寺遗址公园在江苏南京城南，位于建造于明代的城门中华门外；北邻护城河，即外秦淮河；往南可望见雨花山上的雨花阁。根据官方记载，大报恩寺在宋代长干寺的基址上建造于1413—1428 年，是明朝永乐皇帝为纪念他的父亲和母亲而下令营建。寺中有一座高80 米左右、以五彩琉璃贴面的佛塔。该塔被视为15 至19 世纪南京城的象征，并给16 世纪以后来到南京的欧洲传教士、外交使团或军队留下深刻印象。（图1）1854 年，大报恩寺塔与寺院毁于太平天国战争，所在场地逐渐为民居、工厂或机构所占据，仅留下几处遗迹与几个地名。大报恩寺遗址公园的规划建设始于大报恩寺塔的重建项目，起始可追溯至2001 年，后由市政府推动，并于2015 年完成一期工程的建设，当年12 月16 日举行开园仪式，17 日对公众开放。二期工程仍在进行中。该项目历时十余年，项目性质从塔的重建转向寺院遗址公园，经历了包括国际竞赛在内的多达20 轮的方案修改，[03] 期间南京市政府数次换届，社会、政治、经济等方面的外部环境也在变化，这些都使该项目进程变得极为复杂。就项目

01 "小红书"App 最初主要是作为海外购物指南的社区电商平台，现在已经成为各类产品推荐和发表评论的平台。"大众点评"同样是包含美食、景点等在内的汇集使用者各类评论的网络平台。大报恩寺遗址公园在2018 年8 月的"大众点评"上评分为五颗星，共有1167 人评价。对比一下同一时间中山陵景区的5000 多条评价，再考虑到大报恩寺遗址公园开放还不到三年，这个人气还是比较可观的。这两个 App 中的评论能较为直接地为我们提供来访者对于大报恩寺遗址公园的观感和印象。

02 本文在发表于2014 年的《从历史纪念物到新"都市奇观"——南京大报恩寺塔重建项目的案例研究》一文基础上修改而成，基本保留了"意义的生产"与"经营城市"的部分，但2014 年的文字着重于分析项目本身，而本文的关注点则是已建成的遗址公园。

03 陈薇. 历史如此流动 [J]. 建筑学报，2017（1）：1-7.

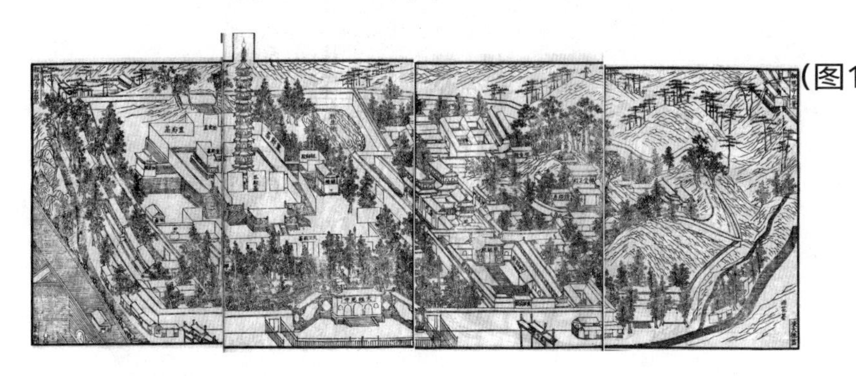

（图1）

（图1）《金陵梵刹志》中的大报恩寺

性质与最终呈现的结果而言，即依托历史遗迹而建成的旅游热点，比大报恩寺遗址公园更早的类似工程有杭州的雷峰塔、西安的大明宫遗址公园，与之同时期的有南京的牛首山——当然在宗教奇观方面，牛首山佛顶宫走得更远，让人回想起无锡的灵山。以及同样地，尽管奇观化的景观有可能引发专业者的批评，却无法回避这些地点受到大众喜爱这一事实。这些特点使得大报恩寺遗址公园这一案例的意义超越了规划、建筑设计的专业范畴，成为颇具代表性的、值得关注的社会现象，而这些现象既与话语相关，也与物质实体紧密联系，互相缠绕。

因而本文并非是对该项目规划与建筑设计的讨论，这一类研讨在建筑专业类杂志中已有充分反映；也并非站在建筑历史 / 遗产保护专业者的立场上对于在使用中看上去偏离了建筑师设计意图的种种表现加以批评，而是试图将场地、话语、建筑物、场景等作为整体的现象，视之为特定社会状态的表现，通过分析与描述项目进行过程中围绕历史对象和项目意义、由不同力量介入而生产的话语，以及最终呈现出的包含展陈、室内、使用者的反映以及晚间实景表演在内的整体体验，特别是建筑师、遗产保护专家的设想与现场体验和视觉奇观间的不一致，指出该项目如何打破了遗址博物馆、宗教场所和主题公园的类型边界，制造出可与商业综合体匹配的城市体验。这一现象是各方共谋的结果，如同疾病之症候，是我们观察当代中国城市社会的重要途径之一。

本文将首先对大报恩寺遗址公园的游览过程进行观察与描述，当然其中无可避免地包含有笔者的主观体验；既而紧接着展陈的叙述与主题，追溯并评述大报恩寺遗址公园项目进行过程中，由不同力量选择与建构而成的，围绕历史对象的一组意义。本文也将以物质和话语、历史和当下的关系为视角，探讨意义呈现过程中建筑师的视野与最终结果之间的矛盾与差异，指出与通常认为的博物馆、宗教场所和遗址公园相比，大报恩寺遗址公园所带来的体验的混杂性。将项目置于“经营城市”和“文化产业”的宏观语境中，探讨设计者、生产者、来访者如何通过将历史遗迹置入话语与物品的网络中，将其转变为文化产品，从而使其进入当下，成为仅属于此时此刻之物。

游园→ 大报恩寺遗址公园的入口与明代的大报恩寺一样朝西，面向穿越中华门的主路，即现在的雨花路。在入口处，正对来访者的是一座透明玻璃幕墙的大厅，

大厅上方以及透过大厅可以看到一座玻璃的塔式建筑吸引着来访者的眼光与镜头。玻璃厅的两侧是黄色的玻璃墙，反射出入口前方两侧两座明官式式样、红墙黄琉璃瓦的重檐歇山碑亭，在玻璃大厅与来访者之间，用围栏围起的，是经由考古揭示的低于现地平的御道遗迹与香花桥遗迹。在这片入口广场上，往往还放置着与临时事件相关的一些装置，灯杆上则悬挂着各种彩旗。在玻璃幕墙、新建的明官式碑亭与考古遗迹形成的严肃并置与对峙之间，这些临时装置把入口广场变得活泼欢快。(图2)

进入入口大厅前，人们会注意到侧面通向屋顶的大台阶，但前面摆着栏杆，禁止人们攀登。御道遗址一直延伸进入口大厅内部，大厅中心仍是考古遗址，并被透过玻璃天花的天光照亮。面向来访者的是天王殿夯土台基的遗迹及上面的柱础，台基与两侧建筑的基址也非常完整与清晰，不过从指示牌上并不能读出更多的信息。(图3)推荐的参观路线是从这里开始向左转，然后顺时针前进，因为考古发掘揭示出的寺院遗迹主要在场地的北半部。事实上也正是从这里开始，建筑内部被平行地切分成两个部分：朝向塔所在庭院的，是明亮、连续的原大报恩寺的画廊遗址；朝内的是一个个主题展厅串联起来的展示部分。(图4)主流线是顺着各个展厅前进的，而在展厅和遗址之间，建筑师使用了各种不同的

(图3)

(图2)

(图2) 大报恩寺遗址公园入口　(图3) 大报恩寺遗址公园入口大厅

方式建立联系，或是可以直接走到遗址上部的玻璃地板上向下看，或是在隔离一段时间后忽然出现一个开口，遗址又出现在眼前。再或是透过形状不一的窗或洞口，使人可以远观近眺遗址；这使得遗址对于展厅中的人而言，似乎成为窗外或室外的景，尽管它是和展厅一起被覆盖在整体的结构之下。(图5，图6)透过面向庭园的玻璃幕墙，中央的玻璃塔也时不时与画廊遗址一起进入来访者的视线。与此同时，通常来访者的注意力显然更多地被展厅吸引，展厅相互贯通又各自有不同的主题。

整个遗址公园北侧与遗址交织在一起的展厅中，展示内容是围绕着地方历史与佛教的一组叙述，从参观路线起始的"洗尘净心"开始，指示牌提示人们即将进入的是一处圣地。天花倒垂着五色的荷叶，颇有些拉斯维加斯贝拉吉奥酒店大堂的味道，色彩也与白墙另一侧的遗址形成强烈的对比。转过来的展厅大屏幕前是大报恩寺的复原遗址，大屏幕上循环播放着《长干佛脉》的宣传片，将场地的历史以视频的方式展现，有时会有人在此驻足观看录像。(图7)明代水工遗址上面悬挂着一组残碎的瓦，吸引人们的视线；其对面是在网友评论中出镜颇高的"千年对望"，创作了玄奘与佛祖对望的场景，灯的阵列描画出悬浮在空中的佛祖的容貌，营造出梦幻的效果。(图8)两旁展柜中是一系列佛头塑像，但说明牌上除了"印度佛像"几个字外，没有更多的内容。核心展示的物品应该是地宫出土的文物，(图9)按照出土时各物相套的顺序逐渐排开，尽端是置于投影与灯光中心的（复制的？）阿育王塔，周边环绕的展柜里是一系列各种形式的复制的塔。(图10)与该区域平行的是一组根据说明来自清雍和宫旧藏的佛教塑像，塑像前放置着参拜用的蒲团，因为并没有设置功德箱，塑像前钱币扔了一地。蒲团的存在暗示来访者这些塑像不是被旁观被展示的对象，而是具有宗教性质的神圣参拜对象。(图11，图12)

(图4)

(图5)

(图6)

(图7)

(图8)

(图9)

(图10)

(图11)

(图12)

（图4～图6）展厅　（图7）“长干佛脉”　（图8）“千年对望”　（图9）出土文物展示　（图10）阿育王塔　（图11）展厅　（图12）雕塑

(图13)

(图14)

(图15)

(图16)

(图17)

(图18)
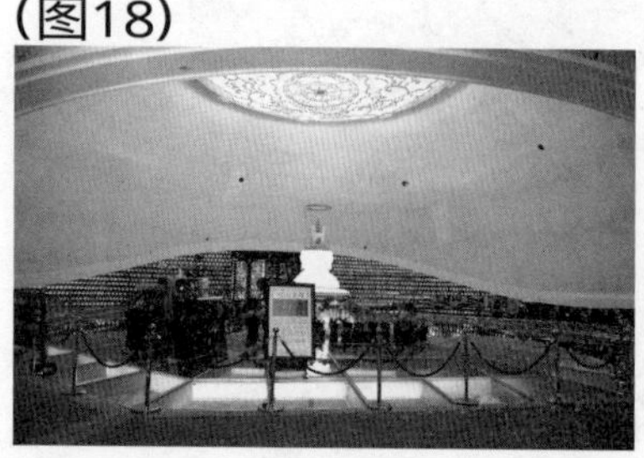

(图19)

(图13～图14)"莲池海会" (图15)"舍利佛光" (图16)"报恩林" (图17)"忘忧河" (图18)地宫 (图19)自塔顶眺望

另一些吸引人们关注的场景包括"莲池海会"以及一组南京各寺院模型等。而在转角处达到高潮的是"舍利佛光"，镜子的使用结合色彩变化的灯光点阵，构成从墙壁到天花板的覆盖，更增加了奇幻的效果，而且由于不会预期在遗址公园里遇见这样的场景，初次进入时人会很震惊。(图13~图15)

经过一段喇叭里不断重复着九色鹿故事的拱形画廊后，是寺院轴线东端的法堂遗址，之后整个主题似乎转向了"报恩"，而相似的感官刺激仍在继续。"报恩林"和"忘忧河"同样是在网友评论中出镜率极高的景点，人们纷纷在此摆出各种姿势拍摄照片。(图16，图17)小黑房间中循环播放着教导人们报恩的视频，有网友曾表示在此深受感动。之后来访者通常会转向中心的玻璃塔，从塔的南侧进入塔下的地宫，地宫中心处，在贝壳状的屋盖下供奉着在此出土的感应舍利，四围香花供奉，西面有一组法器。地宫四周墙壁上镶满供发愿者认领供奉的闪着金光的千佛。(图18)地面、墙壁千佛、中心高台的灯光，以及透过镂空钢板投射进来的日光，构成感官刺激之源。在特定时刻穹顶上会投影佛传故事。考古遗址则被覆盖在钢结构之下，除了覆土看不出究竟。可以从电梯直接登上玻璃塔顶层，在此四望，仍可想象当年引发来访者惊叹的景观：远山如屏障，而整个城市尽在眼底。(图19)北侧结构覆盖之下是复原的画廊，悬挂着当代画家的画作。(图20)与画廊平行的还有金陵刻经处的展厅，尽管与北侧展厅相比较为肃穆，但灯光秀仍占据着感觉的主导。(图21)

灯光、色彩、模型、绘画、视频、雕塑等多种手段营造的场景不断刺激着人们的感官，为来访者自拍留影提供了极好的背景。事实上，在"小红书"或"大众点评"的评论中，有相当一部分人确实将大报恩寺遗址公园定位为拍照圣地，是一个"很美"的地

(图21)

(图20)

南京城　（图20）画廊　（图21）展厅

方。与之相比，考古遗址是沉默的，尽管通过建筑物的处理，遗址时不时以不同的方式进入人们的视线，然而与展厅交织的结果，却使考古遗址成为与展厅中其他物品或场景一样的存在，一样的用于拍照留念的背景，除了悬置在遗址上方，意指原画廊形制的白色装置再次提供了视觉上的惊奇之外，人们并不能从遗址中读出比展厅中各类场景更多的东西。在这里，真实性（authenticity）被消解，有意义的只是此时此地的瞬间惊奇的现实。但是，绚丽的展厅与沉默素色遗址的并置仍能给人留下深刻的印象，声光效果与包括视频、投影在内的多种媒介的使用传达出一种“现代”感，很多在“小红书”或“大众点评”中留下评论的来访者都赞扬了这种“现代化”的处理方法，以及古代与现代并置的感觉。

意义的生产→ 遗址公园通过实景表演与展陈的各种手段表现出“佛教圣地”与“报恩”这两个主题。事实上在整个项目方案最终确定并建造之前，从2001 年开始，围绕着最初的大报恩寺塔及重建项目的意义有过长时间的讨论，相关文章不时见诸报纸、杂志以及互联网。一组丰富的 / 复杂的意义逐渐围绕着大报恩寺塔及工程项目而浮现，并与项目的进程交错，相互影响。在此过程中，历史学家、建筑师、政府以大众媒体为中介，既是意义的构建者，也是意义的接收者。这组意义不仅塑造了大报恩寺塔及大报恩寺在人们心目中的图像，而且赋予南京城以独特的价值。寺塔的历史与城市的历史交织在一起，以此为核心而被挑选与组织，并最终为遗址公园的场景叙事提供了线索。（图22）

历史学家，特别是建筑史学家，是最先认识到大报恩寺塔价值的一个群体，他们从文献材料中挖掘并尝试复原大报恩寺塔的形象；政府对重建项目的支持以及考古

(图22)

项目定位	中国古代建筑的伟大成就 世界七大奇迹之一							江南佛教中心 佛教之都		展示明文化、佛文化与报恩文化 三大主题		舍利移至牛首山供奉大报恩寺以明文化与报恩为主题	
考古发现							启动考古	发现宋长干寺地宫		发现阿育王塔与佛顶骨舍利 2010 年“中国十大考古发现”			
投资估算	1.3 亿元～1.5 亿元					10 亿元		25 亿元					
实施主体	秦淮区政府 成立“金陵大报恩寺塔建设有限公司”						南京市国资集团 组建南京市大明文化实业公司与金陵大报恩寺塔文化发展基金会						
项目进展	启动	第一轮方案设计（概念规划）		第一轮方案公示				第二轮方案公示			国际竞赛	奠基	
年份	2001	2002	2003	2004	2005	2006	2007	2008	2009	2010	2011	2012	2013

（图22）项目进展与相关重要事件的时间线

发掘发现的新材料，鼓励了历史学家的进一步研究。为了推动项目进展而对塔进行定位的需求，显然也影响了史学家，使其关注点从建筑史转变为佛教史。

现代学者对报恩寺塔的兴趣可以追溯至20 世纪初，但是系统研究出现在1980 年代以后。2008 年以前，大报恩寺塔被视为中国古代建筑的伟大成就，以及古代南京城市的象征物而得到强调与描绘，尤其是布满塔身的五彩琉璃以及塔的高度。建筑史学者对塔的复原研究，出发点正是对于塔与琉璃技术的建筑成就的推崇，并通过历史写作使报恩寺琉璃塔成为中国建筑史中的重要案例。相比之下，永乐皇帝建造大报恩寺的初衷——以之作为纪念父亲与母亲的私人纪念物，即“报恩”二字的含义，只作为附带的历史信息而一笔带过；大报恩寺在明代宗教管理制度与佛教圣物保存地中的重要地位也只在少数的相关学术研究中被提及。琉璃塔在欧洲的影响构成学者关注的另一个主题，在中国对欧洲园林与建筑的影响的文字中，报恩寺琉璃塔是公认的原型之一，但只是到了报恩寺塔重建项目被提出之时，报恩寺琉璃塔在欧洲游记中的脉络才得到梳理。南京在中国佛教史中的地位则在2007 年大报恩寺地宫考古发掘开始后才得到关注，宋长干寺地宫的发现以及阿育王塔和佛顶舍利的出土又迅速催生了一批论文。

在结合项目进展而展开的各种表述中，首先值得注意的是“外国人”或“西方人”对报恩寺塔的评价被反复引用，以佐证过去大报恩寺塔在建筑上的成就。[04] 这些表述中，“中世纪世界七大奇观之一”这一称号，因简短有力且又将报恩寺塔置于国际视野中加以评价，深得媒体青睐。但同时，媒体的引用并没有试图告诉读者究竟是谁提出的这一观点，匿名而笼统的“外国人”或“西方人”掩盖了欧洲各类相关文本间的差异，使得这些评价似乎是来自某种集体的认识，从而大大加强了它的可信度与说服力，因为这表明对于报恩

04 例如：“宝塔被西方人称为可与罗马斗兽场、比萨斜塔和亚历山大陵墓等相比的中世纪世界七大奇观之一。”（陈燕飞，陈思平，卢咏梅：《大报恩寺塔有望重现古城》，《南京日报》，2001-09-20.）“大报恩寺塔被欧洲人称为与罗马斗兽场、比萨斜塔、亚历山大陵墓等并列的中世纪世界七大奇观之一。”（蔡燕：《大报恩寺塔三年内重现金陵》，《江南时报》，第一版，2001-09-23.）“西方人称其为‘南京的象征’，是‘东方建筑艺术最豪华、最完美无缺的杰作’，可与罗马斗兽场、比萨斜塔和亚历山大陵墓等中世纪经典建筑相媲美。”（《南京拟复建大报恩寺塔》，《兰州晨报》，2001-10-14[2011-11-25]. http://lzcb.gansudaily.com.cn/system/2001/10/14/000325903.shtml.）

寺塔成就的评价，依据的是某种具有普世意义的标准，而非坐井观天的臆测。这样一种外来者的眼光，使这一评语看上去客观而中立。

然而，在这些欧洲人的大多数文字里，并没有把南京的报恩寺塔称为中世纪世界第七大奇迹，尽管塔身的琉璃与色彩以及塔顶的景观确实令他们印象深刻。[05] 这些著作中最好的夸赞也只是将它限定于东方世界——一个18 至19 世纪欧洲人视野中的东方。一再被引用的"世界第七大奇迹"的说法事实上来自由约翰·尼霍夫（Johan Nieuhoff）之兄亨利·尼霍夫（Hennry Nieuhoff）整理编辑的尼霍夫游记，其中将大报恩寺塔与世界七大奇迹并置。[06] 之后，在1904 年于伦敦出版的 *A Dictionary of Names Nicknames and Surnames of Persons Places and Things* 中，南京瓷塔成为中古七大奇迹之一。[07] 至20 世纪初，中国学者张惠衣在《金陵大报恩寺塔志》(1937) 中写道："中古时期世界七大奇观之一，与罗马大剧场、亚历山大茔窟、批萨斜塔等，并称于世。"[08] 尽管不能确定张惠衣所用文字的直接来源，但他的表述是此后中国学者及媒体的"世界七大奇迹之一"说法之滥觞。

然而亨利·尼霍夫整理的尼霍夫游记尽管在欧洲影响广泛，其用词夸张的特点却早已引起注意，也早有学者怀疑出版的游记与尼霍夫原稿间存在差异。1984 年，荷兰学者包乐史（Leonard Blusse）发现了约翰·尼霍夫的手稿，证明欧洲风行一时的尼霍夫游记，无论是正文还是插图，都是在尼霍夫原文的基础上添油加醋夸张而成。[09]《〈荷使初访中国记〉研究》的中译本在1989 年已经出版，并曾为中国学者所引用，却丝毫没有改变中文媒体关于报恩寺塔的表述。"中世纪世界七大奇观之一"几乎成了报恩寺塔的固定标签之一，没有人关心这一说法的来源是否确切。

05 这些记录包括葡萄牙传教士曾德昭（Alvaro Semedo, 1585—1658）的《大中国志》(*The History of That Great and Renowned Monarchy of China*, London: Lohn Crook, 1655)，荷兰使团随员约翰·尼霍夫（Johan Nieuhoff）的《荷使初访中国记》(荷文版与法文版初版于1665年)，及法国传教士李明（Louis le Comte, 1655—1728）的《中国近事报道》(*New Memoirs on the Present State of China*, 巴黎, 1696)，都是作者依据亲身经历所作，并且对18 世纪欧洲的中国热有较大影响。他们都到过南京，但曾德昭很可能并未亲自访问过报恩寺，不仅记错了塔的层数，叙述的口吻也相当不肯定，但他却说"这座建筑物可列入古罗马最著名的建筑之列"。尼霍夫与李明则不仅访问过报恩寺，也亲自登上过报恩寺塔。其中尼霍夫的《荷使初访中国记》被认为是"关于17 世纪中国的知识的最早和最可靠的源泉，迄今人们还认为它有很大价值。"清康熙中访问南京的李明对塔的描述最为详细，尼霍夫则描绘了站在塔顶所见之景象。1843 年，George Newenham Wright 与 Thomas Allom 合作编撰的 *CHINA, IN A SERIES OF VIEWS, DISPLAYING THE SCENERY, ARCHITECTURE, AND SOCIAL HABITS, OF THAT ANCIENT EMPIRE* 中引用了曾德昭与李明对报恩寺塔的评价，书中选择的画面包括塔、寺，以及从塔顶所见之南京城市景象。1844 年，W. D. Bernard 在《"复仇者号"轮舰航行作战记》(*Narrative of the voyages and services of the Nemesis from 1840 to 1843*) 中的记录，是大报恩寺塔在被最终毁坏之前最后一次出现在欧洲人的文字中，塔身瓷

06 《从(英)联邦的东印度公司到中国的大鞑靼可汗皇帝的使者》："当我由这件艺术杰作联想到其他所有的艺术杰作，显得荒谬；我为你崇拜的庙宇的灿烂深感惊恐，啊，南京，在此没有人信仰真正的神灵！"译文转引自：基德 - 海尔格·

07 Edward Latham. *A Dictionary of Names Nicknames and Surnames of Persons Places an*

08 张惠衣. 金陵大报恩寺塔志 [M]. 南京：南京出版社，2007.

09 包乐史.《荷使初访中国记》研究 [M]. 庄国土，译. 厦门：厦门大学出版社，1989. 第1 页，自序："偶拈一则，如

除“西方人”的“世界七大奇观”，今人论塔也爱引用张岱《陶庵梦忆》中的文字：“中国之大古董，永乐之大窑器……非成祖开国之精神、开国之物力、开国之功令，其胆略才智足以吞吐此塔者，不能成焉。塔上下金刚佛像千百亿金身……信属鬼工。闻烧成时，具三塔相，成其一，埋其二，编号识之……天日高霁，霏霏霭霭，摇摇曳曳，有光怪出其上……永乐时，海外蛮夷重译至者百有余国，见报恩塔必顶礼赞叹而去，谓四大部洲所无也。”[10]

这段文字里，包含着今日有关报恩寺塔话语的一切核心因素：时代的表征，工艺的精巧，建筑的奇观，以及海外蛮夷的崇敬。然而，《陶庵梦忆》之于张岱，就如《追忆似水年华》之于普鲁斯特，是在记忆中构筑的逝去的世界。它与其说是个人对往昔生活的眷恋，不如说是亡国臣民的故国之思。[11] 故全书以南京的钟山与报恩塔开篇，看似写建筑，实则充满对明王朝开国气象的向往；看似写祭祀礼仪，却是从各种征兆中解释旧王朝的覆灭。通过文字的追忆，大报恩寺塔从皇家纪念物转换成为一个特定王朝的象征。

今人引《陶庵梦忆》的文字，并不深究张岱写下这些文字时的情境，只是欣然接受它们，重要的原因在于，他的说法充分满足了当代人对于城市历史纪念物的想象与需求：南京城市史上非常重要的一个时期，即明王朝的伟大、富庶与繁盛，也仍存于今人的梦忆中。

由此，在这最初的意义构建中，大报恩寺塔就被剥离了建筑物以及相关话语赖以产生的具体的历史情境，即作为封建帝国皇家建筑物的意识形态含义，皇帝的私人纪念物与场地的宗教意义，以及传教士的想象；只有可与世界其他地方建筑杰作相媲美的“伟大建筑物”这一身份被选择并刻意强调，并与特定城市以及城市的特定历史时期联系

10 张岱，撰. 马兴荣，点校. 陶庵梦忆 西湖梦寻 [M]. 北京：中华书局，2007：12.

11 史景迁. 前朝梦忆：张岱的浮华与苍凉 [M]. 桂林：广西师范大学出版社，2010. 明亡之后，张岱流落于绍兴西南的山间，亡国后的困窘与旧时的浮华形成鲜明对比，过去生活的种种片段时时浮于脑海，见于笔端，缀成120余篇陈年旧事。又见：《陶庵梦忆插图本》（北京：中华书局，2009年）第1页，自序：“偶拈一则，如游旧径，如见故人，城郭人民，翻用自喜，真所谓痴人前不得说梦矣。”

的美丽色彩与登塔后所俯瞰之城市景观，仍是英国人赞叹的核心。
这座非凡的建筑追忆起其他精妙的建筑时，一个念头袭上心头，我要以诗把它凝固：将宝塔与世界七大奇迹并置，这在西方旧世界也许
洛尔. 中国宝塔在近代欧洲花园设计中的应用 [J]. 牟春，译. 刘成纪，校. 郑州大学学报（哲学社会科学版），2004(3)：55-59.
Things[M]. London: George Routledge & sons LTD, 1904: 280. 该词典“中世纪七大奇迹”条目里，称之为南京瓷塔。

旧径，如见故人，城郭人民，翻用自喜，真所谓痴人前不得说梦矣。”

在一起。[12] 尽管建筑物本身已经毁弃不可寻，但经由对各种文献中文字的引用，隐藏在历史中的大报恩寺塔得以超越自身，指向更宏观的空间与时间，带着无时间性的壮丽进入当下公众的集体想象，成为具有普遍价值的对象。

但是，项目的推进并未因此就一帆风顺，南京市政府对项目的政策支持与资金投入在2008 年前始终非常有限。最初该项目希望通过市场运作，而不是政府财政拨款的方式来实施，但"建筑奇迹"对于以经济利益为第一位的投资者并不具有足够的说服力。资金成为项目获得实质性推进的首要障碍。重建工程的最初投资预期是1.3 亿 ~1.5 亿元人民币，至2006 年底已上升至10 亿元。从2001 年到2008 年，该项目每年都会出现在各种大型招商洽谈会上，但投资者对于这一需要在老城区进行大量拆迁，同时规划方案不确定，投资回报前景也不明朗的项目始终抱观望态度。为了推动重建项目，项目实施主体秦淮区区政府甚至在2003 年先投入1 亿元成立了"金陵大报恩寺塔建设有限公司"，但投资状况仍不见起色。也因此，南京市政府对该项目的支持也很有限。相比之下，同时期在南京老城内一系列投资额与拆迁量并不少于大报恩寺塔项目的历史遗产相关工程都被列入市政府重点项目并顺利推进。[13] 一直到2006 年，南京市国资集团接手大报恩寺塔项目，并在2007 年将其列入南京市十大重点工程，才显示出市政府的关注。因而，如何吸引市政府及投资者的兴趣就成为项目推动中至关重要的问题。

对于既非历史或建筑专业者，也非政治家的民众而言，大报恩寺塔是一个带有神秘故事的存在。关于大报恩寺及塔的传说故事，例如永乐皇帝亲生母亲到底是谁，在明王朝还未覆灭时就已出现。[14] 这些皇家八卦，无论是真是假，非常符合平民百姓对正史的怀疑心理以及对皇室秘闻的好奇心。因而，19 世纪末陈作霖游大报恩寺遗迹时，从父老处听到的就

12 宋安，解悦：《特别报道：关注大报恩寺塔》，《南京日报》，2001-9-22："从旅游资源的开发来看，大报恩寺及五彩琉璃塔是目前南京已知的尚未开发的旅游资源中，唯一具有较高国际知名度的、有着极其丰厚的旅游经济价值的人文景观……从文化建设看，复建五彩琉璃塔再现了中华民族昔日的辉煌和成就。明朝初期的中国……不仅在政治上有着强大而磅礴的气势，而且在经济文化上再次出现繁荣……大报恩寺及五彩琉璃塔的建造艺术和水平是这一历史时期政治、经济和文化艺术的集中反映。它的复建，将会给后人留下一座建筑艺术的里程碑。"

13 如城墙风光带、狮子山阅江楼、台城环境综合整治、东水关外区域环境整治及东水关公园、夫子庙景区整体改造、门东地区改造工程、内外秦淮河风光带等。

是这样一个完整的故事：“此成祖生母贡妃殿也。妃本高丽人，生燕王，高后养以为子，遂赐妃死，有铁裙之刑，故永乐间建寺塔以报母恩。”[15]

对市民而言，“建筑奇迹”也不足以使大报恩寺塔的重建获得认同。与已经被埋没在老旧居住区之下的大报恩寺塔遗址相比，仍然矗立在现代城市中的宏伟城墙，以及位于城市近郊、已被列入世界文化遗产名录的明朝第一个皇帝的陵墓，都可以提醒人们这座城市历史上的光辉时刻。至于建筑成就，塔的高度在现代城市中早已不足为奇，琉璃烧制技术又过于学术而抽象。因此，仅有“建筑奇迹”是不够的，大报恩寺塔需要新的身份。

一夜之间将大报恩寺塔推向舆论焦点并重构相关论述的，是2008 年考古发掘中10—12 世纪长干寺地宫的发现与阿育王塔的出土。2010 年，最珍贵的佛教圣物之一佛顶骨舍利的发现，也为进一步扩大场地的价值提供了实物证据。于是报恩寺所在场地的历史，包括曾经存在过的一系列佛寺、佛塔、高僧，以及曾经埋葬在报恩寺塔遗址所在地的佛爪舍利和玄奘顶骨这样的佛教圣物的来龙去脉得到梳理，强调出南京这座城市在佛教史中的地位。[16] 也正是在2010 年，万达集团老总王健林个人一次性向报恩寺重建项目投资了10 亿元人民币，初步解决了重建项目一期费用的问题，这显然并非巧合。考古发现也直接使得南京市政府考虑扩大报恩寺项目的规模，并将融资目标从10 亿元扩大到了25 亿元。

2010 年11 月9 日《南京日报》上的一篇文章，是此时关于大报恩寺塔及重建项目话语的集中表述：

> “南京是中国历史文化名城，有着丰富而宝贵的历史文化遗产。历史上的金陵大报恩寺，位于南京中华门外古长干里。南京1800 年来一直是江南寺庙的发祥地和中国的佛教中心之一。永乐十年（1412），明成祖决定重建金陵

14　最初的传说来自对永乐皇帝生母身份的怀疑。周清树的研究指出这一传说的源头是明嘉靖时太常寺卿汪宗元所著《南京太常寺志》（清代学者朱彝尊指出该书修于明天启三年，即1623 年），但文字最先见于何乔远《名山藏》（撰写于明万历二十二年以后，成稿于明天启间）对《太常寺志》的转引，并经过一系列学者的转述而越来越似史实；至清朱彝尊为《南京太常寺志》作跋，又称贡妃为高丽人。

15　陈作霖：《养和轩随笔》，丛书集成初编本，第二二页。大报恩寺与塔毁于太平天国之乱，但之后一段时间残址仍在，曾修葺门殿，但按《金陵胜迹志》的说法，规模不及前百分之一。

16　“这一‘惊世大发现’，再次印证了南京自古以来在中国佛教文化界的中心地位。面对这次千载难逢的发展契机，如何整合南京的佛教文化资源，打造出有世界影响力的文化项目，成了亟待思考的问题。”朱凯，卢咏梅：《“塔王效应”带来发展契机——重现南京佛教文化的鼎盛与辉煌》，《南京日报》，B07 版，2008-11-27.

大报恩寺及九层琉璃宝塔，历时19 年始成，皇帝钦命郑和主持了落成大典。随后400 多年中，大报恩寺塔作为南京最具特色的标志性建筑，被称为‘天下第一塔’，因其流光溢彩的五色琉璃，被西方誉为‘南京瓷塔’，与罗马大剧场、亚历山大古城、比萨斜塔等并称为‘中世纪世界七大奇观’，并作为中国古典建筑文化的范例，被西方各国竞相仿建。1856 年，大报恩寺塔在太平天国战火中被毁。2010 年6 月12 日，世界现存唯一的佛祖顶骨舍利1000 年后在南京盛世重光。南京市委、市政府顺应民生期盼，决定重建金陵大报恩寺和琉璃宝塔，传承千年历史文化，再现金陵佛都胜景。金陵大报恩寺琉璃塔重建工程已被列为南京市2010 年城市建设十六个重大项目之一。”[17]

在这段文字里，早期佛教遗迹与遗物的发现，成为大报恩寺塔与城市及历史间的重要纽带，并突破了特定朝代的局限，为该场地建立起层叠累积的城市历史与记忆。意义凝聚的空间从单一的塔延展至场地与城市，直至佛教世界；意义延伸的时间也从单一的王朝扩展至从公元6 世纪开始的城市历史。于是，首先被强调的是南京这座城市的历史，城市又被置于江南与中国的视野中，并最终扩展到世界，塔就在这逐层展开的空间领域以及悠久的时间脉络中获得定位。今天大报恩寺遗址公园里滚动播放的视频《长干佛脉》正是围绕着这样一种历史而展开。尽管最终遗址公园也从字面意义上选择了“报恩”这个主题，但永乐皇帝建造寺塔的私人原因却很少被述说。这样，围绕着“建筑奇迹”和“佛教圣地”这两个可以跨越时代与地域限制的核心，与塔的建造相关的名人郑和、与南京佛教历史相关的著名僧人，以及一个帝国与一座城市都被话语操纵着，构成一组包围着大报恩寺与大报恩寺塔的意义。

17 李冀，等：《王健林捐赠10 亿元支持南京金陵大报恩寺重建》，《南京日报》，A01 版，2010-11-09.

与考古发现带来的变化相应的是，项目委托方（此时项目的实施主体已由原秦淮区政府投资监理的公司转换为南京市政府控制的国资集团，城市主要管理者成为该项目事实上的委托方与决策者）对设计任务的要求转变成以佛顶舍利供奉为核心而展开，并要展示“明文化、佛文化与报恩文化三大主线”。[18] 同时，寺院和地宫遗址的发现及其保护要求——在轰动世人的中世纪地宫与佛顶舍利之外，报恩寺的主要格局也在考古发掘中得到揭示，事实上这是使该项考古发现被列入2010 年“中国十大考古发现”的主要原因之一——直接导致国家文物局对项目的介入，遗址被纳入遗产保护的法律体系中，遗址的原址保护与展示成为不容置疑的决定，促使规划设计必须遵循以遗址保护与展示为核心的基本思路，工程项目的性质从塔的重建转向遗址公园。

在意义建构及项目推进的过程中，媒体，尤其是南京地方报纸，始终扮演着推波助澜的角色。例如，正是大报恩寺塔地宫考古发掘的报道，以及紧随而来的各种电视节目宣传，才使得这一事件成为市民关注的话题。围绕着大报恩寺的媒体话语总是以项目为中心而组织。政府、学者、市民的观点都经由这一媒介为公众知晓。

其中《南京日报》这样带有官方背景的报纸具有特殊地位，它随时追踪报道着政府的各项政策与决定，成为南京市民获取城市建设信息的重要渠道。阅读与获取的方便使南京市民可以及时了解城市中发生的各类事件，从而感觉自己不仅仅是被动执行者，也是城市事件的参与者甚至监督者。在报纸的邀请下，南京市民参与塔的高度“设计”，提供琉璃构件的信息，并发表诸如将报恩寺与郑和纪念联系在一起的见解。正是报纸宣布大报恩寺塔的重建得到了民众的支持，从而建立起支持大报恩寺塔重建的舆论倾向。

总体而言，学者、市民、媒体等不同角色既是话语的创造者，也是接收者。建

18　李冀，毛庆：《高水平打造一批有震撼和影响力的一流文化精品和文化产业标志性工程》，《南京日报》，A01 版，2010-11-06；李冀，韦铭，顾萍：《王健林：10 亿元为弘扬中华传统文化而捐》，《南京日报》，A02 版，2010-11-09；《受捐10 亿　南京大报恩寺将重建》，《新华网》，2010-11-10，http://www.douban.com/group/topic/15558745/；《南京大报恩寺1000年的浴火重生》，《华夏时报》，2010-11-12 [2011-12-20]，http://finance.jrj.com.cn/2010/11/1223448554338.shtml.

筑史学家首先将大报恩寺塔塑造为伟大的中国建筑传统中的重要案例；在项目开始以后，呼应项目的需要，学者们塑造出更为丰富与复杂的塔的形象。考古发现进一步促使政府与学者的眼光扩展至寺院、城市与佛教的历史。媒体不仅满足了人们对细节的好奇心，帮助人们将模糊的皇家传说、片段的遗迹、地名与故事连缀成完整而有意义的叙述；更重要的是，媒体也是一个筛选的媒介，通过对不同论述的选择性呈现，构建与传 达意义，并围绕着相关的意义组织起历史传说，从而引导——或者更准确地说，操纵了公众心目中的塔及整个寺院的形象。

由此，不同的力量共同从历史文献、考古遗迹与传说故事中构建了关于大报恩寺及塔的想象与话语。将大报恩寺塔从最初的皇帝的私人纪念物转化为永恒的城市纪念碑，既是繁荣时代的象征物，也凝聚着城市与逝去帝国的历史，成为城市荣光的集体记忆的一部分，从而使已经消失了的历史纪念物获得了在当下的意义。最终，我们在展陈与实景表演中首先看到的正是以各种场景展现的作为佛教圣地的地方历史。

遗址的角色→ 话语与意义最终需要转化为物质的呈现，从而使历史和记忆从抽象的存在转变为大众可感知、可理解、可传达的对象，以帮助建立一部可见的叙述，并由此展现城市的独一无二的特点，这才是项目的目标。这一物质化的过程开始于建筑，却并非取决于建筑。

从2001 年至2008 年考古发现之前，即在地宫位置与寺院基址范围尚不清楚的情况下，曾经公示过两个概念性规划方案。这一阶段大报恩寺项目的基地面积大约7.6万平方米，基地北侧紧邻明代城市的南护城河，西侧是从明代城市南门中华门延伸出来的

(图23)

城市干道雨花路，南至晨光大道，东至金陵制造局西环路。其东侧为始建于1865 年的金陵制造局厂房。这片基地的大部分已被1000 多户居民和一座旅馆覆盖，但基地中尚存大报恩寺的两座御碑，原寺院前的一座桥尽管已被覆盖，但位置仍可确定；居民区中弯弯曲曲的小巷，也留下许多与大报恩寺及塔相关的地名，使得设计者能大致推测塔与寺院主体部分的轴线方向与分布。(图23)

2004 年公布的两个方案显示，建筑师对寺塔遗址展示与新塔建造给予了同等重视。(图24)复原重建的琉璃塔小心地避开了可能的遗址位置。两个方案最主要的区别在于对新建寺院的处理。建筑师在方案二中将明代寺院遗址可能分布的范围与塔基遗址全部作为遗址展示区处理，新建的寺院则与新建的塔一起，构成一条新的轴线，并与推测的原明代寺院轴线平行。由于遗址公园与新建寺院和塔占据了整个基地的面积，商业部分被安排在寺院与塔的下层，即将新建寺院整体抬高至一层平台上。这一处理使整个商业部分被覆盖在巨大的室内空间中。而另一个方案在寺院遗址可能的分布区上设置了一座包含大殿与围廊的新寺院，并在基地的西北侧安排独立的商业区域。

尽管建筑师们更愿意采用方案二，因为它对可能存在的寺院遗址的保护更为有利。但方案公示之后，整个舆论都倾向于方案一，看来方案二中占据了基地近一半面积的遗址公园令人们感到无法接受，更让委托方感觉浪费土地面积，整体抬高的新寺院又令人感到怪异，记者甚至用"超前"来形容这一设计。

这一公众选择的结果已经显示出，在如何对待遗址的问题上，建筑师与公众的观点有明显冲突。对于建筑师 / 建筑史学家，遗址意味着真实的历史信息，他们期望公众通过对遗址的解读来认识报恩寺的真正形象。因而他们所倾向的方案二不仅突出了对

(图24)

方案一 　　方案二

（图23）考古发掘前后的基地　（图24）2004 年公布的两个方案

可能存在的寺院遗址的保护，同时隐藏了世俗的商业，强化宗教场所的神圣。但对于没有相关专业知识的公众而言，缺乏视觉表现力的遗址显得贫乏。换言之，当方案提交给公众进行选择时，与真实性相比，视觉的呈现变得更为重要。

2008 年及2010 年的考古发现改变了整个设计的走向。《建筑学报》于2015 年组织了研讨会和专辑，对大报恩寺遗址公园的规划设计进行讨论。[19] 专辑中的各篇文章，梳理了整个项目设计的复杂过程，包括项目名称以及项目性质的改变，重点阐述了2008 年考古发现以后的遗址保护工作，以及建筑师对于规划与建筑设计方案的思考，其中特别重要的是对场地历史延续性的新认识，对其作为"佛教圣地"的定位，以及对报恩寺原有形制和格局的强调。[20] 最后一点是与考古发现之前众多研究仅强调琉璃塔成就的特别重要的区别，也是考古发现对于该场地价值认识带来的最重要的更新，并成为影响之后的方案设计的核心因素之一，使得最终实施的方案从根本原则上来看更接近于最初的不被公众喜爱的方案二的思路。

如建筑师在文章中所说，遗址保护与格局呈现在设计中占据优先地位。[21] 寺院之格局既包括寺院与城市和地形间的关系，也包括寺院本身以塔为核心、以画廊围绕形成的东西向长方形院落，以及自西向东由香花桥、山门、大殿、塔和法堂组成的轴线。在宏观上，建筑的实现对格局的呈现起决定性作用。因而，从空中鸟瞰，围绕着塔的画廊形成的院落清晰可辨；从塔的顶层四望，寺院与城市及雨花山脉的关系也可尽入眼底；在入口处，塔与玻璃入口大厅及香花桥和御道遗迹明白地指示出了寺院的中心轴线。(图25，图26)

然而在展示空间中，建筑师所设想的以遗址为线索的细致设计，显然与来访

19 《建筑学报》2017 年第1 期。研讨会内容见于：程泰宁，崔愷，孟建民，等. 金陵大报恩寺遗址博物馆设计研讨会 [J]. 建筑学报，2017 (1)：16-21，22-29.

20 韩冬青，陈薇，马晓东，等. 在地脉和时态的关联中传承和创新——金陵大报恩寺遗址博物馆设计 [J]. 建筑学报，2017(1)：11-15.

21 同上。

(图25)

(图25~图26) 报恩寺航拍图

者的体验并不能完全一致。如前所述，在此占据了来访者注意力的是关于"佛教圣地"的种种影像，以及有关"报恩"的活动和场景，与之相比，画廊、伽蓝殿、法堂等遗址成为与炫目展厅交错的片段式呈现，不同历史时期的地层展示也很少引起人们的兴趣。而庭院中的大殿遗址几乎少有人驻足，且因为缺少足够清晰的说明而令人困惑。大殿遗址及庭院中为晚间表演而设置的观众席及一些道具，将大殿与庭院转变成了表演舞台。除非有意识地去寻访寺院格局，对大多数人来说，遗址存在最重要的作用仅仅是提供了当下与过去的并置。

就此而言，大报恩寺遗址公园似乎更像是一座主题公园，遗址则是围绕主题而设置的必要物品之一。事实上，确实曾经有一位访问者在"大众点评"中留下了对大报恩寺遗址公园定位的疑问，认为是在寺院、博物馆和公园间游移。换言之，大报恩寺遗址公园带来的体验不符合任何一种预期。

首先，作为遗址公园，最核心的部分理应是寺院遗址本身和地宫出土器物的展示，然而在这里，创作的场景、复制的器物与考古出土文物的交织，使人难以分辨信息的来源，真实性的重要性被大大降低，缺乏准确清晰的相关说明更加深了这种不真实感，某种程度而言，进入博物馆接受某种知识与教育的期待，被观赏舞台布景或是表演的心情所取代。大报恩寺遗址公园很难被视为通常意义上的博物馆或遗址公园。

其次，尽管最重要的圣物佛顶骨舍利被移置于牛首山，但仍有感应舍利被供奉于塔之地宫，占据高高在上的中心位置，周围有法器与香花，而不是被放在博物馆的橱窗里。这一放置方式仍然赋予或者说维持了该场地宗教场所的涵义。来自雍和宫的佛教塑像前的蒲团也在提示来访者正确的行为应当是参拜。在宗教语境中，圣物与宗教雕像是赋予所在场地以神圣力量之物，寺院与僧侣的存在则是为了通过恰当的行

(图26)

为守护和接受这一神圣力量。然而在这里它们成为游览路线的一部分，为来访者提供参与式的体验，就像在滚动播放的投影之下抄写经书的行为一样，似乎已经改变了其作为宗教物品曾有的神圣语境。

但显然，大报恩寺遗址公园也并非是以提供娱乐为主要目的的主题公园。尽管有明确的"佛教圣地"和"报恩"线索，以及综合运用各种技术手段营造出的相应场景与氛围，使来访者不需要任何智力上的努力就能够迅速领会这些主题，然而出土文物与寺院遗址的确实存在，仍减弱了人造场景的表演感。[22]

换言之，我们无法以既定的某些类别来定义与期待大报恩寺遗址公园，如若抱着这样的期待进入其中，所感受到的必然是某种混杂和分裂。在大报恩寺遗址公园的情境中，建筑体、寺院的遗址、出土的文物、原址搬迁而来的遗址、仿制的物品、不断变换的视频投影、场景、声音、图像、雕塑、各种装置，以及场景前以情怀为主的各种说明牌，所有这些相互之间并不协调一致之物，结成了一个相互关系的网络。在这个网络里，每个物品（场景）都被周围的其他物品影响和改变，也构成其他物品（场景）的存在环境（context），但这种关系同时又强化了每个物品（场景）的片段与碎片感。而这并非刻意设计的结果。展陈与室内设计被交给了不同的设计者，这或许是造成不一致的最直接原因，但项目委托方对结果的挑选也表现出委托方对场地的理解。建筑师所在意之物，最终被消解于网络之中，成为网络的一部分。建筑师与公众之间有关真实性的矛盾，在这个由片段构成的网络里反而变得理所当然。

来访者及其发布在万维网中的照片，也构成这个网络的一部分。一方面，在旅行中自拍并将照片发布到社交网络，已经是旅行者常见的行为方式；另一方面，来访者

22 居玲燕在其学位论文里对主题公园的现有定义做了概述，大体说来主题公园应是围绕一两个主题的人造景观，运用多种技术手段营造的现代娱乐场所。居玲燕. 历史文化主题公园综合效益评价研究 [D]. 西安建筑科技大学，2017.

的行为也在很大程度上受到周边物品的暗示。视觉的奇观与舞台布景式的安排，无疑激发着访问者自身成为布景与视觉体验的一部分，并以影像的方式留下见证，这使得“千年对望”“舍利佛光”“报恩林”“忘忧河”等创作出的声光场景尤其受到来访者相机的青睐，经由社交媒体的发布更启发其他参观者去寻找这些场景。这些行为与社交网络空间中的影像也因此参与了大报恩寺遗址公园整体印象的形成。（图27）

正是这个网络、网络的片段性以及构成这个网络的一切片段，而非仅仅建筑物自身，为这个有着层层叠叠历史的场地提供了当下的阐释，使其获得在当下的意义，并进入历史，成为历史的一部分，呼应了在话语中建构起来的寺塔。这种阐释既包括首先在言语空间中被挑选的叙述和被构建的意义，如“佛教圣地”与“世界七大奇迹之一”；也包括新建建筑物本身具有的纪念性体量在城市空间中的标志性存在；还包括互不协调的物品、场景构成的碎片化体验与叙事，令人震惊的感官刺激，以及社交网络中唯美影像造成的视觉印象。这一切的叠加构成这个场地的现在，只有在这个意义上，遗址公园中的遗址才获得在此时此刻的价值，从历史被带至当下。

文化和产业→ 这种叠加并置不仅映射出推动项目进行的不同力量，而且，片段式的场景以及对瞬间惊奇的接受与追求本身，也正是当下人们面对历史遗迹的态度，或者更准确地说，是将历史遗迹当下化的方式。

首先，要理解城市管理者对于此类项目的态度，以及因此而赋予其在城市发展策略中的角色，我们需要在更广泛的背景中做进一步考察。

(图27) 来访者的评论及照片

在中国，1990 年代的房地产制度改革与分税制度改革，以及对外市场的开放，使地方政府成为具有独立利益的"经济实体"，如同企业一样，一座城市必须通过市场竞争才能超过其他城市 / 企业。[23] 从2000 年开始，"经营城市"忽然成为学术期刊、媒体与政策中被热烈讨论的话题，尤其在2003 年前后达到高峰。在这个前提下，中国城市间的竞争日趋激烈。为了加强城市竞争力，打败其他城市以获得资金与人口，市长们需要整合并合理配置利用城市资产，从而将城市经济总量最大化。[24] 经济发展曾经是评价城市管理者业绩最重要的标准之一，甚至引发了城市内部次一级政府间的竞争。由于土地、基础设施等在城市资产中占据主要地位，城市规划与城市建设也就成为中国城市管理者"经营城市"的重要工具，这导致了21 世纪初期十余年里中国城市建设的普遍高潮。与曝光度不高的基础设施建设与旧城整治改造，以及通常被认为是现代化标志的摩天楼相比，以"打造"历史文化资源为中心的文化策略在确立城市唯一性与可识别性（品牌和名片）方面独具优势，因而成为成功的城市经营中不可缺少的手段。南京的管理者对此也非常清楚。[25]

同样重要的是，经过"打造"的历史纪念物本身也和其他工程一样，有可能给城市带来可观的经济收益。因此从一开始，在建构历史意义的同时，大报恩寺塔项目的经济利益就得到仔细计算。在提交给市政府的申请中，项目被定位为旅游资源的开发。决策者认为大报恩寺塔的"标志性"与"国际性的名声"将通过旅游体现出塔的潜在经济价值，进而为城市经济作出贡献。而2008 年以后的重大考古发现，更增加了对该项目影响力与经济收益的预期。

2008 年发布的《金陵大报恩寺重建项目招商书》是一份有趣的文件，[26] 使我们得以充分了解对于项目推动者而言大报恩寺项目所具有的多重身份。在该文件中，

23 赵燕菁. 从城市管理走向城市经营 [J]. 城市规划, 2002, 26(11): 7-15.

24 2000 年起，从大众媒体到学术杂志，"经营城市"忽然成为一个热点话题。2000 年11 月由中央党校理论前沿调研组白津夫执笔，发表在《理论前沿》上的《开发城市，经营城市，塑造城市》一文，以河南濮阳市作为成功的案例，称赞其通过开发城市多种资源（包括历史文化遗产、城市绿地等），投入基础设施建设、新区建设等手段，把城市作为资产来经营，从而获得经济上的巨大成功。文章认为"濮阳的实践是社会主义城市建设的积极探索，是改革与发展取得的重要成果"。几乎同时，中国共产党党报《光明日报》上也发表了署名为朱庆的文章《总结城市，改造城市，经营城市，创新城市》。这两篇文章的作者身份及其发表的场合，都表明了国家关于城市政策的转向。事实上，根据河南濮阳市案例总结出来的城市资源开发模式包括：基础设施的建设及资金筹集，以高新科技开发区为城市新经济增长点，对国有企业进行产权改革，以城市为中心优化区域经济组织，挖掘历史文化资源与环境资源以塑造城市形象等。这些几乎已经成为2000 年以来所有中国城市市长在"经营城市"时所遵循的模式。又见：仇保兴. 经营城市与城市竞争力 [J]. 中共中央党校学报, 2001(11): 84-88. 该文作者时任杭州市市长。

25 例如，《南京日报》2001 年12 月15 日刊登了时任南京市长关于城市建设的意见："城市建设与城市综合竞争力密切相关，一定要放在大的区域生产力布局的背景下展开……城市建设要更突出为生产力布局服务，形成新的区位布局优势，促进城市综合竞争力迅速提高……要把城市建设与经济发展紧紧联系在一起，形成整体推进大发展的机制。要善于经营城市，结合投融资体制改革，使城市增值。"王润涓：《创新思路，整体推进，全面启动》，《南京日报》周末版，第12 版，2001-12-15.

为了说服投资者，大报恩寺塔的历史意义（杂糅了各种说法）与重建项目的当代角色（宗教、文化、历史、旅游、商业的综合体）被整合在一个文本中，看上去项目方试图由此建立起一幅有文化的现代城市人的生活图景。但项目的真正意图与经营方式隐藏在文本最后的投资收益估算部分。根据这份文件的描述，投资收入将来自配套的商业面积及配套商业地块的转让，换言之，这一项目的实质是旅游商业地产开发，即依托具有历史文化意义的旅游点，开发商业服务设施，拉升周边地块的地价，以通过商业经营或土地转让获得收益。这一旅游业与房地产的交叉产业，被视为可以带来丰厚利润的地产开发模式。就此而言，大报恩寺塔被赋予的时代、地域、技术、宗教等各类意义，只是为了将它转变为一个视觉化的商业符号，以吸引旅游消费人群，帮助提升土地与商业服务的价值。

正是对大报恩寺塔及寺院遗址的经济利益的认识，导致参与各方的利益博弈始终贯穿于项目推进过程，甚至导致对建设权以及舍利的争夺。[27] 而自项目开始以后的十余年里，不断增加的投资估算（在招商不利的情况下，市政府甚至愿意通过银行贷款获得启动资金，以推动项目进入实际操作的环节[28]），以及项目主导方自下而上的转移[29]，都意味着大报恩寺塔及其遗址被正式认可为值得投资的国有资产，能为城市带来社会与经济的双重效益。

如果说社会与经济效益对于城市管理／经营者和投资者来说是显而易见的驱动力，那么，大报恩寺遗址及公园又何以能成为产品被消费，项目推动者所预期的消费者又是怎样的群体？

与"经营城市"几乎同时在2000 年左右兴起的，是有关文化产业的研讨，并在2013 年左右达到高潮。文化产业被视为城市经营的重要手段，2011 年《中共南京

26 目前这份招商书可以在百度文库找到，见 https://wenku.baidu.com/view/d381f9e8b-8f67c1cfad6b86e.html.[2018－08－15].

27 2001 年南京市下辖的秦淮区与雨花台区几乎同时向市政府递交了重建大报恩寺塔的申请，2010 年南京市政协委员、玄奘寺住持传真法师提出应在南京的牛首山（南京另一处重要的佛教寺院所在地）重建报恩寺，最终市政府决定将佛顶骨舍利转至牛首山供奉。对牛首山公园而言，佛顶骨舍利的供奉必然带来巨大的声望以及对游客的吸引力，因而在市一级层面，这一做法带来的是整体效益的增加。2012 年9 月16 日，大报恩寺遗址公园与牛首山遗址公园选择在同一天举行了奠基仪式，这显然并非巧合。

28 2007 年1 月28 日，南京市国资集团、秦淮区政府、红花—机场地区开发建设指挥部和晨光集团共同出资设立南京市大明文化实业公司（http://www.njgzjt.com.cn/xsjgss.jsp?-did=9&tit= 南京大明文化发展有限公司）；南京市国资集团发起成立金陵大报恩寺塔文化发展基金会（http://www.njgzjt.com.cn/xsjgss.jsp?did=10&tit= 金陵大报恩寺塔文化发展基金会），致力于以海内外捐赠的方式募集项目建设资金。

29 在招商不利的情况下，南京市政府组建的南京市国有资产投资管理控股（集团）有限公司接手了大报恩寺项目，并在国资集团下专门成立了南京市大明文化实业公司与金陵大报恩寺塔文化发展基金会，用以管理和募集项目资金。

市委关于加快文化建设，提升文化实力，打造独具魅力的人文都市和世界历史文化名城的决定》中设想了至2015年文化产业在GDP中的比重；[30] 2013年发布的《南京文化产业发展概况》中，大报恩寺遗址公园、牛首山遗址公园等都被列入60个"市级重点文化工程项目"的名单。[31] 更有研究者将整个南京的佛教视为文化产业的资源，探讨开发策略。[32]

文化产业(culture industry)的概念最初由阿多诺与霍克海默以批判的态度提出，[33] 但联合国教科文组织使用文化创意产业(cultural and creative industries)一词，并给予中性化的定义："sectors of organized activity whose principal purpose is the production or reproduction, promotion, distribution and/or commercialization of goods, services and activities of a cultural, artistic or heritage-related nature"，[34] 从而将作为有组织经济行为的文化生产合理化。从这个角度观察，一方面，工业化时代产品批量复制的技术能力为文化的产业化提供了条件，使原本属于精英阶层的艺术品及其承载的文化和思想，能够通过大规模复制与生产向大众传播，为大众所认知；另一方面，遗址具有无法复制的独一无二性。对大众而言，这种独特性并非取决于物质实体，而是来自与遗址相关的、被选择或被遗忘的叙述与记忆。在遗址公园 / 博物馆这种与现实世界隔离的异度空间里，被选择的叙述和记忆以形态各异的方式被制作出来，将遗址从公共的或者说某种普世性的空间中脱离，成为生产者与投资者所拥有的最终产品的一部分，并为整套产品所构建的叙述提供了证明。

这些产品的预期对象，是经过四十年市场化经济培训的人们。挑选商品的行为对于他们不仅理所当然，而且极为熟稔。选择与评价一处景点，和在橱窗前或商店中选

30 中共南京市委关于加快文化建设，提升文化实力，打造独具魅力的人文都市和世界历史文化名城的决定，宁委发〔2012〕2号。http://qixia.longhoo.net/html/wenhuachanye/zheng-cewenjian/2012/0409/856.html. 2012-04-09 [2018-08-08].

31 http://www.njculture.net/index.php?m=content&c=index&a=show&-catid=42&id=383. 2013-01-28 [2018-08-08].

32 赵轩，邱华青. 南京佛教文化旅游资源开发策略研究. 文化艺术研究 [J], 2015 (1): 55-63.

33 Max Horkheimer, Theodore W. Adorno. "The culture industry: Enlightenment as mass deception." Media and cultural studies. Wiley-Blackwell, 1946: 41.

34 http://www.unesco.org/new/en/santiago/culture/creative-industries/. [2018-08-08].

择与评价一件衣服并无本质的不同，观者 / 消费者付出类似的体力与智力劳动：闲逛，观察，获取信息，比较并得出结论，继而与他人分享。获得大众青睐的商品总是能在独特性与规模化生产间取得平衡。对来访者而言，他们购买的并非观看遗址的资格，而是体验将遗址包含在内的整个产品的权力，"物有所值"也是大报恩寺遗址公园收获的评语之一。然而构成瞬间惊奇的那些场景的物品，例如大量使用的灯或是建筑的玻璃幕墙，绝大多数都是工业化生产的产物，它们构成的场景给予人们的感官刺激，与人们在牛首山等处见到的也许有震惊程度和场景规模的差别，却并无本质的不同。当然不能否认设计者在运用工业化产品进行创作时付出的巧思，正是这些巧思引发来访者自拍的热情，使人们能够将大报恩寺遗址公园与其他文化创意产品加以区分。

网络时代与社交媒体、自媒体时代的到来，同样在培养当下的旅行者 / 观众 / 消费者的思维与行为习惯。虚拟、真实、现实空间界限的模糊，以及信息的快速传播与瞬时性构成这个时代的特征。人们已经习惯于掏出手机拍下照片或是自拍，发布在社交媒体上，然后期待着在网络空间中得到反馈。与现实生活相比，似乎这才是把我们嵌入社会的真正方式。当我们打开朋友圈刷朋友动态的时候，并不期望看到长篇大论，平台设置本身也限制了长篇大论；我们期望的只是快速浏览各种信息——尽管这些信息破碎而片段化，并且如泡沫一般转瞬即逝，也仍然让我们感觉到自己与世界的连接，无论我们事实上身处何地或何种境况。奇观化的景观不仅能够在各种瞬间跳脱而出（"震撼"是大报恩寺遗址公园评论中的常见词汇），其所提供的非日常的体验也将来访者带入一个虚拟世界，接受这些片段化的场景所构建的一套叙述，并经由社交网络而传播。这也是成为产业的文化被期望达成的重要目标之一。

结语→ 当我们再次审视无法被定义或归类的南京大报恩寺遗址公园时，事实上我们所见到的是一个不符合博物馆、宗教场所或主题公园等类型限制的新品类。惊奇与混杂是此类场所最重要的特征。这既是不同力量和影响并置的偶然结果，又是当下社会状况的必然映射。这些植入现实生活，制造出瞬时惊奇的空间，其美丽奇幻的场景与日常生活形成对比，再与另一虚拟空间——网络空间结成一体，塑造出一系列有关城市和地方的叙述，并被消费者接受为正统，纳入记忆。其中，带有历史印记的遗址遗迹是不可或缺的因素，通过与围绕其周边的一系列话语及物品结成的网络，历史遗迹获得新的角色以参与当下。同时，这一层叠的意义被叠加于本身背负着一系列被选择或被遗忘的叙述的遗迹之上，也将使遗迹带着所关联的一切进入历史，以此完成历史与当下的重合。我们所生活着的世界，正是如此层叠、并置与片段的组成。就此而言，大报恩寺遗址公园以及与其类似的种种奇观式景观，也就是我们生活于其中的世界。

“开发”劳拉街：洛伦佐·美第奇在15 世纪后期佛罗伦萨城市建设中的作用（胡恒，南京大学建筑与城市规划学院）

<u>引子：“开发”劳拉街(1491 年)</u>[01] →

1489 年的佛罗伦萨，在经过中世纪后期的黑死病、战乱与文艺复兴初期（15 世纪前数十年）的恢复发展后，这个意大利中北部的共和国进入“满城建楼”[02] 的盛景时期。教堂、府邸、城门、民宅纷纷破土动工，道路被整肃美化，城市形态大为改变。甚至连工匠与建筑材料都出现短缺。

这一盛景是由政府引导的。彼时城市的控制者——美第奇家族的伟大的洛伦佐·美第奇(图1)(Lorenzo Medici the Magnificent)[03] 在该年力主推行一项重要的城市规划法《修正法案》(Provvisione)。其中主要内容为免除自公布日起15 年内所建造的房屋的四十年的税。理所当然，洛伦佐本人就是这项法规的最大受益人。1491 年，他买下城北的劳拉街（Via Laura）(图2，图3)头尾两端的几处房产：安农齐亚塔（Annunziata）广场(图4)的房子，以及切斯特罗（Cestello）修道院等。然后新建房舍填充于其间——这条街大部分为废弃的空地。建造完成后，洛伦佐将这些房屋转租出去，获利丰厚。马基雅维利（Machiavelli）在《佛罗伦萨史》中对此有所记述，“洛伦佐把资金转投在房地产方面，因为这种事业较稳定。他大量收购房地产，进行改建城市的工作。城内仍有许多空间地面，他在这些地方修建许多很美丽的新街道，从而改善了居民的居住便利条件。”[04]

01 本节内容深受塔夫里《文艺复兴诠释》一书第三章《君主、城市、建筑师》的影响。该章讨论了佛罗伦萨、罗马、威尼斯、米兰等城市在文艺复兴期间由各类事件所串联起的隐秘结构，对笔者冲击巨大。笔者试着从塔氏论述的劳拉街开发事件着手，将15 世纪后期20 余年内佛罗伦萨美第奇家族的建筑业与艺术经营做一个全面盘点，以论证这段时间佛罗伦萨表面繁荣之下的虚幻本质。

02 艾里森·科尔. 意大利文艺复兴时期的宫廷艺术 [M]. 胡伟雄，等译. 中国建筑工业出版社，2009: 17.

03 洛伦佐·美第奇是文艺复兴时期美第奇家族最著名的统治者，1449 年生，1492 年去世。

04 马基雅维利. 佛罗伦萨史 [M]. 李活，译. 商务印书馆，2005: 454.

(图1)

（图1）洛伦佐·美第奇

劳拉街与帕奇谋杀案（1478 年）→

在文艺复兴城市史上，这是难得一见的成功的“地产开发项目”——“开发商”洛伦佐赚了很多钱，同时也让切斯特罗修道院的原业主坎比奥（Cambio）行会有所受益。并且，在商业成功之外，它还创造了多种公共福利与社会效益。[05]

首先，它使城市发展开始有序地外扩。由于佛罗伦萨中心城区数百年来都在二层城墙以南，到阿诺尔河为止。劳拉街位于北侧二层城墙到三层城墙之间，身处城市的边郊地带，相当荒凉。（图5）其成功开发，推动了城市结构的变化。其次，此举有效解决了迫在眉睫的民众居住问题。自15 世纪中期开始，佛罗伦萨人口激增，老城区的居住密度过大，急待缓解。最后，“美丽的新街道”大大改善了城市景观，使得佛罗伦萨朝着“既美丽又伟大”（马基雅维利语）的城市梦想走出坚实的一步。在此之前，该梦想只是寄托在大教堂、修道院等独立的建筑上。可见，无论从经济、社会、人文哪个角度来看，这个项目都堪称典范，它是佛罗伦萨共和国的胜利，更是对洛伦佐远见卓识的证明。

不过，“典范”的源头却与公共福利无关。归根溯源的话，该项目开端于14年前。1477 年，28 岁风华正茂的洛伦佐构想了一个野心勃勃的城市核心区打造计划。该年，他购下劳拉街西端的安农齐亚塔广场附近的几处房子，包括伯鲁乃列斯基（Filippo Brunelleschi）设计的育婴堂，打算将广场建设成一个城市副中心，并将它与城市的第一中心（佛罗伦萨主教堂广场）之间的德赛维街（Via de' Servi）逐渐买下，连成一线。等到轴线完成，再加上安农齐亚塔广场西侧的圣马可修道院、佛罗伦萨主教堂广场西侧的圣洛伦佐教堂，四个空间点连成一个矩形区域，城市核心区就此成形。（图6）

显然，这是一个以纪念性为目标的空间塑造活动。四个节点均为壮丽的地标

05　在文艺复兴建筑史或城市史中，“劳拉街开发”这类商业建筑行为一般少有记载。比如列奥那多·本奈沃洛（Leonardo Benevolo）的城市史巨著《世界城市史》，书中有两章是关于中世纪末期与文艺复兴的佛罗伦萨，但重点都在建筑、桥梁对城市形态的作用上。尤其是文艺复兴章节，作者更是只专注于伯鲁乃列斯基、阿尔伯蒂（Alberti）等人的成就。城市结构、街道几乎全然不提。而以城市社会及街区结构为主要对象的城市史《城市与人——一部社会与建筑的历史》一书，也只略微提及较为知名的德赛维街。其中的原因是，这类著作但凡没有涉及“大师”的信息，都会被略去——那些作品太过辉煌，已将同期的无名建筑遮蔽殆尽。而在洛伦佐传奇的一生中，这类商业操作更是无足挂齿的蝇头小事。马基雅维利只在《佛罗伦萨史》卷末将其对城市美化的贡献一笔带过。参见：列奥那多·本奈沃洛. 世界城市史 [M]. 薛钟灵，等译. 科学出版社，2000 ；马克·吉罗德. 城市与人——一部社会与建筑的历史 [M]. 郑炘，等译. 中国建筑工业出版社，2008 : 70.

(图2)

(图3)

（图2）劳拉街近景　（图3）劳拉街（粗虚线）卫星图片，左边广场为安农齐亚塔广场　（图4）安农齐亚塔广场伯鲁乃列斯基

(图4)

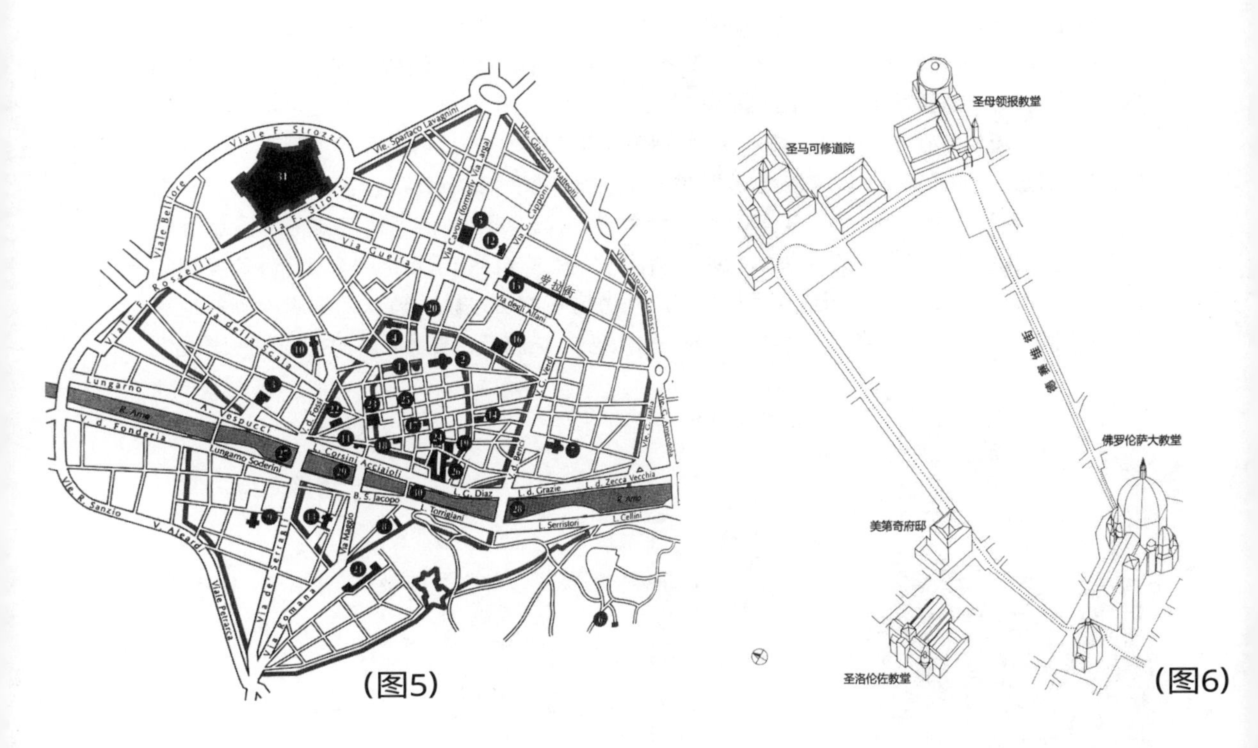

(图5) (图6)

的育婴堂 （图5）佛罗伦萨三层城墙及劳拉街的位置 （图6）新的城市中心区计划

建筑：大教堂、教堂、修道院。它们有着强烈的视觉辐射力与社会影响力。而且，所有人都会发现，这是美第奇家族彰显政治霸权的一次空间操作行为。四个节点，除去佛罗伦萨主教堂广场，其他三个全是美第奇家族名下的产业。圣洛伦佐教堂是美第奇家族最重要的家族教堂，并且紧邻庞大的美第奇府邸；圣马可修道院在1452 年由美第奇家族投资完成，洛伦佐在隔壁修建了一个花园，做展示收藏与雕塑学校之用。那里是轰动一时的艺术家与知识分子聚会场所，少年米开朗琪罗（Michelangelo）就曾在此学习。一旦德赛维街被打通——按洛伦佐的行事风格，随后就是对另外三条街的蚕食——那么，新的城市核心区会被美第奇家族产业包围。换言之，整个城市将成为家族纪念碑。

平心而论，洛伦佐的愿望并不过分。半个世纪以来，美第奇家族都是佛罗伦萨共和国的支柱，他们是城市经济的中枢，是政治斡旋的使者，是抵抗外敌的领袖，对艺术家、人文学者的大力资助更是其传统。在洛伦佐时代，美第奇家族的传奇人物呈井喷之势：波提切利（Botticelli）、达·芬奇（Leonardo da Vinci）、米开朗琪罗、皮科（Pico）、波利齐安诺（Poliziano）——可说是"文艺复兴"大幕的掀开者。所以，对洛伦佐来说，一个带有美第奇印记的城市中心区，不过是对其家族荣耀的正当纪念。

计划刚刚开始，就被一次大规模的谋杀行为中止。1478 年4 月26 日，在一次庆典活动上，帕奇（Pazzi）家族与佛罗伦萨大主教联手刺杀洛伦佐与其兄弟朱利亚诺（Giuliano），导致一伤一死。(图7)美第奇家族大受打击。这次暗杀行为将佛罗伦萨贵族间的尖锐矛盾外化出来，证实了洛伦佐的曾祖父乔凡尼·美第奇（Giovanni Medici）(图8)与祖父科西莫·美第奇（Cosimo Medici）的担忧。这两位前代杰出领袖一直认为家族对佛罗伦萨的控制并不稳定，城市的数十个古老家族间的仇怨纠结深远，难以化解，应该秉持谦逊低

(图7)

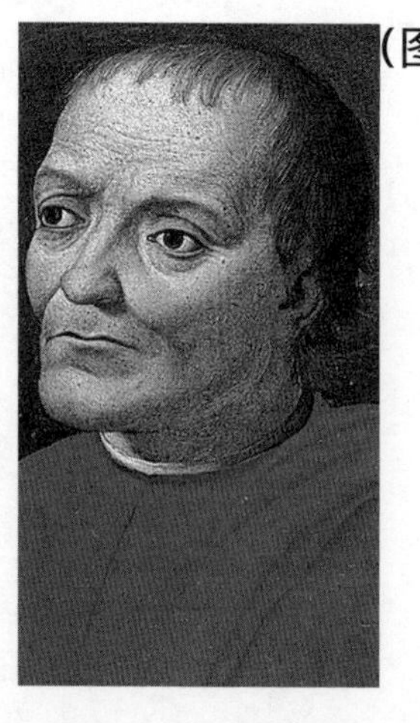
(图8)

（图7 ）19 世纪的绘画，描绘了1478 年4 月26 日发生在佛罗伦萨大教堂内的帕齐谋杀案 （图8 ）乔凡尼·美第奇 （图9 ）

调的行事作风，居安思危，方为万全。比如科西莫·美第奇在请伯鲁乃列斯基设计家族府邸的时候，曾因设计太过华丽而放弃，最终选择了米开罗佐（Michelozzi）较为朴素的方案。

暗杀事件无疑令洛伦佐回想起乔凡尼与科西莫的祖训。刚启动的城市核心区工程就此搁下——野心张扬的代价过大，必须收敛。14 年后，洛伦佐重拾城市整顿计划。还是从劳拉街的安农齐亚塔广场开始，不过，意识形态指向的空间塑造（广场西侧的纪念性区域）被放弃，改弦易辙成为全民受益的（广场东侧的住宅街）的"地产开发"。(图9)

可见，这个以公共福利与商业效益为目的的开发项目的背后，还有一个并不光彩的私人动机：反省14 年前的暗杀事件，并防微杜渐。这里，洛伦佐表现出"伟大"的智慧。一方面，他树立起一个城市空间经营模式，让那些古老贵族也能效仿其利用《修正法案》，在类似的街道上——佛罗伦萨还有大量的空白街区——进行地产开发。由此，家族间的冲突情绪被转移出来，分散到赚钱、荣誉等更有现实吸引力的方向上。需要注意的是，该项目成功之前，佛罗伦萨的土地与赚钱基本无关。这个城市的权力掌握在生意阶层手里，比如银行家、行会等。贵族拥有土地，但是无缘权力。他们"被排除在民主程序之外，有贵族头衔但没有选举权"。[06] 洛伦佐此举是一次精明的革新。正好彼时银行业与羊毛纺织业这两个城市支柱经济行业都出现危机。他让土地成为生意，并使贵族有了进入权力阶层的机会。这将大大缓和敌视家族间的仇怨。

另一方面，"分散"也有空间上的意图。佛罗伦萨城中的贵族大多居住在祖传的旧址上。几百年来，那些府邸一直密密麻麻地挤在旧城区的中部，即第二层城墙与阿诺尔河之间的狭窄地带里。美第奇府邸与"死敌"帕奇府邸相距仅一条街；鲁切莱（Rucellai）府邸与斯特罗奇（Strozzi）府邸比邻而居——前者是美第奇家族的朋友，后者是敌人；同为

06 "当科西莫注意到任何一个家族正在充分积累财富，有可能成为反对势力的中心的时候，警告会被直截了当地下达：这个家族的首领将会以购买国家土地的方式来分散他的资产，然后被封为贵族；否则，他将面临检查员的审查，从而导致破产的资产评估，这些检查员全部都是科西莫派出的坚定分子。"斯特拉森. 美第奇家族——文艺复兴的教父们 [M]. 马永波，等译. 新星出版社，2007: 96-97.

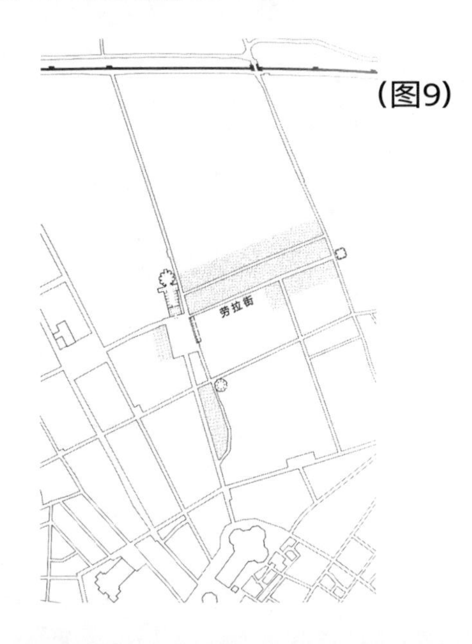

(图9)

拉街的位置

敌对关系的贡迪（Gondi）府邸也在不远处。在如此密集的空间里朝夕相对，显然会让敌意升级，隐忧不断。将那些过剩的危险精力从中心区疏导到城市外围，可以减少摩擦的可能。如果他们愿意新置府邸房舍来居住，就更中洛伦佐的下怀。

一项普通的商业活动，背后暗流涌动。貌似中性的空间操作下，是对14 年前的悲剧事件的追忆。核心区计划与劳拉街，两者之间的因果联系形成一条隐形的关系链。这是一个短时段的历史切片（1477—1491 年）。在其中我们可以看到这个共和国城市在文艺复兴初期、中期（15 世纪后半段）政治经济的结构转型，以及其与城市空间的对应关系。并且，我们还会发现，在此“对应关系”中，起着推动、延缓、刺激作用的是“伟大”的君主以及偶发的社会事件。前者的政治智慧，后者的“诛戮暴君”[07] 行为都是时代标志，也是古罗马风尚为佛罗伦萨人独有传承的结果——这个城市认为自己是古罗马的“女儿”。更重要的是，他们还展现出佛罗伦萨的另一深层结构：古老家族之间延续数百年的角逐与仇杀，深度影响着城市的物质形态。

这是一段关于野心与报复、反省与修正的历史切片。它从疯狂到理性，有着完整通畅的逻辑。并且，这一历史关系链还是一段别样的建筑史。无论是政治经济与城市空间的对应关系，还是夹杂其中的矛盾冲突，它们一一投射到建筑上。那些历史上的著名建筑，呈现出不同以往的意涵。比如前端的伯鲁乃列斯基设计的育婴堂、圣洛伦佐教堂老圣器收藏室、德赛维街中段的米凯利圆形教堂，米开罗佐设计的圣马可修道院、美第奇府邸，阿尔伯蒂做过初期建议的安农齐亚塔广场教堂（米开罗佐也有介入），原本彼此独立，但在这里，它们进行着“野心勃勃”的合作：聚合为一体，成为城市的新中心，一座空间上的“私家”纪念碑。如果不是那桩意外事件，它们或许就此改变整个城市结构，甚至历史。

07　布克哈特. 论作为艺术品的国家 [M]. 孙平华，等译. 中国对外翻译出版有限公司，2014: 46-48.

而那些几被遗忘的无名建筑，也表现出重要性。在这条历史关系链中，后端的劳拉街与前端的大师作品遥相呼应，向14 年前那个短命的纪念碑计划表示“纪念”。

劳拉街与美第奇家族被驱逐（1494 年）→

这一历史切片并没有就此定型。1492 年，也即劳拉街项目开始回收效益之际，洛伦佐英年早逝（44 岁）。两年后，美第奇家族被驱逐出佛罗伦萨。一夜之间，他们失去权力与财富。“满城建楼”的盛景戛然而止。据瓦萨里（Vasari）记载，“（洛伦佐去世后）佛罗伦萨所有的建筑项目，不管是公众的还是私人的，都已停顿”。[08] 那个肩负深远政治责任的劳拉街迅速被遗忘。延续了十余年的历史关系链就此崩坏。

对美第奇家族来说，新一轮的打击比1478 年的暗杀事件更为猛烈。它似乎在嘲笑洛伦佐的伟大智慧对消弭家族仇恨的无力，且将其多年的苦心经营付之一炬。其实，帕奇谋杀事件之后，洛伦佐做了大量的修补裂痕的工作——劳拉街项目只是冰山一角。对内，这些年来美第奇家族低调行事，几乎没有在城里有过较大规模的建筑活动。家族建筑师朱利亚诺·达·桑伽诺（Giuliano da Sangallo）被“借给”曾经的敌人贡迪家族、斯特罗奇家族设计府邸。（图10）两者都是美第奇府邸的翻版，暗示着某种和解。对外，家族艺术家被大量输出，进行友善的艺术外交。暗杀事件后，除了城内的腥风血雨之外，美第奇家族与罗马教廷的关系一度十分紧张（暗杀计划曾得到教皇默许）。1481 年，洛伦佐推荐波提切利到罗马为教皇西斯托四世工作以示友好；同年，达·芬奇被介绍给米兰的斯福扎（Sforza）公爵，为其制作巨大的青铜马雕塑。1488 年，朱利亚诺·桑伽诺也被推荐给米兰公爵设计府邸，派往那不勒斯为卡拉布里亚公爵设计防御工事。这是洛伦佐最重要的两位

08　瓦萨里. 巨人的时代（上）[M]. 刘耀春，等译. 湖北美术出版社，2003：67.

（图10）

（图10）位于托尔纳布尼路和斯特罗齐路交界处的斯特罗奇府邸

外交盟友：米兰—佛罗伦萨—那不勒斯是维系意大利半岛权力平衡的主轴。即使是在1489年"满城建楼"的繁荣景象下，洛伦佐的建筑动作也是相当谨慎。在劳拉街、城外的防御性堡垒等公共福利项目之外，他仅在佛罗伦萨与皮斯托亚之间修建一幢乡野别墅，到其去世之时都没完成。[09] 这些措施显然起到效果。洛伦佐去世之前，佛罗伦萨一直保持着难得的太平，并"繁盛到不可思议的程度"（圭恰迪尼语）。

可见，那条历史关系链本身很完美。崩坏的原因，并非是家族复仇戏码的重复再现，而是时代巨变的结果。美第奇家族被驱逐只是个信号，它标志的是共和国整体的衰落：接踵而至的是查理八世入侵、比萨战争、萨伏拉罗纳（Savonarola）的宗教内乱，经济持续下滑，整个城市陷入沼泽。并且不只是佛罗伦萨，按时代的见证人圭恰迪尼（Guicciardini）的说法，1494 年是整个意大利的转折点，"对于意大利来说，这是最不幸的一年，而且确实是不幸年代的起始，因为它为无数的可怕灾难开辟了道路"。[10]

以此转折点回头来看的话，这个历史切片里的建筑活动确实充满幻灭之感。1477 年的城市中心区计划如昙花一现。1491 年的劳拉街虽初显成功，但转眼就被纷至沓来的大事件淹没。1492 年初，洛伦佐原本委托朱利亚诺·桑伽诺为劳拉街东端的切斯特罗修道院设计一个精美的回廊院——可见他对劳拉街项目还有更多的设想，但其去世致使项目夭折。而且，这一时期与洛伦佐有关的所有工程"均未完工，只有极少数保留下来。1530 年，佛罗伦萨被困，这些残留建筑也和广场的其他建筑一起被推倒了，于是，曾经拥有众多精美建筑的整个广场，如今再也找不到房舍、教堂或修道院的痕迹了"。[11] 按瓦萨里的叙述，几番折腾之下，洛伦佐这十来年在城内的建筑活动被全然抹去了痕迹。并且，文艺复兴初期佛罗伦萨数十个重要建筑基本上都没出现在切片中。声名赫赫的阿尔伯蒂的

09 这些建筑都由朱利亚诺·桑伽诺设计。

10 圭恰迪尼. 意大利史 [M]. 辛岩, 译. 广西师范大学出版社, 2014: 55.

11 《巨人的时代（上）》，第68 页。

圣玛利亚教堂立面、伯鲁乃列斯基的帕奇小礼拜堂在1478 年正好完工。该时段只有斯特罗奇府邸（1489 年）与贡迪府邸（1490 年）较为知名，且都是1489 年《修正法案》的产物（前十年的建筑更是乏善可陈）。它们如同美第奇府邸的重影——设计上全盘拷贝后者——对这一梦幻般的历史切片作出佐证。

关系链的突然断裂，让历史切片的另一面貌浮出水面：理性（反省、修正）逻辑背后的虚无本质。它在1489 年"繁盛到不可思议的程度"，并非美第奇家族的回光返照，而是洛伦佐倾力营造的十年梦幻的高潮。实际上，1478 年的佛罗伦萨已经内忧外患，矛盾重重。[12] 帕奇谋杀案是一次爆发，它本该就此终结佛罗伦萨的文艺复兴中心位置，然而在"伟大的"洛伦佐的支撑下，终结被硬生生延迟了14 年。所以，洛伦佐刚去世，整个意大利半岛的平衡关系（也由洛伦佐一人维系，他被称为"意大利半岛的罗盘"）瞬间崩溃。佛罗伦萨时代正式落幕，这块多出来的历史切片随之消散。[13]

尾声：消失的劳拉街及其影响→

劳拉街的故事已经结束。与这块切片一并消散的，是洛伦佐在这14 年里对城市建设的全部投入（投资）。无论是传统思维的建筑营造，还是意识超前的街道美化与房产开发试验，最后都付诸东流。运气不佳到这般程度，以至于某些历史学家不解为何洛伦佐建筑业绩不如祖父科西莫（甚至曾祖父乔凡尼）甚多，与其众多辉煌成就实不相称。不过，在我们抽取的历史切片里，这些疑惑有了答案。这一切都是时代切片整体的"虚无"特质所致，并非运气使然。

物质性的痕迹虽然消抹殆尽，但洛伦佐的城市理念反倒留存下来。这同样

12 "（佛罗伦萨）在1478—1480 年期间，真丝及羊毛的严重减产造成纺织工人的失业及贫穷，丝绸商人居住的区域受损于火灾，瘟疫肆虐，阿尔诺河泛滥，就像兰杜齐所描述的：'这是上帝给我们人类的惩罚。'"《城市与人——一部社会与建筑的历史》，第75 页。这个时期，美第奇银行也因为意大利与遍及欧洲的经济低迷而遭受严重损失，伦敦与布鲁日两家分行巨额亏损。与此同时，教皇西斯托四世与美第奇家族交恶，将教皇账户交给美第奇家族死敌帕奇家族管理。这是"帕奇谋杀事件"的直接导火索。

13 对于洛伦佐去世与美第奇家族遭驱逐的象征性意义，史学家们已有共识。马基雅维利的《佛罗伦萨史》到1492 年结束，圭恰迪尼的《意大利史》从1494 年开始。当代历史学家布克哈特（Jacob Burckhardt）也有类似的表述："16 世纪伊始，……在这个城市（佛罗伦萨）的自由与伟大沉入坟墓之前……"（布克哈特著，《论作为艺术品的国家》，第65 页）不过，无论是当局者圭恰迪尼或马基雅维利，还是后世的布克哈特都未注意到这块"多出来的"历史切片。前两位依稀感觉到那段时间的某些"不可思议"，但未加深究。布克哈特则将不合逻辑之事笼统归结到时代的"反复无常"上。他写道，"（15 世纪的）佛罗伦萨不仅存在于比意大利和整个欧洲的自由国家更变化多端的政治形式下，而且它在这些政治形式上的反映更深刻。它是一面忠实的镜子，反映了个人以及阶级与反复无常的整体的关系。"（《论作为艺术品的国家》，第65 页）

有赖于时代切片的"虚无"特质。个人化的单向逻辑（野心与修正）与单一内核（平衡矛盾、修补裂痕）主导下，洛伦佐的城市操作显然意不在城市（"美丽又伟大"只是意识形态口号），而在已成心理阴影的家族创伤。阴差阳错之下，其城市理念触及深层的现实矛盾。因为这场家族冲突并非单纯缘于私怨，它背后是迫在眉睫的社会政治大断裂。由此，洛伦佐的功能主义城市理念具有了某种偶然的前瞻性。纪念碑式城市空间计划看上去仅是炫耀失当，其实代表的是旧时代的思维模式——以精神性的象征物来控制及运转城市生活，就像中世纪那样。反过来，公共福利性质的商业运作虽然只为缓解当下家族困境的务实之举，却暗合了城市面临结构转型的未来问题——走向资本主义萌动期下的"某种复合政治形态"（布克哈特语）。这就是前者失败，后者虽昙花一现却后续不绝的原因。[14]

一个并不遥远的证明在20 年后的罗马。1513 年，洛伦佐的二儿子乔凡尼就任教皇列奥十世。他将其父的"遗憾"重新拾起——断裂的历史关系链再度接上。一则，他在罗马城的中心（那沃纳广场附近）试图建造一个巨大的"美第奇区"（图11），以复兴1477 年的未完成计划。二则，在城东北方清理出一条"列奥街"作教皇加冕节之用，并相仿其父的劳拉街做法，在街道两侧开发房产以收渔利。不出所料，"美第奇区"在设计阶段即告夭折，如同1477 年的计划；"列奥街"大获成功，就像劳拉街。

14　数十年后，佛罗伦萨渐复元气。劳拉街"理念"为德赛维街继承：街道的界面美化、两侧房屋被重建为新型住宅出租出售。第二代科西莫 · 美第奇在1559 年令家族建筑师瓦萨里在市政厅韦其奥宫与阿诺尔河之间拉通一条直街，将其设计成一个封闭通廊（即乌菲奇宫），并划为家族私有。这无疑也是洛伦佐"街道意识"的投射。

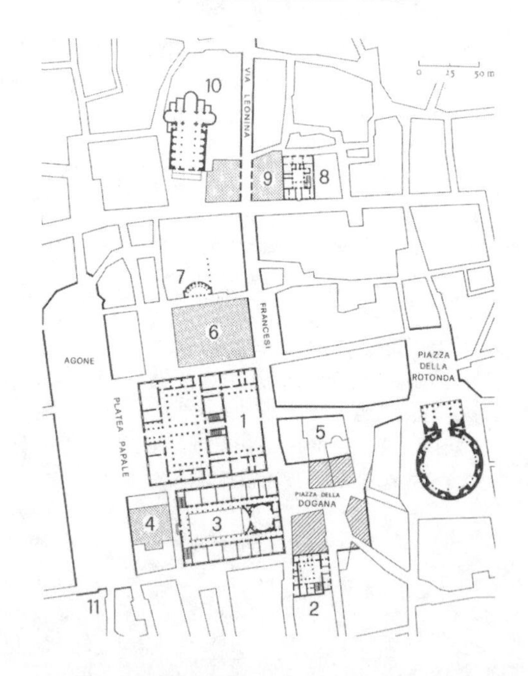

（图11）美第奇区，罗马

对世博会台湾馆死亡的历史诠释：1970—2010（许丽玉，建筑学者）[01]

> 当时，许多不一样的中国人聚集到一起，然后发觉自己什么都没有，除了在苛酷的人性考验中仅存的一点尊严与梦。……太多人不愿去想那段时间，可是那个时代有很多线索可以让我们看清楚现在这个时代。
>
> ——中国台湾新浪潮导演杨德昌谈《牯岭街少年杀人事件》(1991 年)

总是迷恋永恒形式的现代建筑主义者，不察"现代"的"倾城之恋"撼动人心的是"倾城"之危，是历史的风起云涌。

2017 年的台湾建筑式样与"党国遗绪"之争，弥漫着恼人的气味，这气味在历史上的1970 年前后也曾出现过，一部分被封存在今日日本大阪万博纪念公园之台湾馆石碑下。这一展馆曾牵动当时的政治经济局势、岛内外青年的身份认同以及台湾岛内社会民主运动萌芽的历史视野。

台湾馆失火→

加拿大蒙城时间1967 年5 月30 日早晨4 时左右，世博会台湾馆失火。台北当地时间5 月31 日《征信新闻报》报道称，世博会台湾馆为一座两层楼"中国宫殿式"建筑物，底层展出的是工业品和农产品，二楼设有观光导览询问处和中国美术品陈列室。据大会官员估计，这次火警损失在35 万美元左右，但博览会的一

01 原文为作者2016 年的博士论文，曾于2017 年10 月分两期刊载于电子媒体《独立评论 @ 天下》（上：https://opinion.cw.com.tw/blog/profile/52/article/6228； 下：https://opinion.cw.com.tw/blog/profile/52/article/6229）。经修改后收入本书。

位发言人说，他们并不怀疑此次火灾有任何阴谋。

6 月1 日的台湾《经济日报》报道称，馆内因没有人留守，至蒙城时间30 日早晨7 时许才被人发现有火焰及黑烟从展馆的窗口冒出；台北时间31 日上午9 时许，给台湾外贸会主委徐柏园的电报中说，大火之后展馆的外壳仍在，但馆中除国宝石器外，其余大部分被烧毁，馆中4 名工作人员及12 名女服务人员均不在场，故无人伤亡。

该报发表社论，提到台湾为这次加拿大蒙城世界博览会投资达110 万美元，政府还组成筹备委员会，由"中央银行"总裁兼外贸会主委徐柏园任主任委员，主持其事。社论批评这次台湾馆的主要是宣传：蒙城是世界上第二大法语城市，但台湾馆的法文宣传文件根本没有；内部陈列方式死板无朝气，只能使游客发"思古之幽情"。一位曾经参观过博览会的台湾地区政府官员匿名说："博览会台湾馆内最吸引游客的是12 位服务小姐。"

在同一版面，经建版记者侯政引述建筑师杨卓成对展馆失火的评论。杨说展馆的建筑面积占地1.8 万平方英尺（约1672 平方米），折合台湾的建坪为500 余坪，造价为23.8 万元加币，折合美金为34 万元；搭配手绘粗略的展馆平面图，他说展馆是完全防火的，不但有12 位温柔大方的"金钗"引人注目，且匠心独运地用绫罗绸缎来将一个大厅隔成曲折回廊，真正地令人流连不去。杨推想属于纵火的成分较大，因为台湾馆太惹人注目了。最后，他断然说："我的设计，绝对安全！"

中国宫殿式→

在加拿大蒙城世博会之前，台湾馆曾出席1964 年的美国纽约世界博览会，同样是杨卓成设计的宫殿建筑。1964 年4 月25 日的台湾《征信新闻报》第二版刊出《美轮美奂台湾馆，宫殿建筑，气象万千，四楼大厦，各有宝藏》一文，形容"这栋耗资近百万美金的展馆是纯粹的中国宫殿式，建筑所用的材料除钢筋外，全部由台湾海运到纽约，金色屋脊，朱红廊柱，无论在色彩、格局和线条上都臻于完美之境，此一幢巍峨屹立于西半球的中国宫殿建筑，气象万千"。(图1)

这一年，台湾的东西横贯公路刚开辟，山地平地化，时任地区领导人即将巡视梨山行馆。9月1日《征信新闻报》预告"双十"节前将完成梨山观光大旅社，并且报道称，政府为实施梨山都市计划，特别规定梨山各种公有建筑物，一律需采用"宫殿式"，要让旅客一到梨山，即知到了台湾，因此梨山大小宫殿林立，连梨山入口处的加油站也盖成300坪(991平方米)的宫殿，这种加油站在平地是看不到的。

但是，究竟什么是中国宫殿式(Chinese palace style)？

从官方文件追溯，"中国宫殿式"一词曾出现在1927年8月27日北京首都图书馆(Metropolitan Library for Peking)的竞图评审团报告中，其中提到，首奖的设计成功地将现代图书馆的需求与中国宫殿式风格结合。这项建筑计划出自美国将庚子赔款转化而设立的清华基金，评审团指导委员是梁启超，即梁思成的父亲。尔后，1928年6月份的《亚洲》(*ASIA*)杂志刊载一篇美籍建筑师亨利·墨菲(Henry Killam Murphy)写的《中国的建筑文艺复兴》(An Architectural Renaissance in China)，讨论应将中国宫殿式风格与现代公共建筑(modern public building)结合，置入各种中国现代教育机构的设计。他说："每个国家都有她特有的建筑发展，建筑师无论是本地人或外来者，都应该在营造的过程中维护这样的风格。然而，今日的中国建筑师对自己原有独特的建筑传统元素陌生，形同外人一般，无法融会贯通地将其运用在因应今日生活所需的平面与构造上，也无法继

(图1)

(图1)1964年纽约世博会台湾馆

续维持她的美感和质量。”1920 年代至1930 年代，墨菲设计了燕京大学、南京金陵大学，并应孙科委托替国民政府规划了南京首都。当战争开始时，他将中国宫殿式带回美国家乡盖成塔楼。

墨菲想象的“中国宫殿式风格—中国现代建筑—中国现代教育”连接上国家大规模的建设，意外地开展于战后的台湾。1966 年，在台北阳明山中山楼落成并命名“中华文化堂”的仪式上，蒋中正宣布将推行中华文化复兴运动，严家淦也表述了台湾与中华民族、中华文化的不可分。与此同时，在大陆，建筑传统现代化的历程则走向截然不同的方向。

1970 年前后→ 美东时间1968 年11 月8 日的《纽约时报》在头版报道，美国哥伦比亚大学史无前例宣布长期聘任设计美国前总统肯尼迪纪念图书馆的美籍华人建筑师贝聿铭，重新规划校园扩建计划，以终止晨曦公园（Morningside Park）的体育馆设计引发的学生占领校园罢课抗议种族阶级歧视行动。校长认为这象征着哥大经过215 年历史后进入“新时代”（a new era）。（图2）

离开曼哈顿西四十三街哥大俱乐部记者会现场，贝聿铭从曼哈顿的办公室启程，经日本飞往台北，准备出席台北时间11 月16 日在“行政院”新闻局的记者会，亲自说明1970 年日本大阪世博会台湾馆的设计，并介绍四个月前他从波士顿、纽约、台北，亲自面谈挑选的五人设计小组（李祖原、彭荫宣、翁万戈、荣智江、荣智宁）。在飞机上，他一边准备记者会说明稿，一边回想1968 年7 月带妻女回台探望父亲、前“中国银行”常务董事暨前“中央银行”董事长贝祖贻，同时拜访同为苏州名园家族后代的严家淦的情景。

Columbia Hires Pei to Plan Expansion

(图2)

Continued From Page 1, Col. 3

able land and would gradually level off its growth and the size of its student body, which now totals 23,500.

He declined to estimate the point at which enrollment would be held but said:

"There should be a definite ceiling somewhere along the line."

Mr. Pei, whose full name is Ieoh Ming Pei (pronounced Yo Ming Pay), said he expected members of his firm, I.M. Pei & Partners, to spend four to six months studying Columbia's growth problems, then another six months or so preparing a master plan for the university's future expansion.

The master plan, expected to be completed about a year from now, will be the first such blueprint for Columbia since the firm of McKim, Mead and White drew up a comprehensive plan for the Morningside Heights campus in the eighteen-nineties.

"We are planning for the long pull," said Mr. Pei, a thin, dapper, bespectacled 51-year-old native of Canton, China, whose fee was not disclosed. "We are planning for decades."

After the news conference, Mr. Pei said in an interview that he expected to become involved in possible planning of the controversial Morningside Heights gymnasium—one of the foci of last spring's campus rebellion—only after the university resolves the policy questions that surround that structure.

Columbia halted construction of the gym last spring and has said repeatedly it would not resume work on the building until it had consulted with Harlem and Morningside Heights community leaders. Dr. Cordier said such consultations were now in progress.

Mr. Pei came to the United States in 1935, was educated at the Massachusetts Institute of Technology and the Harvard Graduate School of Design and became a naturalized citizen in 1954.

Mr. Pei designed the John F. Kennedy Memorial Library at Harvard and Kips Bay Plaza in New York.

He has done large scale planning in Bedford-Stuyvesant, Boston, Cleveland, Los Angeles, Oklahoma City and Columbus, designed the new Everson Museum in Syracuse, has been commissioned to design an extension to the National Gallery in Washington and has designed a new National Airlines Terminal at Kennedy International Airport. He has also designed buildings at M.I.T., N.Y.U., Syracuse University and the University of Southern California.

The New York Times

I. M. Pei at his news session at Columbia yesterday.

The New York Times

Published: November 8, 1968

（图2）哥伦比亚大学聘任贝聿铭担任校园规划总建筑师。来源：《纽约时报》 （图3）台湾馆建筑剖面图。来源：平野晓此刻，在台北的“行政院”会议室，众人正忙着因应19 日将公布的局部人事改组，以及紧接着的第五期四年经济建设计划和财政税改计划。经济部门负责人李国鼎向时任“副总统”兼“行政院长”严家淦报告，他交办新闻局安排贝聿铭于16 日的记者会说明日本大阪世博会展馆的设计理念。此刻的严院长正斟酌着这次花费150 万美元在日本盖一座展馆的作用，1967 年加拿大蒙城世博会上台湾馆无端失火，显然给他倍添忧虑。

这不是中国式的→

台北时间1968 年11 月17 日星期日，台湾《中国时报》第三版大部分报道都围绕着体协办公室大火事件的疑云，但其中一则专栏报道了贝聿铭的世博会展馆记者会。这一座展馆占地4150 平方米，总面积1600 平方米，高32 米，是展场内少数高耸的建筑物。(图3)

“在建筑艺术上来说，是采取中国‘庭园式’的建筑，而不是‘宫殿式’”，贝聿铭特别强调这一点，他说，“在六个月的展期中，我们要表现的是活泼而多变化，轻松而有戏剧性，是像剧院形式的组合。中国文化不是一个小小展馆所能代表的，我们只能尽量表现它的精神，而不是拘泥于形式。”

在场其他建筑师质疑这两栋三角形的房子不是中国式的，新闻部门负责人魏景蒙对这些建筑师说：“他们这个展馆的建筑精神所在，是以苍宥的基础走向新的境界。”该报专栏记者黄珊作出结论：“我们也了解到，要恢复中国文化，并不能一味抄袭过去的外貌，而是要阐扬它的精神，透过现代技巧来表现文化精神。我们也有了一个新的观念，建筑艺术不再是个人作品，而是‘一组工作’(Team work) 的整体性，也顾及社区群体的调和，更要表现中国文化的精神。”[02]

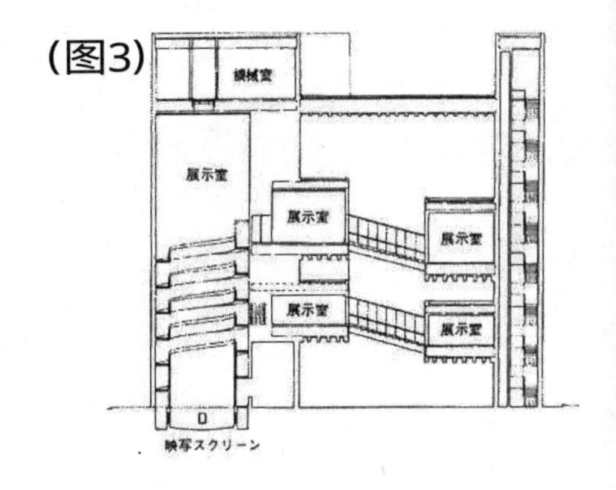

(图3)

(2014)《大阪万博：20 世纪梦见21 世纪》

至于1969 年1 月份改版的《建筑》双月刊（1962 年4 月至1968 年4 月），发行人虞曰镇找来东海大学建筑系主任汉宝德，担任新版《建筑与计划》双月刊的主编，开版便是报道台湾馆的竞图结果。他评论了日本大阪世博会台湾馆引发的“什么才是中国式？”的形式争议，最后以“中国人做的即是中国的”结语。对这时的台湾建筑师而言，建筑似乎是与人的空间体验没有关系的专业行当，仅以使用行为模式的考量提一句：“日本人对爬高的兴趣究竟较西方人强多少？”[03]

对照“中学为体，西学为用”的主张，这种现代中国建筑形式的尝试，是将中式庭园空间置入竞高的西式几何建筑体，反而塑造出众人眼中的科学怪人。

中国人做的即是中国的 →

《建筑与计划》杂志报道经济部门主导大阪万国博览会展馆设计竞赛，认为这次目标是以现代建筑设计修正1964 年、1967 年世博会台湾馆的古典样式，同时暗示这项公开竞赛的美籍评审贝聿铭介入了竞图得奖团队的设计，落选的台湾建筑师等着评论这次由“青年人”执行设计的结果。在《大阪博览会之最后消息》中，主编定位1970 年大阪博览会展馆真正的建筑师是贝聿铭，据此评论贝聿铭以现代建筑的流动空间表现庭园式的“中国趣味”，展示“中国的传统和现代”，“此种空间形式上的宇宙性，使得设计小组提出单线性的展览室，为中国式的空间连续的解释，有种罗织理由的嫌疑，而此设计的外型，有西方人的厚重与纪念性”。[04]

该杂志在1970 年5 月刊登青年建筑师李祖原的《中华民国馆设计之回顾》一文，回应外界对展馆几何形式不像正统中国式建筑的质疑。李祖原引述贝聿铭的话：“我们并没有特意去表现中国的传统风格，但因为我们都深受中国文化熏陶多年，无形

02　本段文字节录自1968 年11 月17 日星期日台湾《中国时报》第三版。

03　本段文字节录自1969 年1 月台湾《建筑与计划》双月刊。

04　同上。

中，便在作品中注入了中国的精神和特性。"李祖原进一步表述"节洁、平衡、高雅"是台湾馆代表的"东方建筑"的特色，这是中国人的"洒脱恬淡、静观内省人生观的态度"，"中国"表现在内部空间的"山穷水尽疑无路，柳暗花明又一村"的情境，外在形式"庄严、宏富而较拘谨"，唯独在建筑高度的表现上，必须克服邻近展馆的压迫。对1960 年代展馆那种"节庆式"的中国风，李祖原斥之为"庸俗的""非中国人本质"的表现。[05] 对于接受美国普林斯顿大学建筑教育的青年建筑师李祖原而言，现代建筑是特定的形式联结特定的意义，据此，台湾馆的象征意义理当可用几何形式普适化，其并未觉察到这样的"中国传统现代化"之矛盾正是赋予几何形式一种普适的意义。

同时，在这时的台湾建筑师眼中，1970 年的展馆造型反叛了1964 年和1967 年的先例，拒绝承袭象征中国的太和殿与翠玉大宝塔形象。所谓"现代"的形式仿佛是与"传统"的意义一刀两断的，众人惊呼"这不是中国式"，这是形变了的现代中国建筑。结果，"中国人做的即是中国的"这个政治结论与如何盖好这栋建筑的关系有限，无论是诠释或批评展馆的设计形式像中国或像美国。此时，改变"现代中国"形象的既是沾染美国味的台湾，也是本土味不足的台湾，这栋展馆浮现层层的政治意识，也扩散了1970 年前后敏感的社会政治氛围。

暧昧信息 (Darling tone) →

日本倾国家之力从1963 年开始筹备大阪世博会，当代日本建筑界新陈代谢派下门徒深信，这是战后日本现代建筑的诞生日。大会中一幅彩绘主题海报象征日本的"太阳之塔"含着吸管，转头痴痴望着象征美国的"可口可乐"，这瓶已开罐的可乐被四只手握着，最外围碰不到瓶身的黑皮右

05　本段文字节录自1970 年5 月《建筑与计划》双月刊。

手压着黄皮右手，同样触碰不到瓶身、唯一涂红色指甲油的黄皮左手，则依附唯一紧握着可乐瓶身、看不见手指的白皮右手。讽刺的是，这张海报的标语是"人类的进步与调和"="Coca Cola"。(图4)从1970年前后美国主宰与当时的国际关系来看，大阪世博会的建筑"太阳之塔"确实传递了美国与日本的亲密关系。

那么，反观美籍华人建筑师贝聿铭设计的台湾馆，又传递了何种信息？

"中国日"→ 1967年加拿大蒙城世博会台湾馆失火后，台湾与加拿大之间关系动荡。

1970年，《中日备忘录贸易协定》在北京签字，总理周恩来宣布"中国日本贸易四原则"，要求和大陆做生意的日本工商业必须切断和台湾的经济往来。为此，台湾决定由"副总统"严家淦于7月率团访日，以主持大阪世博会台湾馆"中国日"为名，带着经济部门负责人孙运璇和财政部门负责人李国鼎，与日本首相佐藤荣作协商经贸合作关系，以及向日本贷款3亿美元兴建南北高速公路与实施造船计划。

1970年3月12日，大阪万国博览会台湾馆提前开幕，据称首日有3万人次参观。建筑师贝聿铭专程飞回台北，向经济部门追加展馆的维护费用，此时总花费已提高到200万美元。但"博览会不是商展，在这里看不到商品和广告，几乎所有的国家和地区展览馆所展示的，都是自己国家或地区的文化传统"。[06] 负责场馆展览期间视听器材维护及台视公司采访工作的庄灵，在5月19日台湾《中央日报》副刊的《万博二月记》一文中，形容这次展览以影像代替展品是前所未有的创举。象征汉代宫阙的大门，由两个108英尺(约32.9米)高的三角柱，以及中间三个透明的桥所构成的白色展馆，无论从哪个角度看，都远非附近的展馆可比拟的。(图5)博览会实际上是世界各国、各地区间一场实力强弱和进

06 本段文字节录自1970年5月19日《中央日报》副刊。

(图4)

(图4)1970年大阪世博会现场广告海报。来源：EXPO´70 Surprising！ OSAKA JAPAN (图5)1970年大阪万博会全景。

步成就的无形竞争，他形容眼见“所有的这一切，才是日本举办这次万国博览会的目的和意义”。[07]

7月15日，天阴偶雨，严家淦在丹下健三设计的大阪世博会日本主场馆“太阳之塔”前主持“中国日”，仪式由北一女中110位学生组成的乐仪队表演拉开序幕。

矛盾认同中的现代建筑→

20世纪70年代世界风云变幻，1974年5月的美国斯波坎(Spokane)世博会成为台湾馆在20世纪的最后一次亮相，当时展馆的外墙雕塑由制作1970年大阪世博会展馆门口“有凤来仪”雕塑的杨英风[08]设计。直至2010年上海世博会，台湾馆才在海峡两岸的合作之下再次显露身影。这期间几十年的“死亡”，其实质意义是断裂，同时又创造了话语的空间，就像巴特(Roland Barthes)所说：“只有死亡才有创造性。”死亡成了持续回响的信息，渗入人的思想，支配人的实践行动，“死亡”的信息透露了历史的形势变化。当我们将具有象征意义的建筑石块放回到当时的动荡局势中，可以看见社会、人、事、物的矛盾与流变，这是因为19世纪以后诞生的现代国家关涉经济利益时，原本是政治的语言，却用建筑的形式表态。1960至1970年代的台湾馆之间的差异，重点不在建筑形式的复刻与展示，反而是建筑上承载了暧昧信息，正转变为一种“现代媒体”(modern media)，并形成“第三元空间”，既是形式上的话语权争夺，也是发展中国家和地区向美国老大输诚的频道。

台湾馆在1970年前后的社会动荡中终于成为“现代建筑”，也同时化为尘土。此际间撼动人心的现代建筑不是静静地展示建筑物的形式，“现代建筑反映时代精神”更不是“蒸馏、蒸馏、再蒸馏出来的纯粹形式”，而是历史浮现。无论是宫殿式或者庭园式，

07 同注释06。

08 杨英风(1926—1997)，我国台湾地区著名雕塑家。

(图5)

来源：EXPO′70 Surprising！ OSAKA JAPAN

台湾馆都在当下生产象征意义，转译了固有的形式，精神上引导"认同"的集体意识，这种形式意象具有社会作用，传达了特定对象想看见的中国形象，借此维系特定的文化认同，却未妥善处理格格不入的台湾体制与社会的关系，叠加上外来的国际政治经济形势与内化未解的殖民遗绪，终究无法成功建构具有象征意义的现代建筑。

失败的现代建筑让人们开始觉察到分裂的形象回响着特定的意义，又无能力明了其中纷纷扰扰的社会脉络与政治意向，惊恐于其大规模扩散为各向的断裂，造成难以自我辨识：我是谁？我爱谁？谁爱我？谁是我？这样的社会关系分裂以及自我认同的矛盾，正是重建历史视域的关键时刻，而这场失败让台湾地区社会内在的矛盾与外在的冲突，终于更清楚了。

重思殖民现代性保存：台北监狱的保存

（夏铸九，东南大学建筑学院　余映娴，台湾大学）

下述的台北监狱（台北刑务所）保存经验虽然还没有完全告一段落，却值得与新加坡的经验相互交流。第二次世界大战期间，不少澳洲籍战俘被日本军队囚禁于新加坡樟宜监狱，在监狱内搭建了樟宜教堂（Changi Chapel，1944）。1988 年，澳洲政府把樟宜教堂移回至澳洲堪培拉东村（Duntroon），异地重建，纪念战争的伤痛与战俘的历史，保存教堂内留下的壁画。更有意思的是，在澳洲政府移走了教堂之后，2000 年，新加坡政府也在原来的监狱旁边"仿制"了一间教堂，同时设置博物馆，纪念战争与战俘的历史。[01]

2013 年年初，针对台北监狱（日本殖民时期的台北刑务所）的保存，在台北发生了争取遗产保存（heritage conservation）运动。

一、台北监狱（台北刑务所）是什么地方？它的历史意义何在？→

台北监狱（台北刑务所）的历史是台北殖民城市史的组成部分，也是一段破坏台北城市和镇压反殖民力量的殖民城市（colonial city）的历史。殖民初期，殖民者以原台北清代衙门作为台北监狱，后因总督府主导的治安与镇压行动规模日增，被殖民者人犯快速增加，遂决定兴造新的台北监狱，1904 年完成。兴建监狱的同时，也正是日本殖民者以市区改造贯通道路为名，拆除台北府城城墙的时候。从1899 年起至1904 年年底，除了城门之外，清代台北城城墙已经被拆除殆尽，而台北监狱的石材

01　见维基百科"Changi Prison"词条。

即为台北府城城墙安山岩与唭哩岸岩石材之转用。新建的台北监狱是台湾第一座西式现代监狱，也是殖民时期才营造的以刑罚为目的的监狱驯训系统（prison discipline）。1924年，台湾总督府将其更名为刑务所，取代监禁惩罚之意。台北监狱由日本设计监狱的山下启次郎技师和福田东吾技师设计，山下也曾经参与东京巢鸭监狱的设计。而东京巢鸭及其他监狱俱为砖造，台北监狱则为石造，在田野中拔地而起，建筑规模尤为巨大，再现了殖民国家权威的不可侵犯，是台湾13 所监狱中兴建最早且规模最大的殖民现代监狱（colonial modern prison）。台北监狱采用18 世纪末"宾州系统"（Pennsylvania System）设计，以小间独立监禁，监狱格局方正，采用放射状布局，以中央瞭望塔管理，设拘置室事务所、惩役监、女惩役监、炊事、医疗室、工厂、隔离病舍与刑场，监狱周边围墙高3 公尺。这就是1945 年之前的台北监狱。

到了1949 年，国民党当局接收台北监狱用地，改其为台北看守所和台北监狱。周边附属日式木造平房，被改为法务部职员宿舍。由于早期法院、检察署未分隶，所以法院和看守所、监狱相关人员都配住于此。受当时的政治与经济条件限制，这个"华光社区"里的居民组成不仅为公务员，也包括日本殖民时期原有居民与早期来台的国民党军人。后来，台北城市的发展迫使这个位于台北市中心的台北监狱搬迁。1961 年周边的农场土地标售；1970 年台北监狱土地标售给"中华电信"，所得转作搬迁经费，拆除监所主体建筑物，该地块今为"中华电信"与"中华邮政"所在。1972 年台北监狱、台北看守所搬迁，部分人员搬迁到桃园、台北县土城，放弃了宿舍，有些则在退休后继续居住此地，还有些则将临时加建的房屋转租转卖。因此，腾空了的华光社区的房舍，接收了快速都市化过程中进入台北市的城乡移民，逐渐成为类似都市非正式部门中的社区与住宅。这里的实质

（图1）

（图1）1945 年航拍图。图中的刑务所放射状平面以及周边围墙清晰可见。刑务所以东当时皆为监狱农田，以西的聚落已然

物理空间质量不佳，各地方言交杂，然而却是提供不少有特色的地方民间美食之地，包括早市的水果批发、早餐的烧饼油条豆浆、杭州汤包、牛肉面、福州面、蚵仔面线等，这是城市居民记忆里的味道，都市生活十分丰盛。[02]

从上述这段历史地景转变的描述，我们可以看出当年监狱范围包括"中华电信"与"中华邮政"与司法新村一带，实际管辖范围还包括周边职务宿舍、农场、水塘等，可从丽水街延伸到杭州南路。台北监狱基地内的建筑物多被拆除并陆续改建，刑务所遗址只剩边缘少数职务官舍。至于北面与南面两段降低高度后的部分剩余高墙，1998 年北面围墙被台北市政府指定为古迹。[03]

台北监狱（台北刑务所）的重要意义是，由于殖民政治之压迫，诸多反殖民运动的重要人物都曾被囚禁于台北监狱，如蒋渭水、简吉、赖和等。台北刑务所北墙运尸门内侧三角形行刑空间设有绞刑场，乃殖民总督府对死刑犯执行绞刑之所在，如罗福星，即于此处被日本殖民者绞杀。二次大战期间日军对战俘的不人道处理，也让美国、韩国、琉球等外国战俘命丧此地。战后，国民政府接收监狱，在监狱迁址之前，"二·二八"事件与1950 年代的白色恐怖监禁处理也都曾在此留下伤痛。譬如说，1948 年"四六"事件中，被国民党警备总部捉拿的怀抱着朴素社会主义思想的台湾师范学院与台湾大学的部分学生也曾被囚禁于此，包括台湾新文学运动健将张我军的儿子，当时还是高中学生，后来成为考古名家的张光直。[04] 后来的华光社区已经不再沿用"监狱口"这个地名，但此地长达一个世纪的台湾殖民压迫历史，既是台北监狱史，又是台北城市史，冤魂至今不散。总之，台北监狱与华光社区的地景转变，表现出台北市作为殖民城市的历史和战后都市化的过程。监狱地景的形成和转变，揭示了殖民者引进现代监狱制度、改变城市的企图，也铭刻着底层

02　举例言，金华街111-6 号的碳烤烧饼，每天不到七点就吃不到了。参考：跟着舒国治寻小吃之三：古亭站 [EB/OL]. [2013-8-27]. www.wretch.cc/blog/rabbit38844/1011617.

03　金山南路段，台北市金华段三小段150、151 地号，1998 年3 月25 日台北市政府公告指定。

04　见：张光直. 番薯人的故事：张光直早年生活的回忆及"四六"事件入狱记 [M]. 台北：联经出版事业公司，1998. 在张光直的记忆中，当时被捕的有台大11 人，师大3 人，建国中学1 人，成功中学1 人，《新生报》与《中华日报》各1 人，职业不明者1 人。他还记得这19 人同时在警备司令部情报处（西本愿寺地窖）初步受讯，同时被关进台北监狱好几个月，然后被分开。书中第11 章讲的就是众人在台北监狱里面的团体生活，学会了麦浪歌咏队的不少歌谣，第12 章则是被送回到警备司令部情报处西本愿寺地窖的生活。

成形，即今日的华光社区所在，轮廓未变。金华街上已可见路树和成排宿舍。

人民抵抗殖民统治斗争的历史，还承载着在战后政治变动与经济发展推动的都市化过程中市民求生存的过程，确实是值得反省的历史地景。[05]

二、保存运动与文化遗产保存→

由于2008 年之后，全球金融危机冲击之下台湾的经济表现一直不见起色，“行政院经济建设委员会”就针对这个位于台北市中心的基地提出模仿日本东京六本木的发展想象，营造高强度的市中心商业发展氛围，这在媒体上引起不少争议。而负责这个基地主要部分（华光社区）管理工作的法务部态度十分消极，先以法律与制度为强制手段，处理了基地上既有的法务部自己单位的员工；然后以有争议的手段，粗暴地拆除了长年聚居的所谓违建户，对基地上的树木与建筑物破坏甚大。这些举动引起了针对拆迁的社会抗议运动，以及针对殖民时期的台北刑务所与周边华光社区的遗产保存运动。经过保存运动团体锲而不舍的陈情、抗议、出席发言、报章投书、媒体报道等活动，从2013 年6 月开始，至少是基地上的一部分文化造物，包括建筑物、围墙、围墙遗址、老树等，通过了台北市文化局文化资产审议委员会的审议。[06] 当然，主张保存的积极分子们还是不满意，他们期待的是能全区指定为文化景观保存，但是由于法务部保存意识的滞后与不足，基地现况破坏太严重，限制了进一步指定、修复、再利用遗产的机会。譬如说，基地上既有的居民大多已经被法务部用直接或间接的手段清除，这就失去了追求整合性保存——人与物并举、物质文化资产与非物质文化资产并举的活的保存——的条件，只能在保存与再利用并举的层次上提出要求了。

台北市文化局文化资产委员会最后的决议大意简述如下：

05 以上文字主要参考：群落护育联盟. 台北监狱古迹保存 [R]. 台湾大学建筑与城乡研究所, 2013-03-12；黄舒楣. 旧台北刑务所 / 监狱宿舍群落文化景观暨南面围墙带状空间文资保存指定 [R]. 台湾大学建筑与城乡研究所, 2013-03-12.

06 经过历次台北市文化局文化资产委员会的文字修正，最后在2013 年11 月11 日第五十三次文化在监狱主体建筑已不复存在的情形下，以保存台北刑务所 / 台北监狱的文化历史、场域精神等价值为主要目标。保存方式有三种：①实体保存；②文化史料保存、测绘保存以及文物展示；③未来透过都市规划、都市设计，诠释本区曾为台北刑务所 / 台北监狱之历史纹理与场域精神。

在实体保存方面：①修正市定古迹台北监狱围墙遗迹范围，将东西南北侧围墙与遗迹全部列入。此外，附带决议十分关键：现存北侧、南侧围墙依现况实体保存；原东侧、西侧围墙以及北侧围墙运尸门内三角形刑场，现况虽已不存在，然空间纹理尚属明确，未来开发单位应先进行试掘，以确认是否留存围墙遗迹，并依文资相关程序办理，后续并通过设计手法进行保存；②将原台北刑务所官舍列为本市历史建筑，包括大安区金华街北侧单号135 号至171 号、177 号，以及爱国东路3 号（即原副刑务掌官舍）等19 栋建筑物。

文化史料保存、测绘保存以及文物展示方面：①列出的一系列建筑物已遭严重破坏，不列入实体保存，然仍需完成测绘之建筑物，包括：杭州南路十六户“口”字形配置建筑物、杭州南路二段五十七巷2 至8 号四户建筑物、金山南路二段四十四巷5 号建筑物；②要求法务部进行相关历史研究、文献图说资料收集与口述历史记录，完备台北监狱之文献史料；③未来再利用时，应于现地择适当空间设置狱政展示馆（其实即原副刑务掌官舍），以保存并展示狱政文献历史及相关文物。

都市规划方面：①要求市府都市发展局办理本区都市计划细部计划时，应考量原台北刑务所之重要场域（例如监狱围墙、演武场、刑场等），研拟设计准则或通过都市设计手法，保存本区历史脉络纹理以及再现历史场域精神；②本区树木保护，依树木保护自治条例相关规定办理。

三、由国家与社会间的关系来看待遗产保存→

台北监狱（台北刑务所）遗产保存运动的个案值得由国家与社会间的关系，经由一些理论的角度，来看待遗产保存的争议、指定、日后的修复及再利用所涉及的种种课题：

（一）对真实空间的改变与对市场中的空间交换价值的冲击

台北市文化局对台北监狱（台北刑务所）遗产保存的决议文字，对基地建物、地景的种种规定，直接冲击了“行政院经建会”对这个市中心基地模仿日本东京六本木的发展的想象。未来高强度的市中心商业发展受到诸多束缚，房地产市场中的空间交换价值的实现受到了诸多限制。而其焦点是，这个昔日殖民者所制造的北侧围墙内的三角形行刑空间的诡谲氛围，杀气犹存，冤魂犹在，不知进行未来空间再利用的土地资本，要如何超渡亡灵？如何说服未来的华人客户，不必在乎这个不祥的死亡之地？这个正要开始推动的计划已经成为一个高难度的专业与商业项目。

（二）集体记忆（collective memory）的建构与历史场域（historic sites and settings）的重建

对台北监狱（台北刑务所）遗产保存的决议虽然还不能完全符合保存运动者的期望，充分达到他们的诉求，但是，对于一个经济快速发展下文化资产长期受忽视，空间与社会经历剧变与破坏的特殊的都市与制度的情境，如台北市，在台湾文化资产保存所经历的二十年经验中，面对已经拆除或残破以及时机已晚的都市现实，台北监狱（台北刑务所）遗产保存的决议是保存实践在制度上的突破。并没有像一般保守官僚作业的习气，推诿给法令制度不全，要求修法后才能真正行事的惯行。在这个决议之中，保存，已经不只是传统狭隘的美学角度的指定，而且涉及殖民城市历史，涉及殖民地的集体记忆建构，涉及历史场域的重建。保存，不再受限于西方现代性保存在乎的实质物理空间的原真性（authenticity）质量的唯一标准，[07] 面对主要建筑已经被拆除、周边附属建物已经残破不堪的现实限制，全面要求修复围墙，重现三角形行刑空间，再现历史的场域与氛围。以未来的都市开放空间，将残存的围墙实体与运尸门，加上三角形空间的围墙遗址挖掘后与某种低调方式的地面再现，以及，超渡亡灵之后，让看不见的过去重新能为后代看见、思念以及感怀。这种集体记忆建构与历史场域的重建，重新联结起物理真实空间与想象的虚拟空间，寄希望于未来基地上的象征空间表现。而这正是对空间的文化形式（the cultural form of space）的可能性与未来设计任务所急需的象征表现（symbolic expression）的挑战。

（三）遗产的再利用与象征空间的意义竞争

遗产再利用之时，对空间的文化形式与设计表现的高标准要求，其实碰触到象征空间的意义竞争之要害，这是主体性建构所要求的自觉能力的起点。譬如说，未来遗产再利用时，三角形行刑空间所再现的历史的场域与空间氛围，不正是殖民者所引进的西方先进的宾州系统化了的现代监狱制度，殖民者改造城市的策略，镇压被殖民城市的暴力，与被殖民的底层人民抵抗殖民的呐喊、血泪、伤痛这两者之间的对决与意义竞争吗？而台北监狱（台北刑役所）这个第一个也是最大的一个殖民现代监狱的保存计划，不正是遗产保存所期待的看到自身、历史反身性建构的关键机会，超越被殖民者一直没有能力建构主体性的殖民现代性（colonial modernity）的要害吗？ [08] 这是本文的主旨。

四、结论→

台北监狱（日本殖民时期的台北刑务所）的遗产保存不只是殖民城市历史的见证，也是殖民现代性的再现。殖民现代性是没有主体的现代性建构，被

资产委员会宣读通过结论。

07　这一点在文化资产委员会中并不是没有不同意见的，见：汉宝德. 被利用的文化资产保存 [N]. 中国时报 · 人间百年笔阵, 2013-05-23.

08　参考：夏铸九. 殖民的现代性营造——重写日本殖民时期台湾建筑与城市的历史 [J]. 台湾社会研究, , 2000(40): 47-82.

殖民者学会了用殖民者的眼光与价值来看待世界，看待周边，看待自身，还沾沾自喜，以为先进，这是殖民地最深层的悲哀。

然而，经由这个殖民现代监狱的保存计划，昔日的被殖民者与他们的后代终于有机会、有能力看到自身。由于台北监狱（台北刑务所）的指定与保存是对历史空间的制度干预，这些地方未来将成为都市公共空间（urban public space）。

现在，我们就可以见到不知名市民在金山南路二段四十四巷北墙之外摆放数百枝菊花，表达对反抗殖民城市与殖民监狱的逝去者之敬意。可以预期，日后经由热情的诠释（hot interpretation），这里也可以成为城市悲剧与喜剧的舞台，以及市民的剧场（civic theater），提高市民的可及性，增加对城市的认同，而不再是过去殖民城市的排斥性空间了。这是黑暗的与负面的遗产（dark heritage and negative heritage）产生正面文化意义的社会实践。

最后，谁来活化与经营台北监狱（台北刑务所）、未来的保存计划所修复的殖民官舍以及狱政展示馆（即原副刑务掌官舍）呢？作为历史建筑的殖民官舍，台北市文化局打算将其在修复之后转为文化产业生产者的基地，这是台北市文化局的重要政策，或可乐观期待。至于狱政展示馆，要由法务部负责执行，不容乐观。法务部面对华光社区的态度一直被动而消极，这么不知与不能面对自身历史的单位，很难期望他们正视历史并因而具备深刻反省的能力。

那么，前者要如何避免城市中心的士绅化（gentrification，也译作"贵族化"或"高级化"）过程，避免将文创产业的生产基地沦为精品化高级消费的排斥性地点，这在全球化的城市中是不容易达成的任务，是需要在执行过程中预先提醒的。

至于后者，关键是如何在执行时避免开馆之后逐渐失去活力，变成门前冷落无人问津的"蚊子馆"，这确实是台湾公共部门经营经常产生的尴尬局面。

或许，在完成指定、推动修复之时，就要能同时推动非营利组织负责经营的可能性。排除再利用的经营的制度性障碍与政治压力，让保存与再利用的制度并存，让非营利组织取得适当的盈利机会，是可以尝试的工作。上述这些问题是未来遗产再利用过程中必须及早提醒执行者要注意的要害。

总而言之，遗产的保存与再利用不只是一个静态而保守的仅仅针对物的拜物教仪式，而是有助于市民社会建构的积极元素。

“本来无一物，何处染尘埃”：中央体育场营造纪事（萧玥，建筑学者）

20 世纪二三十年代的旧都南京已然消逝了。当下人们无从一一细说掺杂了中西路数的营造业，更难以设身处地领会国民政府掌控下的营造事，怎番你方唱罢我登场的盛景凌志令人揣度不已：那是怎样激奋而复杂的历史情境，于彼时又是由何般颖慧且从容的心智应对了；那是怎样炽热而趋同的现实诉求，在其后又是被怎样无奈却轻薄的态度消解了。

中央体育场，即是其中一件德厚流光的事件。年仅三十岁的青年建筑师杨廷宝先生[01] 授命于此，见证了怎样的价值取向，处理了怎样的营造工法，何以未有“本来无一物，何处染尘埃”之叹呢？着实引人遐想。

场→

那么，建造之初的中央体育场究竟呈现了何种地景或曰何样景致？由两张不同视角的旧照片约略可见彼时情形。（图1）由自西向东的地面远眺照片可见，体育场屹立于偌大平坦却有些许高差的岗地上，朝西的牌楼入口颇具纪念性和标识性。这无界墙、无入口的界域正是中央体育场所在，其与灵谷寺门前的寺路上稀疏幼稚的梧桐树[02]，共同被摄入了这凝重鲜活却满载期待的历史一瞬。令人震憾的是，由南向北的低空鸟瞰照片中，此一当时远东最大体育场的惊艳场景跃然纸上，这组与阵亡烈士纪念塔交相辉映的巨构物横空出世了。

01 杨廷宝（1901—2001），河南南阳人，1921—1925 年于美国宾夕法尼亚大学建筑系求学，1927 年加入基泰工程司，1940 年兼任中央大学建筑系教授。

02 《民国二十年全国运动大会筹备经过》（全国运动大会来稿）：“利源公司得标后，以限期匆促，即行开工，迄今三阅月，所有田径赛场、游泳池、棒球场、篮球、排球场及进场大道等，均已树有规模，其他各场及场内外道路并种植行道树，装设水管及电灯、电话等工作亦已着手兴工。依照现在工程进行速率推测，谅能如期竣事，不致延误。”见：参考文献 [1]。

（图1-1）

（图1-2）

（图1-1）中央体育场由西向东远眺（引自参考文献 [7]）（图1-2）运动场地形势照片（引自参考文献 [4]）

从中央体育场形势图(图2)清晰可辨的是，中央体育场超出寻常（相对传统营造类型）的尺度和构成迥异于周边其他营造之器物，但在起初场地平整[03]时已然充分尊重并合理利用原有自然地形，不难体会其寻求坛类祭祀建筑与体育场馆间共通性之匠心独运。

长期以来，西方学者将天坛、佛寺、宝塔等宗教建筑类型视为中国传统营造的最典型代表，传统具有纪念碑性的营造活动似乎从未超越陵墓、祭坛等类型。中国人根深蒂固的生死观念，使得中央体育场所在片区存在归宿感这一极具“纪念碑性”的先天特质，而中央体育场自身特殊的营造需求，更使得功能适应性和开放纪念性恰恰反衬出空间的纪念碑性。既然彼时“功能适应性”“空间开放性”与“政治象征性”需求被提升至营造理念的层面上，那么可以推测近代中国的建筑价值取向，发端自中山陵而成型于中央体育场，基本上已充分表现为理性诉求了。

不夸张地说，中央体育场的选址、设计、监造、运行等诸环节，均是近代建筑营造史上的绝佳个案。[04] 诚然，1931 该工程未按中山陵、中央博物院等重大事件的投标方式进行，而是采取约聘方式请基泰工程司设计监造[05]，但业内并无异议，其原因是基泰工程司具有体育场营造经验。[06](图3)

杨廷宝作为中央体育场的主持设计师取得了卓然成效，时下评论“体育场式样选择，因密迩陵园，盖陵园建筑全系用中国式样，该场既在园地之内，论理自宜一致。而体育场之特性，系用中国之精神，而将其形体与装饰略加变化，使合体育场之用，又以国人心理，即一砖一瓦之微，不尽以庄严肃穆之意出之，而同时安插自然，绝无牵强迹象”。[07]

以上文字被王碧清先生满怀敬意地转引于2001 年杨廷宝先生诞辰一百周年纪念文集，作者正是1982 年年底设计体育场西大门的建筑师，忆及1981 年西大门设计

03 《民国二十年全国运动大会筹备经过》(全国运动大会来稿)：“惟全场面积既广，地面崎岖不平，于筹备建筑之先，不能不先行整理。爰于去年五月间，由本会会同总理陵园管理委员会及参谋本部陆地测量局派员开始测量，并将地面上之民坟荒冢先行迁移。全场建筑图样于九月间绘制完成，当时以本会经费困难，不宜将建筑工程一次招商承办，故将土方工程先行招标办理。迨至本年二月间，本会经费较裕，始将全部建筑工程着手招标，结果由利源公司承办，限于民国二十年八月底一律完工。”见：参考文献 [1]。

04 《民国二十年全国运动大会筹备经过》(全国运动大会来稿)：“……查田径赛导场司令台从西向东，与特别看台相遥对，全场四周均为看台。其下面则隔成房间，可作办公室，并供运动员二千七百人住宿之用。中间跑道四周长五百公尺，跑道内有足球场，两端有网球、排球及篮球等场，将来各项运动及球类决赛均在田径赛场举行。游泳池长五十公尺，宽二十公尺，一切设备均用最新式。棒球场为扇形，篮球、排球场为长方形，国术场为八角形，均就天然地势建筑。其他各网球场、足球场等，则以限于经费，暂用木看台……”见：参考文献 [1]。

05 《民国二十年全国运动大会筹备经过》(全国运动大会来稿)：“约聘基泰工程公司关颂声为会场建筑工程师。……会场各项工程均用最新式钢骨水泥建筑，由基泰工程公司设计绘图，送会核定。”见：参考文献 [1]。

06 “该会于是约聘基泰工程司，担任绘图设计及监督工作，以其曾经设计体育场多处，颇有经验……”《首都中央体育场建筑述略》，见：参考文献 [2]。注：1928—1930 年杨廷宝曾主持东北大学体育场及体育馆设计。

07 《首都中央体育场建筑述略》，见：参考文献 [2]。

(图2)

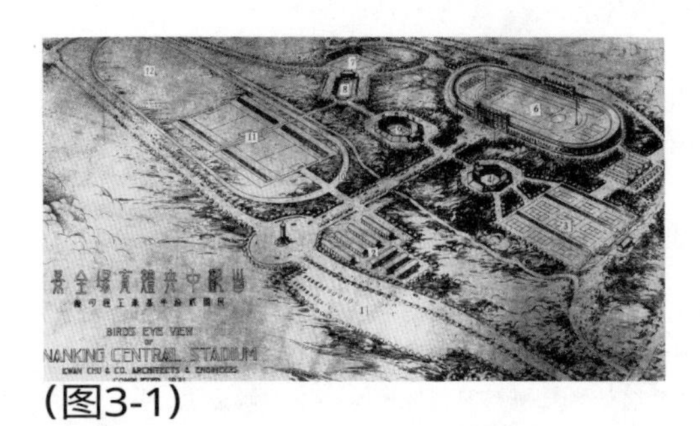

(图3-1)

(图3-2)

(图2)中央体育场形势全景(引自参考文献 [7]) (图3-1)首都中央体育场全景, 1931 年绘制(引自参考文献 [8]) (图3-

方案曾按杨廷宝先生意见修改。[08] 事实上，这兴许是杨廷宝先生费尽心力的临终案例之一，而它恰恰是他在南京荣获嘉许的一桩早期实务，令人回味无穷。

这里着重讨论的是，在20 世纪二三十年代特殊背景下及金陵故都特殊地望中，中央体育场营造所体现出的特殊的价值理念以及更为特殊的技术选择，呈现了彼时独树一帜的复杂样态，其所蕴含却被忽视，潜逸的"纪念碑性"这一属性应该如何看待。正因为"纪念碑性"是反映中央体育场所在片区历史连续性的最为至要的因素，才使得整个营造事件在表现过程中获得了自身位置并生成举足轻重的意义。[09]

上溯钟山作为圣地神道之禁的史实，自六朝陵墓郊坛及陵邑始置以来从未间断[10]，继渐明孝陵以后，终被20 世纪二三十年代中山陵及廖仲凯墓、谭延闿墓、国民革命军阵亡烈士公墓[11]（灵谷寺所在地）等格局所定格。其间人道之兴这一理念承继了各类各式的尊祖、敬神、六艺等内容，促成了圣地之隐终归把礼仪性、纪念性氛围愈演愈烈并不乏周期性、日常性的结果。令人讶异的是，这一切的情境演化竟于二三十年代那短短不足十年的岁月当中得以发生。

据《首都计划》所载"中央政治区界限图"的区位（图4-1）可知，基地紧邻中央政治区东北侧，可以经由中央政治区选址思路与文化定位推定基地的人文特征。不难理解，中央政治区择址思路与中山陵、中央体育场择址初衷实出一辙。[12]

另据《总理陵园管理委员会报告》[13] 所载1933 年《总理陵园地形全图》（图4-2），可见在钟山地形地貌之衬映下，明孝陵、中山陵、阵亡革命军烈士塔、廖仲凯何香凝合葬墓、谭延闿墓以及国民革命军遗族学校、陵园新村、中央体育场的地望亦可一目了然，对于基地的共时性认知亦陡然清晰了。

08 杨廷宝对"外部整体环境如何处理好同原中央体育场的关系、立面形式如何与体育场建筑风格协调，以及建筑材料的选择、色彩及细部大样尺度等，均作了详细评述。还提出既要有传统建筑风格还要有时代气息，并就门柱的云垛及传达室的屋脊如何采用斩假石不要采用花岗石均作了交代。"王碧清，《回忆往事，亲切怀念》，见：参考文献 [9]。

09 笔者认为："如果说，中山陵作为最后的帝陵，作为五四前后由皇权向民主过渡之盛举，那么吕彦直因操劳尽职被刻石铭记之事件、其设计的廖仲凯何香凝合葬墓作为中山陵的陪葬墓之事件，似乎是民主对封建的又一追摹。不容置疑的是，作为追摹传统的理念与技法，似乎转译是在不同层面上达成的。中央体育场之营造正是钟山南麓此历史性地段由圣地神道之禁转译为生灵人道之兴，促成其迥然于中山陵等营造动因的基点所在；也正是由于此尊祖敬神之地望承袭了历代墓祭、庙祭、坛祭等传统教化场所的特质，促成宛如前朝历代般地追摹传统、承继教化之转译结果。作为传统教化空间的转义或再生形态，即使中央体育场营造事件本身自伊始至当下经历了由'在场'向'不在场'弱化的过程，但是其内在与外在的意义亦注定是后延的，而非彼时独享的，尤其是在甚或鲜见的建筑伦理价值的讨论范畴下非同一般。鉴此，梳理中央体育场营造事件的来龙去脉尤其是原境分析，可以促使人们在寻求价值取向制约的同时，触及彼时历史氛围的解读深度与营造（人）的智慧所在，而伴随其间的更是古代营造史上习见的'追摹'手段，被中国近代营造事件的建筑人假借并被发挥得淋漓尽致。"见：参考文献 [15]。

10 《寰宇记》引《丹阳记》："梁以前立佛寺七十所，历代以降递有废兴。"灵谷寺、万福寺为仅存硕果。灵谷寺，于古为开善精舍。梁天监十三年（514）冬，葬宝志于钟山独龙阜。仍于墓所，立开善精舍。敕陆倕制铭辞于冢内，王筠勒碑文于寺门。永宁公主又以汤沐之资，造五级浮图于其上，塔名玩珠，取龙玩珠之义。

《同治上江两县志》："灵谷禅林，本太平兴国寺，旧在独龙阜前，孝陵既建，移改今额。寺葱蔚深秀，

径赛场立面设计图（引自参考文献 [1]）

首都城市圖

(图4-1)

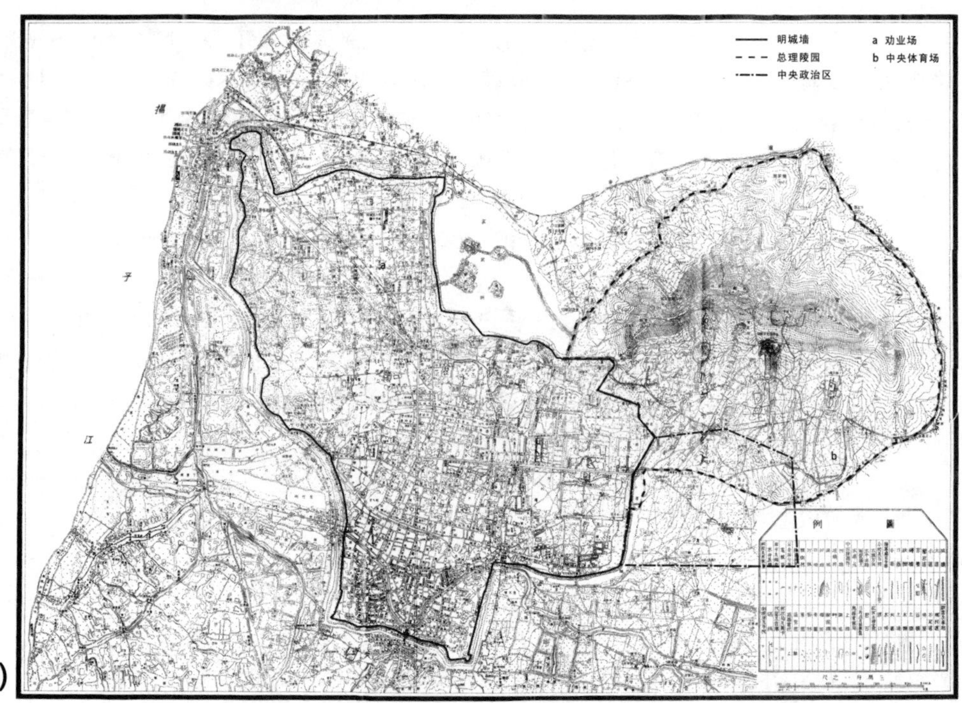

图3-1 中央政治区界线图（引自文献[1]）

中宏外拱，胜甲一邑。山门书第一禅林，入门行万松中，苍髯翠甲，拏攫夭矫，如虬台蛟；杳霭闲时复叉叉作海涛响。如此五里，方达梵舍，世所称灵谷深松是也。有放生池，植荷其内，或曰万工池也；相传凿池时曾役万夫，故名。中有一殿，累甓空构，自基及巅都无寸木，名曰无量；俗以其宲桷弗施，呼为无梁矣。右为钟楼，左为说法台；台前有街，俗名琵琶，拍掌相应，有声如奏弦。台后有八功德水，以竹为筧，引水入寺，名曰竹递泉（见吴云《灵谷志》）。寺之东有梅花坞，灵芬艳雪，当春竞融。寺后有宝公塔，高五级，为志公藏骨地。壁有三绝碑，……乱后塔毁，覆以亭。其东麓龙神祠，以祷雨有验，故曾文正公重建焉。"见：莫祥芝，甘绍盘修．汪士铎等纂．同治上江两县志．清同治十三年刊本．卷三。

杜濬《山晓亭记》："盖钟山者，气象之极也。当其明霁，方在于朝，时作殷红，时作郁苍，时作堆蓝。少焉亭午，时作乾翠，时作缥白。俄而夕阳，时作烂紫，时作沉碧。素月照之，时作远黛，时作轻黄。星河影之。若素若玄：凡此无论昼夜，皆山之晓也。惟不幸而淫雨，而穷阴，而风霾尘沙，而妖氛，山隐于垢浊，晦昧不见；如此虽在永昼，亦山之夜也。"

《金陵世纪》卷三"纪山川其十"之"钟山"条记载："钟山，金陵之镇山也。《地纪》云：秦始皇时，望气者谓金陵有天子气，乃埋金玉杂宝以厌之。国朝园寝在焉。嘉靖中，诏名'神烈山'"。

11 "自国民政府建都金陵，就灵谷寺殿址，改建阵亡将士墓，无量殿改建享堂，又造七层塔于寺后，为阵亡烈士纪念塔导，抗战胜利后，各寺庙还增加祈请佛力普渡'抗战阵亡将士'英灵，详情待考。"见：参考文献 [1]。

12 据《首都计划》，中央政治区选址缘由为："惟详相比较，则实以紫金山之南麓最为适用。盖其地处于山谷之间，在一，面积永远足用也。其二，位置最为适用也。其三，布置经营，易臻佳胜也。其四，军事防守最便也。其五，于国民思想中国固有之形式为最宜……屋顶形式、色彩等。"见：参考文献 [6]。

13 《总理陵园管理委员会报告》，见：参考文献 [1]。

(图4-1) 中央政治区界线图 (引自参考文献 [1]) (图4-2) 总理陵园地形全图及其重要建构物 (引自参考文献 [1])

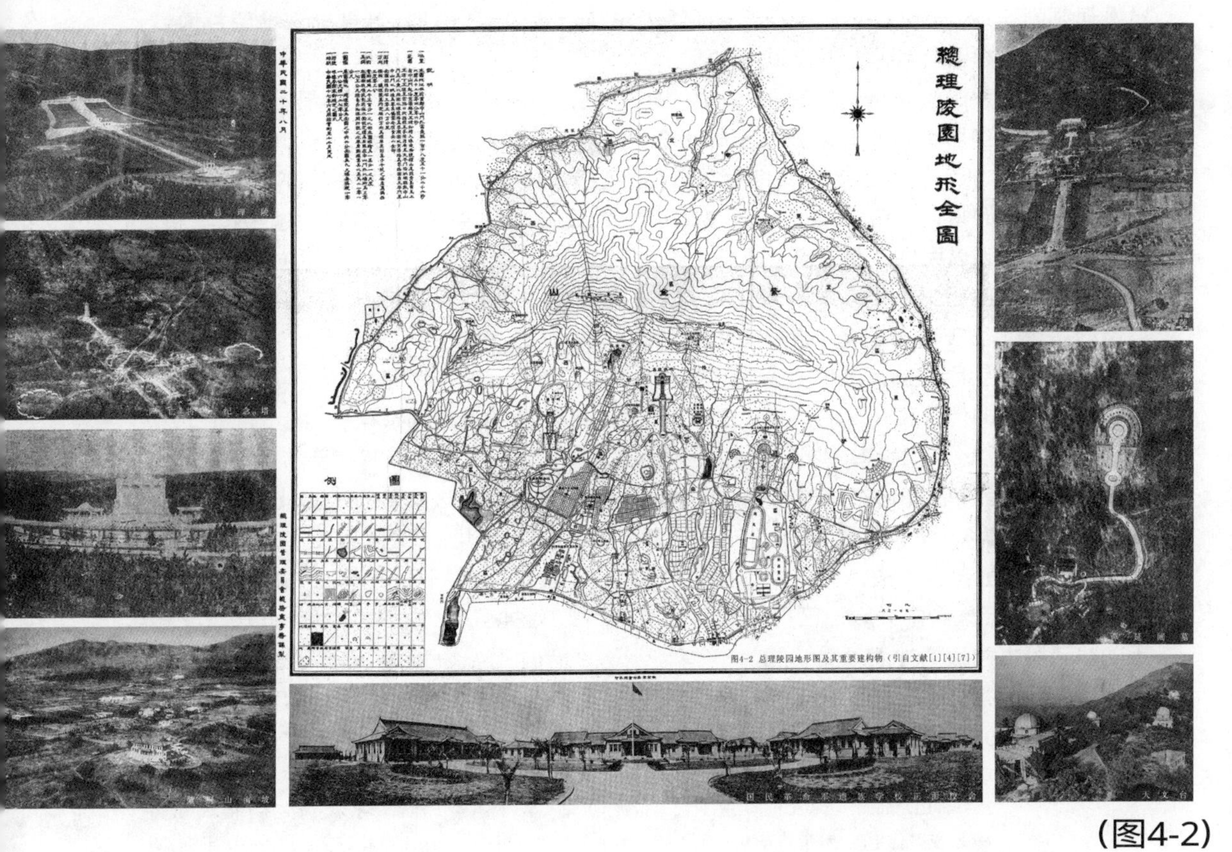

(图4-2)

是寺半折入将士墓，半折入谭延闿墓，一代名刹，遂尽改旧观矣。""另据报

之南北，北峻而南广，有顺序开展之观。形胜天然，具神圣尊严之象。""其
有除旧更新之影响也。"《首都计划》之六《建筑形式之选择》："要以采用

若将中央体育场所在片区进行原境分析，并将历史氛围逐层剥离勾勒，虽非易事却颇为有趣。金陵钟山南麓自六朝至民国的庙、墓、坛诸事件，若被标识地望并厘清脉络，实可谓文化积淀厚重，历史迹象斑驳。

钟山素以灵秀著称，钟山之"场"之"祭"，兼备了中国传统中最神秘的色彩，作为金陵故都虽屡遭兴废却未被遗忘的历史性地段，当之无愧。从六朝陵寝到六朝盟坛，从明孝陵到中山陵，从灵谷寺到革命军阵亡烈士公墓，钟山形胜一次次夯实和造就了坛[14]、墓[15] 祭祀文化的基调与传统，而中央体育场所在片区的神秘主义人文属性适逢绝佳契机，中央体育场亦因以民生之器追摹了庙墓之道，而为庙墓形态演变之热议[16] 添加了注脚。

此历史性地段的时空定位亦从形胜而人文再至民生等不一而足，其间种种力量的角逐弥漫于陵墓文化、祭祀文化、体育文化[17] 等衰替消长的氛围中。可以认为，前朝历代的营造手段以追摹的方式呈现了冢、庙、林三祀合一的场所基调，几番历史事件不仅定格了祭典的传统和礼拜的惯常，更定格了地望的认同和说辞的延续。

那么，如果追溯灵谷寺嬗变频仍的轨迹，可知自六朝而明初至清末乃至民国而言，其始终保持着那份祭拜的格调，基地营造采取之追摹手法首先须从择址切入讨论。因为，自从明孝陵（即六朝灵谷寺旧址）之择址、中山陵之择址、阵亡烈士公墓（即明灵谷寺旧址）之择址直至中央体育场之择址，某种程度上皆延续并拓展了历史的象限，确切地说，后两者甚至是步中央政治区择址意向之后尘，择"具神圣尊严之象"之址，此场址无疑因隐喻了民主共和精神而深受认同。

相比之下，前朝历代的所有营造事件中最为异化者当属中央体育场的动议与运作[18]。作为20 世纪30 年代初最引人注目的城市盛典之一，中央体育场这一应运而生

14　南京钟山六朝祭坛遗址获2000 年"全国十大考古新发现"，从此为世人瞩目。

15　钟山之周围，陵墓相望。山阳有吴大帝陵，步夫人墩，晋五陵（康帝崇平陵、简文高平陵、孝武隆平陵、安帝休平陵、恭帝冲天陵）、明孝陵；山东有宋武帝初宁陵；东北有宋文帝长宁陵；山阴则有明中山王徐达墓，开平王常遇春墓，岐阳王李文忠墓、东瓯王汤和墓、江国公吴良墓、海国公吴桢墓、滕国公顾时墓、许国公王志墓、黄国公杨璀墓、燕山侯孙兴祖墓、安陆吴复墓、汝南侯梅思祖墓等。

16　巫鸿，《从庙至墓——中国古代宗教美术发展中的一个关键问题》，见：参考文献 [12]。

17　1931 年5 月10 日奠基礼，蒋介石致辞："欲恢复民族地位与精神，须先养成健全之体格，故体育一端，比较德育尤为重要。"见：参考文献 [3]。

的"场所",弥补了彼时城市意象和城市生活多维度的功能需求。更确切地说,其完成了一项从神道到人道的异动心路,尤其在追摹传统文化及样式上的典型意义与深远影响方面,堪称绝佳之作。

中央体育场经历八个月日夜赶工,终于1931年8月如期竣工,"九·一八"事变推迟了比赛并撤销了筹备委员会[19],直至1933年10月才兴办第五届运动会[20](图5)。盛况空前的赛事让民众以强烈好奇心态响应参与[21],以后中央体育场遂成为练习而非比赛之地[22]。

1910年于南京南洋劝业场举行的首届全国运动会及1924年于南京成立的精武体育会,皆对近代体育起到积极推进作用[23]。1910年玄武门以西的南京劝业场承载了文化展示的政治使命,中央体育场继任为步其后尘的地标性民众场所[24]。由此便可理解前述有关选址意向之深远。而中山陵园北侧自西向东依次是明孝陵、中山陵、廖仲凯墓、谭延闿墓以及阵亡烈士纪念塔,与之遥相呼应,南侧自西向东依次是遗族学校、陵园新村[25]、中央体育场以及音乐台、天文台、外交部郊球场[26]等营造,这绝非偶合,实乃刻意为之,中央体育场即是这崭新空间氛围营造过程当中的关键环节[27]。

式→ 回溯中国建筑现代化发蒙史与学术史,建筑史界不懈地将20世纪二三十年代某些营造事件反复定义与重新诠释,难免牵扯文化史论中诸如"传统"与"现代"、"新"与"旧"等国人熟识且始终纠缠的核心话题。其中某些营造事件因沾染先锋、潮流或曰"时尚"而被谓之曰"式"(如"中国固有之式"或"固有形式"云云),此间歇性反思忽冷忽热地诱发着人们审视近代建筑价值理念的兴趣。

18 "民国十九年春,浙江省政府举办全国运动大会于杭州,英才毕聚,盛极一时,当道诸公,复有感提倡体育之必要,遂由蒋介石委员长提议组织民国二十年全国运动大会筹备委员会,董理其事,改在首都举行,并由国务会议议决,指定首都郊外,总理陵园以东,灵谷寺南地内,建筑永久会场,所以激励国民,对于体育,知所留意,而首都建设,因此亦得日就完成,为国表率,兼以地依陵寝,可时存景仰。"《首都中央体育场建筑述略》,见:参考文献[2]。

19 "所有工程于民国二十年春开始兴筑,越时七月,于日夜赶造之中楚楚告竣。嗣以水灾綦重,国难方殷,二十年全国运动大会不果进行,旋即移由总理陵园委员会负责保管经营。迄至二十二年秋,教育部筹办全国运动大会即在该场举行……"见:参考文献[1]。

20 "中央体育场为民国二十年全国运动大会筹备委员会所筹建,供应全国运动大会之用。……场地位于总理陵园灵谷寺南东西洼子村左近,依地势之高下及事实之合适与便利而支配,全场分设田径赛场、篮球场、国术场、网球场、排球场、棒球场、游泳池、足球场、跑马道等建筑,各处均置看台,全部可容观众六万余人。……举凡工程之修缮,树木之培植、花草之布置、场地之开放、规则之拟定,均经分别计划办理。俾场地设施益臻完善而爱好体育者亦得随时有练习训育之所矣。"见:参考文献[4]。

21 "全部竣工后,即举行全国运动会,此时我正在中大读书,乃请假去参加,一为看竞技,二为看这一著名的国家级的体育建筑的落成,看后我收获很大。"唐璞,《不是我师,胜似我师》,见:参考文献[9]。

22 1949年之前,中国共举行过七届全国运动会:第一届于1910年10月18日至22日在南京举行;第二届于1914年5月21日至22日在北京天坛举行;第三届于1924年5月22日至24日在武昌练马场举行;第四届于1930年4月1日至10日在杭州梅东高桥举行;第五届于1933年10月10日至20日在南京中央体育场举行;第六届于1935年10月10日至22日在上海江湾体育场举行;第七届于1948年5月5日至16日在上海江湾体育场举行。

(图5-1)

(图5-2)

23　1910年10月18日至22日，由上海基督教青年会发起首届全国运动会（亦称"全国学校区分队第一次体育同盟会"）。比赛设田径、足球、网球、篮球4个项目。华北、华南、上海、吴宁（苏州南京）、武汉派140名运动员参加。1924年中华全国体育协进会在南京成立，将10月18日定为该协进会成立纪念日。

24　《建筑专刊》评价："纵观体育场建筑，规模宏大，体制堂皇，能运用中国建筑精神，切合时代需要，唤醒国民，保存国粹，化旧为新，非不可能予中国建筑以新生命，造成东方建筑复兴之创格……"

25　"总理陵园建筑渐具规模，本党同志佥以其地环绕总理陵寝且在首都近郊，请于界内租地建屋，俾得瞻仰陵寝，并于退食之暇，一换新鲜空气，不休养身心之所，此其用意至善。然以陵园区域之广，使人各任择一地，恐至东西散处，有碍陵园原拟之建设计划。本会爰特划地一区，开辟新村，为一有计划之组织，聚合本党忠实同志于一方，群策群力共谋开发，以冀为全国建起新村之模范。此固足为陵园生色，而于合作互助之精神，亦借以充分表现。此一举而兼数善，固不仅为个人休养身心而已也。"

26　"外交部为联络中外情感，于十九年冬，筹备成立郊球会，租赁陵园界内东洼子附近山地近一千二百亩，为球场暨其他运动设备之用。……屋之四周，东邻陶家营，西望灵谷寺，南与环陵马路毗连，北接紫金山麓，而谭故院长墓道，适贯球场之西偏，其地势则居高临下、远吞山光、俯挹野景、隔绝嚣尘，洵游息之胜地也。"见：参考文献 [3]。

27　中央体育场垒球场北侧有百骨坟（清兵抗击太平天国起义军之坟）、丛葬墓（侵华日军南京大屠杀遇难同胞东郊丛葬墓），皆是纪念亡者魂灵的所在，目前尚存。

(图5-1) 民国二十二年 (1933) 全国运动大会会场全景 (引自参考文献 [5])　(图5-2) 民国二十二年全国运动大会游泳池观众 (弓

在从帝制走向共和的道路上，如同地望中历史单元之间断裂及传承涉及历史连续性的意义讨论出现缺失一般，"固有"之说辞亦往往被人们简而化之。巧合的是，中央体育场以北灵谷寺旧址之"国民革命军阵亡烈士公墓纪念塔"，即墨菲在《首都计划》中力求"中国固有形式"[28]的作品。若将"融合东西方建筑学之特长，以发扬吾国建筑固有之色彩"[29]与《首都计划》中"以采用中国固有之形式为最宜"加以比较，可以发现"固有形式"之"固有"，"固有之色彩"之"固有"，其实是相对西方形式而言。与传统"式"的分类比较，此说法似乎值得仔细推敲。毕竟，"中国式""中国古式""中国风格"等说辞存在着极其微妙的语境偏差[30]。

关于纪念碑性的讨论[31]，有助于人们在对历史语境的复原前提下，重新审视建筑价值理念问题。当讨论追摹"湮而不灭"的"纪念碑性"这一概念中的大传统或小传统时，任何层面的实质性定义皆非易事且更加磨棱两可。如同中山陵设计者吕彦直并未苟同将平面的钟形附会唤醒民众的象征性之说法，中央体育场与中山陵似乎在"纪念碑性"的层面上反而有着相通之处，并且特别致力于牌坊之"式"（详见下文），轻而易举地达成"纪念碑性"之涵义。

勿庸置疑，近代中国建筑师在将传统或曰固有之"式"改造抑或传摹为具有纪念（碑）性上，倒是下了一番功夫。每当人们试图从文本或遗存回溯历史感时，总有力不从心之憾。尤其是当重构历史片段的过程时常被细碎精深的细节牵扯太多时，则需要将某项有说服力的判断如界域、追摹等置于分析框架中[32]。

这里，以"追摹"的达成及其意义作为话题，分别从两个层面展开。第一个层面，是将神秘主义的"幻""隐"转译为"生""兴"，完成文化秩序和技术理性的双重转载，隐

28 "建筑形式之选择"，"要以采用中国固有之形式为最宜……屋顶形式、色彩等。"见：参考文献 [6]。

29 赵深，《中国建筑》"创刊词"，民国二十一年（1932）。

30 据《陵墓悬奖征求图案条例》（1925 年5 月25 日），中山陵的建筑价值理念以"中国古式而含有特殊与纪念性质者，或根据中国建筑精神特创新格亦可"为标尺，吕彦直方案被评议为"完全根据中国古代建筑精神"。赖德霖先生曾将基泰工程司工程案例略分为"中国固有式""中国混合式"和"现代式"三类。赖德霖，《"科学性"与"民族性"——近代中国的建筑价值观》，见：参考文献 [14]。

31 巫鸿先生提出"纪念碑性"，引发学术争论，显然是由于中西方学者不同的自我文化认同导致的。其所提出的"纪念碑性"反而更适用于营造领域的纪念物。见：参考文献 [13]。

32 笔者认为："原因在于，中央体育场与明孝陵、中山陵甚至阵亡烈士纪念塔在'纪念碑性'上确有传承关系，而这种传承体系伴随着中国建筑文化发展中材料、工具的发展，也通过形制、装饰、铭文的发展最终汇成一个可被定义为'场'的宏大完整之艺术传统。以往单纯以'功能适应性'等说辞来表述营造之原委，似乎掩蔽了观念与技术之间的分析逻辑或曰技术路径，事实上，技术理性的内核正是由此引发开去的。从历史地段的认知上而非单纯建筑层面上去考量，是否会更有益于区分理解'大传统'和'小传统'等歧义，为风格与类型等演变分析作出铺陈呢？回答是肯定的。"见：参考文献 [15]。

自参考文献 [5])

含地望选择和技术选择的双重转译，是奠定格与调的原境分析；第二个层面，是从粗浅层面“比例”“风格”等问题入手，回应“样式”“形式”“作法”等不同说辞的不同语境分析，是深化格与调的细化构成。正是基于追摹话题所涉及的纪念碑性这一内核，近代中央体育场的建筑价值理念似乎回归至历史氛围的本原上了[33]。

基于前述历史地段的分析，中央体育场至少可以从地望选择与技术选择两个层面，辨析其“纪念碑性”的特质与内涵，此新旧文化更替时代背景下的盛事伟绩，其技术理性背后的东西是什么呢，正是其“格”或曰“调”（亦即“固有”）。

也就是说，只有紧密联系地望选择及其技术选择，才可能更为确切地解读技术理性之诸层面。诚然，恰如地望的可陈述性遭遇隐喻的不可述性时，难以厘清隐喻在形式处理或秩序安排之中的内在机制一样，中央体育场各场地之共通母题或相似样式因本质上具备隐喻特征和转译属性，姑且附会一下传统意象中的坛庙形制而已。换言之，似乎是在完成文化更替之象征意义且满足体育场所之功能需求的同时，完成了祭坛与牌楼（牌坊）等空间限定手法的转译。(图6)值得深思的是，单纯由体育场入口外侧的立面式样，很难想象看台内侧完全是现代主义语境下的混凝土构筑世界。(图7)显然，杨廷宝先生对“式”的敏感比一般建筑师更为深邃。

那么，究竟又是何样缘由让吕彦直改变初衷而将祭堂原设计图样更换了呢？今已无从考证，不得其解。(图8)相比祭堂立面中当心间相较于左右次间而言，仅仅设置大阑额而摒弃小阑额，使得三开间立面俨然牌坊式样而非原设计图案中的传统殿屋式样，似乎巧合了当心间拱券略高的技术需求。显然，吕彦直先生对“式”的把握与一般建筑师相比，更是堪称经典。

33　笔者认为：“当将近当代置于长时段的时空分析语境时，类似建筑伦理价值、‘纪念碑性’等话题也就难以回避了。今日关注其纪念碑性的特质，是基于关注历史地段氛围的视野前提下，从中寻觅建筑的伦理价值取向，而这恰恰是传统建筑内核中的要素得以发挥的地方，即有关‘纪念碑性’思考的由来与意义”；“更需要强调的是，‘固有式’所言‘固有’之‘式’，这一相对含混却较为确切的说辞，有着非同小可的意义。相对于‘民族性’，‘固有’之式的讨论似乎更大程度上属于‘自我文化认同’层面，更适合于相对宽泛的文化史意义上，而非相对狭窄的建筑史意义上的分析框架。可以说，在讨论了‘纪念物’‘中国风格’等话题之后，再进一步讨论‘样式’‘比例’等话题，更符合全面理解中央体育场营造之价值取向和技术选择的需要。”见：参考文献 [15]。

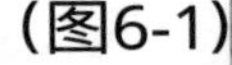
(图6-1)

(图6-2)

（图6-1）垒球场（引自参考文献 [4]）（图6-2）游泳池（引自参考文献 [4]）（图6-3）篮球场（引自参考文献 [8]）（图6-4
自参考文献 [8]）（图8-1）中山陵祭堂设计图案（引自参考文献 [1]）（图8-2）中山陵祭堂效果图（引自参考文献 [1]）

(图6-3)

(图6-4)

(图7-1)

(图7-2)

(图8-1)

(图8-2)

]术场（引自参考文献 [8]）（图7-1）修建中的中央体育场田径场（引自参考文献 [7]）（图7-2）田径赛场西入口（引

因此，更耐人寻味的是，转译是如何达成的，即形式语言的逻辑化是如何达成的？的确受到营造活动自身特性之限制，毕竟只有将技术、材料、施工等环节全面控制才能达到预期理念。在新时代背景下，建筑的伦理价值一度被夸大，纪念碑性的建筑或营造，对于中国传统的营造活动而言，似乎无法逾越的正是陵墓、祭坛等建筑载体。古典形式如何被新型材料诸如混凝土使用，而使得大跨度抑或大尺度的功能或类型得以塑造，此乃技术理性逻辑下的迫不得已抑或是适逢良机，当然是不言自明了。

作为卓越建筑师的典范，在钟山南麓历史机遇下，求学于美国宾大和日本京大的杨廷宝先生和吕彦直先生分别达成了对传统的解读与传摹[34]，且在极端博学的深耕细作下完成了示范作品[35]。作为文化秩序与技术逻辑的结合物，分别于1929年和1931年竣工的中山陵和中央体育场克服了更为严峻的内容与形式之间的矛盾性障碍，而此际比梁思成先生等学者对中国传统建筑的经典样式作出建筑史论层面的归纳要早。毕竟，1930年代初期建筑史学领域肇始探究传统建造规律，诸如传统营造术语“造作”等说辞尚感生疏晦涩[36]。倘若仔细阅读杨先生于1936年发表于《中国营造学社汇刊》的《汴郑古建筑游览纪录》[37]，可以体会杨廷宝先生所言理想建筑师之标准首要是“熟悉建筑历史”[38]之深意，当然也正是他的这一自我期许磨砺出独领风骚的专业眼光。

一般认为，尽管中央体育场并未入选杨廷宝先生最重要作品名单[39]，然而在其一生主持、参加和指导的百余项设计中，中央体育场也许承担了特殊角色。除杨廷宝先生主持设计兼指导中央体育场西大门设计以外，它更是50年代初期他亲自向建筑系学生讲解的教学案例，也许借此人们可揣测中央体育场这一个案在他心目中的

34　赖德霖先生比较杨廷宝区别于梁思成的四个特征时认为，杨“试图折衷中西建筑造型，致力于根据现实需要而求合乎法则的变化，追求构图方法的法度，信奉西方古典构图原理的普适性”。赖德霖，《折衷背后的理念——杨廷宝建筑的比例问题研究》，见：参考文献 [14]。

35　“述而不作”是朱光亚对于杨廷宝先生的褒语，意指杨先生设计作品乃“陈述事实而不做作不夸大”“传承而不妄作”之义。见：参考文献 [9]。

36　在中国传统建筑语境中，“造作”并非贬义，而是营造等术语的代名词。文献记载如：《汉书 · 毋将隆传》：“武库兵器，天下公用，国家武备，缮治造作，皆度大司农钱。”清黄宗羲《明夷待访录 · 奄宦上》：“今也衣服、饮食、马匹、甲仗、礼乐、货贿、造作，无不取办于禁城数里之内。”有关“造作”之解析，将另文详述。

37　杨廷宝于《汴郑古建筑游览纪录》一文中罗列了开封龙亭石陛石阑的详部插图。见：参考文献 [10]。同期发表的刘敦桢先生《苏州古建筑调查》所表达的调查内容及术语体系等已有专业分野。杨廷宝先生完成一系列设计作品以后，自1932年主持北平天坛修缮，除以侯良臣师傅为师以外，更以朱桂莘先生为先生，并与刘敦桢先生、梁思成先生过从甚密。

38　“我从前认为一个理想的‘建筑师’，应该是一个熟悉建筑历史、富于想象力、善于分析事物、掌握绘图技巧，了解工程技术、具有广泛常识的综合协调工作者，既是一位应用科学家，也是一位应用美术家。”杨廷宝，《回忆我对建筑的认识》，见：参考文献 [11]。

39　“他在自己众多作品中，相当偏爱中山陵音乐台和谭墓这两例，至老徘徊不已。这种对于民族性格执着的追求，是和杨老对自己祖国悠久而光辉的文化深沉的爱相联系的。”郭湖生，《纪念仁辉师》，见：参考文献 [9]。

（图9-1）1952年杨廷宝先生与刘光华先生带领学生参观并讲解游泳池设计（引自参考文献 [9]）（图9-2）中央体育场游泳

地位。勿庸赘言，在历史情境、设计手法及营造工法等多个层面上，中央体育场（1931）显然比谭延闿墓（1931）、音乐台（1932）更为复杂且更具说服力。

一份杨先生亲自讲解中央体育场游泳池设计的历史影像被珍藏至今[40]。（图9-1）这张摄于1952年的照片记录了51级建筑系[41]学生教学现场的生动场面。学生们坐于原中央体育场南侧泳池边，杨廷宝先生和刘光华先生倚立于石质护栏内侧。对照最初建成的游泳池旧照，约略可以看出时隔二十年以后，除游泳池北侧植被已然繁茂、清晰可辨以外，游泳池内侧场景未有明显变动。（图9-2）不知杨先生时隔二十年亲临现场时，是否有别样感受无以言表呢？历史记忆在这张照片里似乎被陡然浓缩且瞬间凝固了。

跋→ 前述刻意回避神秘世界与艺术创作之间的关联即隐喻与象征，意在将问题设定的方式固化于运用图像证据与文字记载互证的方式，将考证式与问题式的研究方式结合，回应技术史和艺术史的共同话题，即寻求营造理念与技术处理之关联程度。

通过阐释中央体育场所在历史性地段的历史氛围，其中对历史事件的多视角还原乃是呈现式而非陈述式，意在以场景画面表现事、理、情之总和，其间涉及的地缘认知和体验认知可谓超乎寻常地丰富而深刻，反倒是偏重政治文化层面或侧重建筑场所层面的两类认知自然而然地殊途同归了[42]。可以说，真正史实背景下的各项认知，的确原本应是单纯而悠远的。

颇具反讽的是，尽管今昔同样面临革故鼎新之历史机遇或不幸而曰尴尬，我们竟对百年内诸事件之意义追索茫无头绪甚至断章取义，彼时的价值取向与技法扬弃更

40 沈国尧先生言及，这是在1966年从文革“红色浪潮”中即将被付之一炬的“四旧垃圾”中抢救出来的。沈国尧，《老照片引起的怀念》；见：参考文献 [9]。

41 1952年院系调整，南京大学建筑系更名为“南京工学院建筑系”。

42 笔者认为：“每当我们裹挟着对时下的困惑和对理性的诉求，希翼通过对近代建筑（人）的原境分析（contextual analysis）以重构历史时，竟暗合着当代人聊以慰藉的‘朝花夕拾’的会意。霎时，对古代历史难以言传的迷失感消释，学者们孜孜以求的对营造事件及真实存在的理解与体验不再飘渺。当各类辉煌的史说与残损的遗存纷至沓来时，似乎倾诉着历史与当下扑朔迷离且交织缠绕的说辞与迹象（姑且当作是当初所谓‘在场’的先验真实性或当今所谓‘不在场’的表现真实性之间张力的较量），着实令人应接不暇。”见：参考文献 [15]。

（图9-1）

（图9-2）

引自参考文献 [8]）

是隐讳难辨。事实上，而今遭遇更甚者是仅见只言片语或零星旧照，造成记忆衰减至残缺凄婉以至无力逆转。而具有文化潜能的历史事件获得位置并生成意义，本身亦借此构成历史连续性要素之一。勿庸置疑，中央体育场即是一份不折不扣的明证。

时隔八十载，各种滥用、误导、闲置、侵占行为已令其黯淡失彩甚或沦为惜春伤秋的所在。庆幸的是，那总被肢解的氛围、已被淡忘的尊严并未完全流于尘俗，此情、此景、此场、此作，终于在2006 年等到一份姗姗来迟的关切。[43] 喟叹的是，那令人痴迷的历史、化作碎片的记忆并未完全逝于云端，尘埃落定之余，不绝如缕、永不磨灭的印痕，徒留后知后觉的人们百般思量：时间是何等地残酷、应验、灵异与公允。

43　1992 年中央体育场被列为南京市文物保护单位；2002 年中央体育场游泳池被改成现代化室内游泳馆；2003 年中央体育场篮球场被改成现代化室内网球馆，棒球场被民居湮没，仅存两座牌坊，田径场和国术场保存较完好。2006 年中央体育场被列入中山陵整治更新专项研究，笔者负责历史研究部分。（南京大学建筑研究所，《钟山运动公园景区项目规划设计》，中山陵管理局）

参考文献：

[1] 总理陵园管理委员会. 总理陵园管理委员会报告 [R]. 民国22 年 (1933).

[2] 首都中央体育场建筑述略 [J]. 中国建筑，民国22 年(1933)，一卷三期：27.

[3] 南京市档案馆，中山陵园管理处. 中山陵档案史料选编 [M]. 南京：江苏古籍出版社，1986.

[4] 二十二年全国运动筹备委员会. 第五届全国运动大会总报告 [R]. 上海：中华书局，民国23 年(1934).

[5] 叶楚伧修. 首都志 [M]. 南京：正中书局，民国24 年 (1935).

[6] 国都设计技术专员办事处编印. 首都计划 [R]. 南京国民政府首都规划文件，民国18 年 (1929).

[7] 叶兆言，卢海鸣，韩文宁. 老照片 · 南京旧影(高清典藏本) [M]. 南京：南京出版社，2012.

[8] 南京工学院建筑研究所. 杨廷宝建筑设计作品集 [M]. 北京：中国建筑工业出版社，1983.

[9] 东南大学建筑系，东南大学建筑研究所. 杨廷宝先生诞辰一百周年纪念文集 [M]. 北京：中国建筑工业出版社，2001.

[10] 杨廷宝. 汴郑古建筑游览纪录 [J]. 中国营造学社汇刊，民国25 年 (1936)，第六卷第三期.

[11] 杨廷宝. 回忆我对建筑的认识 [M]// 南京工学院建筑研究所. 杨廷宝建筑言论选集. 北京：学术书刊出版社，1989.

[12] 巫鸿. 礼仪中的美术 [M]. 北京：生活 · 读书 · 新知三联书店，2005.

[13] 巫鸿. 中国古代艺术和建筑中的纪念碑性 [M]. 李清泉，郑岩，等译. 上海：上海人民出版社，2009.

[14] 赖德霖. 中国近代建筑史研究 [M]. 北京：清华大学出版社，2007.

[15] 萧红颜. 追摹——中央体育场营造中所见近代建筑的价值理念 [M]// 贾珺. 建筑史(第29 辑). 北京：清华大学出版社，2012.

文本 → text

sac → volume#9

“天书”与“文法”：《营造法式》研究在中国建筑学术体系之中的意义

（赵辰，南京大学建筑与城市规划学院）

引言：今天我们如何理解《营造法式》研究的意义

今天我们对《营造法式》研究进行回顾、研讨，其中必然涉及对于《营造法式》研究的意义之思考。这也是对作为几代学者共同建树的这番学术事业的认知问题。

《营造法式》研究伴随了中国建筑历史学科的发展，《营造法式》研究的起始就意味着中国建筑历史研究的起步。然而，我们如果稍加追寻就可以知道，在《营造法式》研究之前，也有一些中国建筑的研究。尤其是一些域外学者进行的中国建筑研究，还“发现”了不少中国的古迹，其中有大量属于建筑历史范畴。[01] 但是他们的工作并未涉及《营造法式》研究，我们也常常不将其作为中国建筑历史学科的成就。显然，我们所基本认可的是由中国学者自己进行的中国建筑历史研究，这实质上是中国学者对本民族文化中的建筑传统进行的诠释，这种诠释工作是建立自身文化里的建筑学术体系所必需的。建筑学的文化艺术特征要求一定地域文化有自身的价值体系和相应的方法，中国的文明体系所要求的一种不同于其他文化（主要是西方文化）的自身建筑文化的学术体系，正是我们所谓的中国建筑历史与理论学科。因此，笔者以为，《营造法式》研究意义的实质，正是在于建立中国的建筑学术体系。我们今天来研讨《营造法式》的研究，也应该将之与中国建筑学术体系建立及发展的过程来平行地比较。

01 参见：赵辰. 域内外中国建筑文化研究[M]// 立面的误会. 北京：生活·读书·新知三联书店，2007.

一、《营造法式》研究的起始：中国建筑学术体系建立的前提条件

我们都知道《营造法式》研究起始于20世纪20—30年代，尤其是营造学社成立之后的时期。

《营造法式》这本古籍于1919年由朱启钤和1925年由陶湘等人发现，并再版刊行，在当时的学术界成为一件盛事。而此书自北宋哲宗元佑六年（1091年）完成算起，到1925年被“发现”和

随后营造学社对其进行研究，期间长达834年内，是没有研究的。甚至不被人所知，所以才有所谓"发现"。这是令人费解的，为什么要被重新"发现"呢？史实是，《营造法式》一直是作为古籍被皇家收藏，进入明《永乐大典》和清《四库全书》。显然，这本书长期不被重视，它虽然在皇家书库之中，但并未被士大夫们关注而被束之高阁了。这种身份，与中国许多古代文化遗产地由境外学者来一一"发现"的道理是一样的。所谓"发现"，"是人类对于自我的内在、具体性的自然及其整体的认识或再创造"[02]，是人们自身认知的一种提高。

02 参见百度百科与维基百科相关词条。

那么，《营造法式》的被"发现"，意味着什么样的认识水平的提高呢？

《营造法式》在近代被"发现"，说明该书的地位大大提高了，它所代表的建筑工程领域在中国学术体系中的地位提升了。原本土木工程属于匠人的营生，是中国传统文人以及学术体系所不屑的"下器"。尽管此书是由当年工部侍郎编撰的术书，也曾是官方发行的重要文本，但毕竟整个行业不是文人士大夫的主业。真正使得《营造法式》有了新的学术地位的，是中国学术体系在近代发展中产生的重大变化。西方学术体系中已经相对成熟的建筑学，被引进到中国的学术体系之中。而当时中国社会和学界大力推动的"新学"和"新史学"，正是以引进的西方学术的内容为主体的，建筑学也因此成为重要的内容。由于在中国的文化传统中，史学从来是作为学者的重要中心学问，因而"新史学"带有明显的改良传统的意味。《营造法式》在近代的重要性被人们认知，意味着其在"新史学"中的新地位得到了确认。

"新史学"的主要倡导者梁启超，在强调"新史学"的各种"新"的意义时，尤为清晰地强调了"史学与他学之关系"。他认为，"新史学"要求将其他各个学科与史学发生直接与间接的关系，应该将这些学科的知识、方法应用到史学之中；他列出的"他学"多数是从西方引进的科学的各学科，也就是"新学"。此后，梁启超通过他的旅欧经历，深刻认识到建筑学（Architecture）在西方历史文化中的强大作用，更明确地提出了建筑学在"新史学"中的重要意义。[03] 为此，他对长子梁思成学习建筑学抱有明显的期望，在此后寄给在美国学习建筑的梁思成那本新近刊行的陶版《营造法式》，并嘱咐道："一千年前有此杰作，可为吾族文化之光宠

03 关于梁启超的"新史学"与梁思成中国建筑历史研究的关系，可参见李仕桥先生的相关研究。

也已……”[04] 其殷切之望可见一斑。

《营造法式》在近代被中国学者重新“发现”，意味着中国传统的学术体系开始走向国际化，也意味着建筑学的重要性被当时先进的中国学者所认知。

然而，一旦《营造法式》被重新认知，学者们也同时认识到了这本书的理解难度。正如梁思成之语：“公元1925年，‘陶本’刊行的时候，我还在美国的一所大学的建筑系做学生。虽然书出版后不久，我就得到一部，但当时在一阵惊喜之后，就给我带来了莫大的失望和苦恼——因为这部漂亮精美的巨著，竟如天书一样，无法看得懂。”[05] 事实上，在梁思成、林徽因、刘敦桢等建筑师加入营造学社之前，朱启钤等学者就曾投入精力对《营造法式》进行研究，尤其是名词的解释，但显然力不从心而难有进展。这也必然使得朱启钤坚定为营造学社的大业努力，得到如梁、刘等掌握西方专业建筑学术的学者之信念。

事情的发展正如我们所看到的，如朱启钤之愿，营造学社得到“庚子赔款”资助而从原来的民间社团转变为正式的公立研究机构，得以聘请梁思成等学者加入，成为正式的研究者。笔者以为，自梁思成加入营造学社起，以建筑学为代表的新的学术体系就进入了传统的史学领域，梁启超的“新史学”真正有效地实现了。如“天书”般难懂的《营造法式》，正是需要新的学术体系才有被解读的希望。

然而，对于当时的梁思成等建筑学者来说，即使掌握了西方的建筑学术和中国的传统国学，依然难以解读这本古籍。显然，对《营造法式》的破解，必须经历艰苦卓绝的研究工作。

二、“天书”的破解：《营造法式》研究中的实证科学追求

要对《营造法式》这本“天书”进行破解，引进西方先进科学方法成为必然，首先意味着对实证科学的追求。相对于中国传统的史学，实证科学成为“新史学”中最有标志性的部分内容。近代多位大师都对“新史学”的科学成分提出了明确的要求，都是以实证科学为导向的。傅斯年先生曾强调史学必须具有其科学成分：“史学只是史料学”，也如胡适先生提出的，史学就应该是“实验主义”。这是对近代史学的实质性促进，用历史事物的记录和考证来

04　1925年梁启超给长子梁思成的信，转引自：林洙. 开拓者的足迹，梁思成的一生 [M]// 杨永生，明连生. 建筑四杰. 北京：中国建筑工业出版社，1998：54.

05　梁思成.《〈营造法式〉注释》序 [M]//《营造法式》注释（卷上）. 北京：中国建筑工业出版社，1983：8.

弥补传统考据学的不足，是所有新的史学发展的核心。陈寅恪在总结王国维的新史学研究工作与旧史学的本质区别时，提出王国维所言的"取地下之宝物与纸上之遗文互相释证"，正是标明了实证科学的意义。关于实证科学的具体方法，最为清晰的就是要寻找实证资料，中国历史学科的考古学科正是承担了这一重担，傅斯年将其定义为史学工作之首要："上穷碧落下黄泉，动手动脚找东西"。

与"新史学"的要求完全一致，对《营造法式》的破解工作正是以实证科学为中心。针对欧洲、日本学者已经成功展开的中国文化遗迹的考查和出版工作[06]，营造学社制定了明确的古建筑实物的调查工作计划，并一步一步地展开了有效的工作。梁思成等学者进入营造学社之后，就明显地将田野考察作为学社的中心工作。其中设立法式部并由梁思成先生亲自任主任的本质意义，就在于此。而另一个由刘敦桢任主任的所谓文献部，在分工的定义上应该是主要集中于文献的整理、梳理而与法式部有所不同，但是实质上还是与法式部共同执行了田野考察的任务。因此，通过选择各地的古代建筑遗址地，并前往现场进行深入细致的调研工作，以采集、记录而获得"原手史料"（primary historical material），正是营造学社最核心的工作。这种实证科学的工作，也是对《营造法式》破解之基础，反映了新的学术体系特点。

以建筑历史专业的学术意义所定义的实证科学方法，正是集中在对建筑实物进行完整的记录（documentation）工作之上。当时，这种记录的方法又以摄影术和测绘图为代表，是建筑学的基本工作能力与方法。尤其是其中的建筑测绘图，对于未经过专业的学术训练的学者来讲，则几乎是不可能的任务。梁思成先生曾经清晰说明过这种实证方法的意义："以测绘绘图摄影各法将各种典型建筑实物作有系统秩序的记录是必须速做的。因为古物的命运在危险中，调查同破坏力量正好像在竞赛。多多采访实例，一方面可以作学术的研究，一方面也可以促社会保护……"[07]

我们可以通过他们当年的大量工作成果了解到，梁思成、刘敦桢先生在这方面都是杰出的高手，完全成就了破解《营造法式》的基础。其中历史建筑的测绘图，正是他们最有成效的实证工作与功课，耗费了他们最多的时间和精力。以此，梁思成、刘敦桢两位先生，得以教导、培养营造学社的年轻学者，他们成为后来中国建筑历史学界重要的学者，如莫宗江、陈明达等。

06 在营造学社的中国古代建筑遗址地考察之前或同时，欧洲的斯文·赫定（Sven Hedin, 1865—1952）、斯坦因（Marc Aurel Stein, 1862—1943）、伯希和（Paul Pelliot, 1878—1945）、柏石曼（Ernst Boerschmann, 1873—1949）等都已有相当的实物考察研究，并出版了相关的资料性图集；日本由常盘大定（Tokiwa Daijo, 1870—1945）、关野贞（Sekino Tadashi, 1867—1954）共同出版了：《支那佛教史迹》（1925—1929）、《支那文化史迹》（1939）；伊东忠太（Ito Chita, 1867—1954）则出版了《日本建筑研究》《东洋建筑研究》《中国建筑史》等著作。

07 梁思成：《为什么研究中国建筑》，《中国营造学社汇刊》，1944, 7（1）.

营造学社当年留下来的那些古建筑测绘图，既成功地记录和实证了那些古建筑的基本信息，又呈现了历史建筑的优美，今天看上去依然精彩绝伦，充满神韵，而古建筑测绘已经成为中国建筑历史学科的优秀传统。而摄影术，在当时的社会条件下，是一项既耗费十分昂贵又极其难得的技术和艺术。今天的人们大多已经不太了解，当年大部分的古建筑实录照片是以大型的玻璃底片相机，在长时间曝光的条件下拍摄的。每张照片的摄影过程都十分复杂，耗时相当长。未经专门训练的人是难以胜任的，加之路途和场地条件的恶劣，每张照片都十分难能可贵。为此，营造学社对建筑实录的摄影工作，是极其重视的。一般都由梁先生亲自操作，他人不能接触。为了保证摄影记录的工作，还严格限制相机的使用，不许拍摄任务之外的人像、风景等。[08]

营造学社的实证科学工作之高潮，显然是经历了千辛万苦而终于在1937年的五台山偏远的东茹镇外山谷里，找寻到了建于唐代而保留至今的佛光寺东大殿，以此证明了中国依然具有完整的唐代木构大殿，粉碎了某些日本人声称的只能到日本去研究唐代古建筑之谗言。这一发现是在当时的中、日建筑历史学者都认可的西方古典主义建筑学术规范之下，梁思成先生等以建立“中国古典主义”（Chinese Classic）为目标的诸项努力的巨大成功。也由于与《营造法式》成书的宋代相比，唐代是更令近代学者们崇敬的朝代，在建筑艺术上有更为辉煌、灿烂的成就，佛光寺的“发现”是对《营造法式》的破解工作之巨大支持，《营造法式》中大量的建筑描述得到实物的证实。

今天我们回顾这段历史，值得重新讨论的是：西方的建筑与艺术之“古典主义”学术规范，能否作为中国本土建筑学的标准？本人的观点是，这是需要被质疑的。值得强调的是，这种质疑和对重新诠释的探索，是今天的建筑理论工作之所需，并不应该因此而降低对梁思成等第一代中国建筑历史学者的学术贡献之评价。

三、“天书”的破解：《营造法式》研究中的建构文化倾向

对《营造法式》这本“天书”的破解，其实也必然导向对西方引进的建筑学之核心内容的探讨，以今天的语境，这正是一种“建构”文化研究的倾向。

08 参见林洙先生等撰写的营造学社回忆录等书籍。

《营造法式》的研究之中，对于研究者来讲最为直接的问题就是，需要详细地解读《营造法式》所描述的传统建造逻辑。以梁思成、刘敦桢为首的第一代中国历史学家，虽然相较以往的文人士大夫来讲已经掌握了建筑学术与建造逻辑，但这些显然是西方的和当代的，他们对于自己文化传统中的建造逻辑与规律并不了解。直接原因就在于，营造活动原本在中国文化传统之中是属工匠的范畴，大部分工匠是不识字或不具备书本文化的。建造领域之中的知识与技能是师徒之间口语传授的，构件名称、功法术语都是工匠们的民间方言，作为典型的民间口语文化，其演变自然是随时间与空间的差异而不断的。《营造法式》作为一本难得的记录大量宋代官式建筑之建造规律的术书，虽然由作为文人士大夫的李诫编撰，但难免记载的应该是当时工匠的民间口语。[09] 至近代营造学社开始破解这本“天书”之时，首先学者们并不了解工匠的民间口语，其次这些民间口语也应该在空间和时间上都有了巨大变化。这正是其作为“天书”的特点，书中描述、记载的内容有大量是不知其所云的。

朱启钤先生对此已有一定体会：“研求营造学，非通全部文化史不可，而欲通文化史，非研求实质之营造不可。”[10] 这句话中显然蕴含了对研究中国的营造学的难度之预感，也担心学者们过于简单地望文生义而耽误了其中的深厚内涵。于是，梁思成以及营造学社的成员们，从另一本重要的古代建筑术书——清工部《工程做法则例》入手，对传统的官式木构建造逻辑进行深入的认知。这明显地在方法论上具有合理性，以营造学社所在地北京，和大量官式建筑遗留物的年代之所在清代，清工部《工程做法则例》所描述的建筑实物与工匠体系，在空间与时间上都有可依托的文化环境。

根据大家的回忆，当时梁思成先生等以建筑制图法将清工部《工程做法则例》中描述的各种建筑情况都一一重新描绘，对应实物得以证实其可行性。与此同时，更重要的举措是拜传统工匠为师，由工匠的口中重新找到那些营造的规律，从工程实践之中去认知传统建造技艺、原理。他们向当时的清工部以及故宫留下来的工匠们进行了各种方式的学习与请教，这种建筑的研究显然是以建造规律为中心的。更有利的是有不少清代皇家建筑需要维修，建筑师已经参与到了实际的古代工程技术的研究之中，给营造学社研究清工部《工程做法则例》带来巨大的方便。[11]

09 根据宋代皇家建设大量使用中国南方（吴越之地）工匠的规律，笔者认为《营造法式》中记述的应该是江浙吴语体系发音的工匠用语。近年来，不断可从苏州、宁波等地的方言之中找到《营造法式》对应的术语，如：地栿、铺作等。

10 转引自林洙：《叩开鲁班的大门——中国营造学社史略》，中国建筑工业出版社，1995 年，第57 页。

11 例如，杨廷宝先生及基泰公司主持了北京天坛的维修工程，梁思成与林徽因等得以访问该工地，接触并了解大量工匠的技术与术语。

顺应这样的由近及远的规律，对清工部《工程做法则例》的研究，成功地使得营造学社建立起了对中国传统营造规律的基本认知，培养了一套有效的研究方法以及一批学术人才。在此基础之上，对宋《营造法式》中构件、工法术语的解释才成为可能。

正因为对《营造法式》的研究，中国建筑文化传统的核心——营造，得以很好地被集中关注，建构文化传统也因此得到了充分的彰显。通过宋《营造法式》、清工部《工程做法则例》的研究，中国的建筑学术体系开始有了对自己的营造传统的认识、描述，在高等学府的教学和研究之中，古代匠人的技术、工法正式"登堂入室"，成为学者必须掌握的知识和技能，并在此基础上进而研讨其"意匠"。实际上，从中国历史悠久的"道器相分"之学术传统来看，在近代出现了成功的"道器相融"，其影响应该是至深至远的。正如梁思成先生所言，近代的建筑业发展"可说是中国建筑术由匠人手里升到'士大夫'手里之始"。[12] 从宋《营造法式》、清工部《工程做法则例》的研究起始，主动向工匠学习，成为中国建筑历史研究的一个优良传统。这种以建造为核心的中国建构文化认知，其历史性的积极影响非常值得我们珍视。

具体而论，我们可以清晰地看到，中国建筑学专业和建筑历史方向的学生，通过宋《营造法式》、清工部《工程做法则例》的研习，得以了解这一营造体系的规律。《营造法式》的研究已经成为不少中国建筑学院的建筑历史方向研究生的课程，已经是一种基本的中国建筑史之功课。以《营造法式》而研习中国传统营造体系的普遍规律，这种基本的建构文化传统在建筑学术体系中得以延续。更为重要的是，社会需求量巨大的、文物意义的中国古代建筑实物与遗址修缮、复原与重建工作，已经以宋《营造法式》的研究为基础，形成十分有效的工程技术与判断手段。这在中国改革开放之后的建筑发展中，起到了明显的成效。

《营造法式》自近代出版之后，就一直受到西方学者的广泛重视。然而，鉴于该书"天书"般地费解，其真正的国际影响一直有限。而以梁思成为代表的中国学者历经数十年的解读，显然为西方学者的阅读理解提供了基本的条件。尽管如此，由于中国古代学术的独特性，以及中国建造文化与西方建筑学术之间的巨大差异，《营造法式》在西方学术界依然只能是一种极其边缘和稀罕的"汉学"（Sinology），很难具有真正的影响力。

12 梁思成，刘致平：《中国建筑设计参考图集》"序言"，1935年11月于中国营造学社。

这种情况，直到李约瑟的巨著之《土木工程与航海技术》分册出版[13]，才真正有所改变。李约瑟充分肯定了李诫的《营造法式》在中国古代木构建造技术记录方面的重要价值，同时也论述了其与早于它的喻皓《木经》以及后世的明《鲁班营造正式》、清工部《工程做法则例》的关系。李约瑟对中国古代科学与文明发展历史之研究有着极为广博的史料和深刻的分析，更为重要的是，有高瞻远瞩的世界主义之观念，成为公认的对"西方中心论"有效突破的学术成就。在这样的大前提之下，《中国科学技术史》中对《营造法式》的高质量评述，实际上成为对《营造法式》的国际学术之新定位。

在李约瑟的带动之下，国际学术界对《营造法式》的认知显然开始提高，不断有西方学者发表针对《营造法式》的研究成果，并且产生越来越积极的影响。其中最重要的是顾迩素（Else Glahn，1921 — 2011）的杰出研究。这位丹麦学者几乎倾其一生的学术研究于《营造法式》。综合来看，她的研究水平在西方学者之中应该是最高的。1981年，《科学美国人》杂志上破天荒地刊登了她的《12世纪时的中国建筑规范》（"Chinese Building Standard in the 12th Century"），比较详细地介绍了这本中国宋代的官式木构建造体系之制度与技术，其意义应该可以算是划时代的，表明了国际权威的科学研究杂志对《营造法式》作为一种具有重要科学与文明价值的历史文献价值之认可。在笔者看来，正是李约瑟之后的西方学术界对中国古代学术成就的新定位，才使得这样优秀的研究成果得以被认可。

此后，有更多的西方学者在此领域有耕耘，也均有一些建树。其中日本学者田中淡（Tanaka Tan）和夏南希（Nancy Shatzman Steinhardt）的研究成果颇丰，并与中国学者交流频繁，已经成为古代中国建筑木构技术方面的专家。而宋《营造法式》的许多研究成果，已经成为他们用来论证不同朝代官式建筑的重要工具。

丹麦著名建筑师伍重（Jorn Utzon，1918—2008），由于家庭的原因在年轻时就接触到了《营造法式》，并对之保持了长久的兴趣。尽管伍重并不能算是《营造法式》的真正研究者，然而他具有极好的国际性视野与深入文化历史的研究能力，加之超人的艺术灵性，从而成为20世纪一位天才的建筑师。他是"一位深深地根植于历史的建筑师，这历史包含了玛雅、中国和日本、伊斯兰

13 Joseph Needham, Wang Ling, Lu Gwei-Djen. Science and Civilisation in China, Vol. 4: Physics and Physical Technology, Part 3: Civil Engineering and Nautics[M]. Cambridge University Press, 1971.

以及他自身斯堪的那维亚的文化精粹"。其中，以《营造法式》为代表的中国建筑文化之文献对他的滋养是极其明显的。《营造法式》对伍重建筑创作最为明显的积极因素，一是体现在他将悉尼歌剧院初步方案中的壳体（Shell）屋面转换成预制穹券（Prefabricated Vaults）的决定性设计中，二是在他所提出的著名的"添加性建筑"（Additive Architecture）设计方法。[14] 显然，伍重以其悉尼歌剧院的巨大成功，也使中国传统文献《营造法式》进一步获得国际知名度。

14 关于伍重的建筑创作与宋《营造法式》的关系，早期可参见笔者拙文《"普利兹克奖"、伍重与〈营造法式〉》(2003)，近期可见裘振宇之博士论文：*Utzon's China*。

四、"天书"的破解：《营造法式》研究的过度

回顾历史，对《营造法式》的研究伴随着中国建筑学术体系的建立和发展过程，其积极意义是不容忽视的，也值得我们今天珍视。然而笔者以为，今天，具有更广阔视野和研究能力的中国建筑研究者，也应该用进一步的发展性眼光来重新认识《营造法式》的研究意义，而不应仅仅是延续前辈的研究。以笔者的浅见，正是由于历史的原因，《营造法式》在近代的被"发现"，被赋予了过于重大的建筑历史重任，于是也有了后世的研究过度。这首先反映在对《营造法式》的学术
定位方面，也就是说，将之定义为中国历史上一本什么意义的书？

从《营造法式》被"发现"、再版于世以及随后营造学社开始的首期有效研究来看，《营造法式》的地位是极其高的。在国运凋零而西方学术和社会风气强势扫荡中国之时，在梁启超、朱启钤等近代学人的眼中，《营造法式》自然成为可与西方建筑学术抗衡的中国官方古籍。梁启超在得到此书之初就将其寄往在美国学习建筑学的梁思成并寄以厚望，可充分证明此认识。而以梁思成先生为代表的第一代中国建筑历史学家，对《营造法式》的研究也必然是在这样的形势之下而被赋予极高的期望值。梁思成对《营造法式》的定义非常明确："设计手册加上建筑规范"[15]，将之定位为学习、研究中国建筑历史的建筑师之首要书籍。
所谓的"文法"，正是梁思成下的定义，也完全符合他学习建筑学时期，国际建筑学术对建筑造型的基本用语：构图（Composition）和语法（Grammar）。在《图像中国建筑史》一书中，梁思成将宋《营造法式》与清工部《工程做法则例》作为"两部文法书"来论述，

15 梁思成．《营造法式》注释序 [M] // 营造法式大木作注释 上卷．北京：生活·读书·新知：三联书店，2013：8.

提到："随着这种体系的逐渐成熟，出现了为设计和施工中必须遵循的一整套完备的规程。研究中国建筑史而不懂得这套规程，就如同研究英国文学而不懂得英文文法一样。"[16] 梁思成先生还以宋《营造法式》为标准，来判断其他研究者的水准。他对先于其研究中国建筑的欧洲学者喜仁龙（Osvald Sirén，1879—1966）和柏石曼（Ernst Boerschmann，1873—1949）的评价，就以喜仁龙的论著中谈及了宋《营造法式》为稍好一些。[17]

随着中国建筑学科整体水平的发展以及对《营造法式》研究的加深，《营造法式》一书开始被学者们更为清晰和明确地重新定义了。丹麦学者顾迩素在她1984年发表的研究论文中，明确对其定义提出有新意的看法。她在论述宋《营造法式》和清工部《工程做法则例》这两本建筑古籍的性质时言之："这两本书都是帮助官员对负责的公共建筑做预算的，既不能教会官员们成为建筑师，也不能教会工匠建造。"[18] 可见，顾迩素女士出于坚实的建筑学术功底和对《营造法式》的深入研究，再加之公平的学术比较，才能得出这样清晰的认识。

潘谷西先生在他早期的《营造法式初探（四）》和后来的《〈营造法式〉解读》中则更为明确地指出，《营造法式》其实应该是一种"工程预算定额"。[19]这种看法的基础是首先考证了"法式"在宋代官方文件之中以"律令、条例、定式"的含义而广泛使用，并仔细辨别了《营造法式》的"序"和"劄子"之中李诫表达的编辑《营造法式》之目的，进而分析书中实际的体例内容之组成，非常透彻地证明了《营造法式》是官衙对官方工程进行工程管理、预算的规范标准，将之视为"工程预算定额"而不是"设计手册加上建筑规范"，是更为准确的。

今天我们应该可以认识到，对《营造法式》的定义更为清晰的认知，正是表明了《营造法式》研究的深度。《营造法式》之定义，不必承担过分高的期望值，从而越来越符合它应该有的、真实的历史地位。

在中国建筑学术体系建立之初，中国学者对《营造法式》的建筑学期望值过高的定义之下，对《营造法式》研究的过度是在所难免的。如果回顾一下自营造学社以来的中国建筑历史研究学者群体，我们可以看到众多学者的投入，且有如陈明达先生这样的几乎一辈子投入的学者。在充分肯定学者们的奉献的同时，也应该

16 梁思成. 图像中国建筑史 [M]. 费慰梅，编，梁从诫，译. 汉英双语版. 天津：百花文艺出版社，2001：83.

17 费慰梅（Wilma Cannon Fairbank）在《图像中国建筑史》中所写的"梁思成小传"中记载：梁思成在宾州大学求学时曾如此评价当时出版的柏石曼和喜仁龙的专著："二者都不懂中国建筑的语法；他们是不得要领地描述了中国建筑。不过，二者之中，喜仁龙是要好一点。他运用了新近发现的《营造法式》，尽管也是不够精心的。"（笔者自译）

18 此文参见顾迩素（Else Glahn）："The aim of both was to facilitate the accounts of public buildings for which the ministries were responsible. It was not to teach officials how to become architects, for the craftsmen knew how to build."… in "Unfolding the Chinese Building Standards: Research on the YingzaoFashi," in *Traditional Chinese Architecture*, edited by Nancy Shatzman Steinhardt, New York: China Institute in America, 1984: 48. 笔者曾因中国传统建筑及《营造法式》研究与顾迩素有过深入的交流，她曾寄给我她所有的中国建筑研究论文，也向伍重先生传

达我的研究(《"普利兹克奖"、伍重与〈营造法式〉》),然从未谋面。终于裘振宇先生处得知两位伟大的学者先后作古,不禁为之唏嘘和感悟:对中国文化有真知之学者,应该是超越时空的。此文也算是对他们的纪念和哀思。

19 潘谷西. 营造法式初探(四)[J]. 东南大学学报, 1990, 20(5): 1; 潘谷西, 何建中.《营造法式》解读 [M]. 南京: 东南大学出版社, 2005.

在学术的整体层面认识到,这正是在将《营造法式》作为中国建筑的"文法"这样过高的期望值之下,而产生的一种研究过度。

综合地评价《营造法式》这本中国古代难能可贵的建筑古籍,所涉及的中国建筑文化与学术领域,至多也仅仅是关于宋代官方对建筑单体所指定的预算定额。作为单体建筑的内容,《营造法式》既没有涉及中国建筑的群体(院落空间布局及形制),也未涉及建筑空间发展乃至城市规划;同时,由于以工程预算与管控为目的,也未足够涉及单体建筑之变体,如亭子、廊庑、宝塔等。如果我们再论及官式之外广袤的、因时因地而不同的极其深厚的中国民间建造体系,《营造法式》是完全未能涉及的。这原本应作为中国建造文化的本源。自刘敦桢先生在20世纪50年代开始进行中国民居研究以来,以东南大学为主体的中国建筑历史学者们不断发现、证明宋《营造法式》与江南民间建造体系的关联。[20] 笔者则进一步提出,《营造法式》所记录的北宋官式建筑的情况,应该是基于中国优秀的民间木构建造传统,尤其是以喻皓为代表的吴越国至宋代的江南民间深厚的木构文化。由此可见,宋李诫的《营造法式》所能代表的中国建筑文化之范畴是十分有限的。

20 详见潘谷西、朱光亚、张十庆等多位学者的相关研究成果。

更不用说,我们今天将中国的建筑文化传统,视为更广阔的具有建构文化(Tectonic Culture)、人居文化(Habitat Culture)和城镇文化(Urban Culture)的整体,《营造法式》是不能为如此深厚、广博的文明体系提供所谓的"文法"的。

结语:"天书"已破解,"文法"待建立

近一个世纪以来,中国建筑学术体系从初创和奠基,到开拓、发展时期,乃至今天的深入史前和当代、成为多学科交叉的成熟学科,也成为极为壮大的社会发展重要的文化学术事业。由梁思成先生起始的《营造法式》研究,一直是其中的主题,经过几代学者的努力,本是"天书"的古籍逐渐被成功破解。作为科学研究之过程,其历史意义不仅不容忽视,还需要不断地总结认识和提升。

然而，正因为认识与研究水平的提高，我们在今天能够认识到，所谓的“中国建筑”，是极其广泛的文化概念。作为为宋代官式的建筑单体建造提供工程预算和管控的《营造法式》，实际上不能为“中国建筑”提供相对应的“文法”。中国建筑文化的“文法”，依然需要新一代的学者不断努力而为之。

以此，笔者以为，作为“天书”的《营造法式》虽然已基本破解，然中国建筑文化的“文法”仍待我们来建立。

现代性与“中国建筑特点”的构筑：宾大中国第一代建筑学人的一个思想脉络（1920年代—1950年代）

（李华，东南大学建筑学院）

中国第一代建筑学人奠基性的贡献之一是将建筑作为一门现代知识、一种现代实践，以及将建筑学作为一个独立的学科在中国建立和发展起来。这种强烈的学科和职业意识，是我们历史地检视和评价他们的贡献与价值时，不应忽视的重要方面。置于历史的语境里说，这些方面的意义不亚于个体思想和单体建筑的成就，甚或更重。或许更为紧要（critical）的是，他们当时思考的很多问题依然是我们当下面临的问题，他们思考问题的很多方式依然蕴含在我们现在的方式之中。

自近代以来，“现代的”和“中国的”不仅是中国知识分子的一个关怀，而且是中国建筑思想构建的两个主要脉络，也是宾夕法尼亚大学毕业的第一代中国建筑学人一直关注的核心问题。值得注意的是，“中国建筑特点”或中国建筑话语的建构本身即是一个现代的议题，是现代性的问题之一。于此，中国并不特殊。在民族—国家政治体制建立的过程中，这样的事例比比皆是，如18至19世纪欧洲建筑中关于风格的讨论。[01] 在这一点上说，建筑中所谓“现代的”和“中国的”定义，并不是对立或分离的——前者常常与激进、普适性、文化断裂甚至“西化”联系在一起，而后者往往与复古、民族性或本土性、文化传承与延续相关——而是如一枚硬币的两面，是现代性的两种表现，这些看上去相互矛盾的并存恰恰反映了现代性的复杂性及其所带来的挣扎乃至抵抗，并成为其存在的特点与方式。

需要强调的是，具有现代性特点的建筑并不等于现代主义建筑，现代主义建筑是现代性的一种表现，但不是唯一表现。从知识构成（discursive formation）的角度说，现代主义建筑和布杂体系都是基于现代性之上的知识构筑和实践，但却是两种不同的体系。[02] 两者在世界范围内的广泛传播，从教育、观念、方法到实践，即是明证。尽管如此，它们对所处语境的应对，具有的社会和意识形态立场、美学观念、对现代性的自我意识，及知识构成的

01 Barry Bergdoll. European Architecture 1750-1890[M]. Oxford: Oxford University Press, 2000. 尤见书中第五章：Nationalism and Stylistic Debates in Architecture。

02 李华. 从“布杂”的知识结构看“新”而“中”的建筑实践[M]// 朱剑飞. 中国建筑60年（1949-2009）：历史理论研究. 北京，中国建筑工业出版社，2009: 34.

方式等却大不相同。因此，它们之间最深刻的差别不在形态上，而在整个系统的构筑上。对于研究进入现代以后的中国建筑而言，布杂传统和现代主义的表现几乎是无法回避的议题。从知识构成的角度说，中国现代建筑的发展中，并未形成一个完整的现代主义建筑的话语体系（discourse），也未经历过一个全面的"现代主义"阶段，尽管其中不乏具有现代主义思想和背景的代表人物、实践，以及一些观念和技术的发展和应用等。事实上，布杂与现代主义的融合而非泾渭分明正是中国建筑的一个特点，也因为如此，回到现代性与知识构成上去反思和阐释近代以来中国建筑的发展历程与特点，或许比直接采用现代主义和布杂的范畴划分更具针对性，更能充分认识中国建筑独特的现代经历与经验，帮助我们理解布杂体系在中国的落地、生根和变化过程中的丰富性与缘由，成为重新检视"现代建筑"的涵义的一个契机。

回到建筑的现代属性与中国特点的讨论，我们可以发现现代中国的建筑思想者，无论是建筑历史学家、建筑理论家还是建筑师，几乎无一例外地对此进行过深入的思考和表述，并且这些思考和表述在很多时候是同时进行的。从宾夕法尼亚大学毕业的第一代中国建筑学人也不例外。本文选取了其中四位——林徽因、范文照、童寯和梁思成——分别于1930年代到1950年代发表的四篇有关"中国建筑特点"的文章，即林徽因的《论中国建筑之几个特征》（1932年）、范文照的《中国的建筑》（1935年）、童寯的《中国建筑的特点》（1940年）、梁思成的《中国建筑的特征》（1954年），通过解读其中的立场、路径和视野，试图回答以下几个问题："中国建筑的特点"是如何提炼和构筑的？在被通常视为具有相当一致性的美国布杂教育的背景下，中国建筑学人的思考有哪些共性和差异？从历史的角度看，其意义何在？

以上提到的四篇文章的作者均于1920年代毕业于宾夕法尼亚大学，除林徽因在该校就读美术专业外，其他三人均入建筑系学习。毕业回国后，他们均致力于建筑体系在中国的构建和发展，活跃在建筑领域的各个方面，从研究、教育、实践到行业组织等都有不同程度的参与和贡献。这四篇文章成文时，各位作者的身份、所处的社会与政治环境各有所异，所面对的问题和立场自然有些不同，但就本文的分析而言，更关注的是这些文章作为代表性的思想与观念的阐述。[03]

03 在回顾中国近代以来的建筑思想时，经常会发现同样的论述和观点在不同人的表述中以相似的方式出现，有些可以看出个体思想前后的连贯和变化，有些则不明显。本文更倾向于对各种思想、观念及其立场等的解读，视个体为这些思想观念的代表，而不仅是个人思想的表述。因此，个人思想的发展和其中的复杂性不在本文的讨论范围之中。

图1

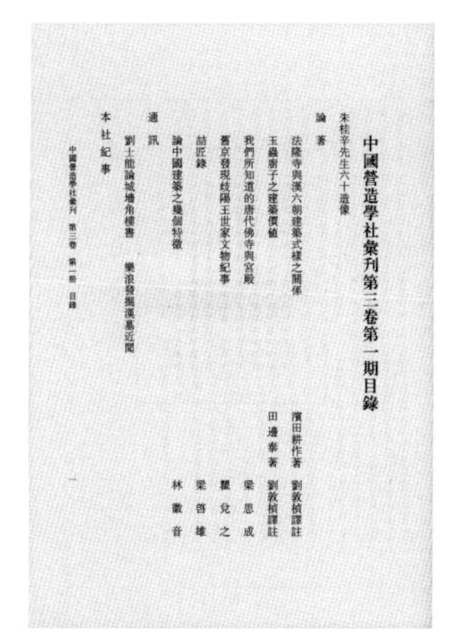

中國營造學社彙刊第三卷第一期目錄

朱桂辛先生六十造像

論著

法隆寺與漢六朝建築式樣之關係　濱田耕作著　劉敦楨譯註

玉蟲廚子之建築價值　田邊泰著　劉敦楨譯註

我們所知道的唐代佛寺與宮殿　梁思成

舊京發現歧陽王世家文物紀事　瞿兌之

詰匠錄　梁啓雄

論中國建築之幾個特徵　林徽音

通訊

劉士能論城墻角樓書　樂浪發掘漢墓近聞

本社紀事

中國營造學社彙刊　第三卷　第一冊　目錄　一

图1《中国营造学社汇刊》第三卷第一期封面及目录，1932 年

发表于1932 年3 月《中国营造学社汇刊》第三卷第一期的《论中国建筑之几个特征》，为林徽因作为建筑历史研究者加入中国营造学社两年后所著，被认为是中国建筑研究者发表的第一篇有关中国建筑的理论性文章。[04] 事实上，正是从这一期起，发刊于1930 年的《中国营造学社汇刊》开始发表建筑学意义上的中国学者的研究论述。对林先生来说，这篇文章所要辩驳的是“中国建筑根本简陋无甚发展，较诸别系低劣幼稚”的错误观念，这一观念最初始于“西人对东方文化的粗忽观察，常作浮躁轻率的结论，以致影响到中国人自己对本国艺术发生极过当的怀疑乃至鄙薄”。她认为中国建筑是“东方最显著的独立系统”，历时长久，流布广大，具有极高的稳定性、合理性与艺术价值。尽管历史上的中国在宗教、思想和政治组织上“叠出变化”，“多次与强盛的外族或在思想上和平的接触（如印度佛教之传入），或在实际利害关系上发生冲突战斗”，但“诸重要建筑物，均始终不脱离其原始面目，保存其固有主要结构部分，及布置规模，虽则同时在艺术工程方面，又皆无可置疑地进化至极高程度。”[05] 在物质形态的构成上，台基、柱梁、屋顶为中国建筑“最初胎形的基本要素”，其最主要的自然特征是“架构制”（Framing System）的木造结构；而中国建筑精神之所在的艺术特色则主要体现在“屋顶、台基、斗拱、色彩和均称的平面布置”上。[06]

04 赵辰. 作为中国建筑学术先行者的林徽因[C]// 东南大学建筑学院. 东亚建筑遗产的历史和未来：东亚建筑文化国际研讨会 · 南京 2004 优秀论文集. 南京：东南大学出版社，2006：389-396. 林徽因的这篇文章相当重要，基本涵盖了之后有关中国建筑特点的论述中大部分的观点。

05 林徽因. 论中国建筑之几个特征 [J]. 中国营造学社汇刊，1932，3 (1)：168-184. 下文中此篇文章的直接引述，以引号标出，不再单独注释，其他三篇文章同此方式。

06 在1950 年代以前的建筑文章中，较多见“美术”而非“艺术”这个说法，本文在论述的文字中以当下的语言习惯采用“艺术”这个词，在引用的文字中依然保留原有的“美术”这个用法。

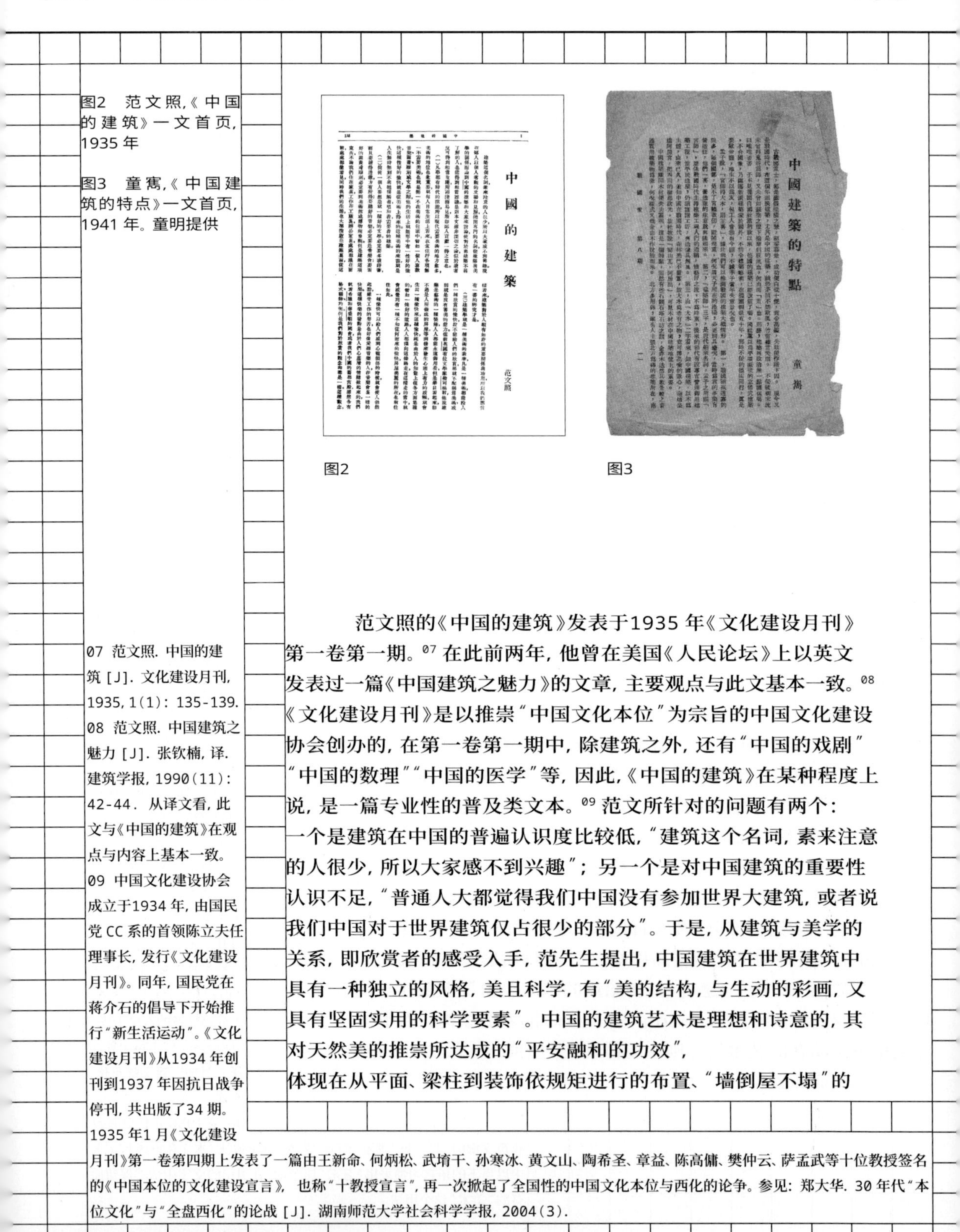

图2 范文照,《中国的建筑》一文首页,1935 年

图3 童寯,《中国建筑的特点》一文首页,1941 年。童明提供

图2

图3

范文照的《中国的建筑》发表于1935 年《文化建设月刊》第一卷第一期。[07] 在此前两年，他曾在美国《人民论坛》上以英文发表过一篇《中国建筑之魅力》的文章，主要观点与此文基本一致。[08]《文化建设月刊》是以推崇“中国文化本位”为宗旨的中国文化建设协会创办的，在第一卷第一期中，除建筑之外，还有“中国的戏剧”“中国的数理”“中国的医学”等，因此，《中国的建筑》在某种程度上说，是一篇专业性的普及类文本。[09] 范文所针对的问题有两个：一个是建筑在中国的普遍认识度比较低，“建筑这个名词，素来注意的人很少，所以大家感不到兴趣”；另一个是对中国建筑的重要性认识不足，“普通人大都觉得我们中国没有参加世界大建筑，或者说我们中国对于世界建筑仅占很少的部分”。于是，从建筑与美学的关系，即欣赏者的感受入手，范先生提出，中国建筑在世界建筑中具有一种独立的风格，美且科学，有“美的结构，与生动的彩画，又具有坚固实用的科学要素”。中国的建筑艺术是理想和诗意的，其对天然美的推崇所达成的“平安融和的功效”，体现在从平面、梁柱到装饰依规矩进行的布置、“墙倒屋不塌”的

07 范文照. 中国的建筑 [J]. 文化建设月刊, 1935, 1(1): 135-139.

08 范文照. 中国建筑之魅力 [J]. 张钦楠, 译. 建筑学报, 1990(11): 42-44. 从译文看，此文与《中国的建筑》在观点与内容上基本一致。

09 中国文化建设协会成立于1934 年，由国民党 CC 系的首领陈立夫任理事长，发行《文化建设月刊》。同年，国民党在蒋介石的倡导下开始推行“新生活运动”。《文化建设月刊》从1934 年创刊到1937 年因抗日战争停刊，共出版了34 期。1935 年1 月《文化建设月刊》第一卷第四期上发表了一篇由王新命、何炳松、武堉干、孙寒冰、黄文山、陶希圣、章益、陈高傭、樊仲云、萨孟武等十位教授签名的《中国本位的文化建设宣言》，也称“十教授宣言”，再一次掀起了全国性的中国文化本位与西化的论争。参见：郑大华. 30 年代“本位文化”与“全盘西化”的论战 [J]. 湖南师范大学社会科学学报, 2004(3).

中國建築的特徵

梁思成

（清華大學）

图4

图4　梁思成,《中国建筑的特征》一文首页, 1954 年

结构、曲线精美的屋顶、恰当的韵律, 及美且实用的装饰性与华而不奢的色彩上。

童寯的《中国建筑的特点》写于1940 年, 发表在《战国策》1941 年第8 期上, 正值抗日战争的相持阶段。[10]《战国策》为当时被称为“战国策派”的学术团体的一本代表性刊物。“战国策派”又称“战国派”, 活跃于抗战期间, 尚武, 以弘扬“民族至上、国家至上为主旨”。[11] 几乎不可避免地, 这篇文章既要面对建筑与时政关系的诘问, 也要回应“诚恐茅顶不禁欧风, 竹窗难当美雨”的境况。因此, 它不仅概述了中国传统建筑的特色, 而且对现代条件下中国建筑的当下与未来出路进行了评述。在童先生看来, 中国建筑在结构上有两个特点, 一是以木材为建筑的灵魂, 另一个是外露的屋顶; 在装饰上, 是富丽的油漆彩画; 在平面布置上, 则是以“极端规则式的几何单位”, 或“以正厢分宾主”, 或“借游廊联络”, 变通引申成适应不同条件的布局。[12] 其物质形态和布置均与“民性”及文化“习惯”密切关联。

梁思成的《中国建筑的特征》发表于1954 年《建筑学报》的

10 童寯. 中国建筑的特点 [M]// 童寯. 童寯文集(第一卷). 北京: 中国建筑工业出版社, 2000: 109-111. 原载于杂志《战国策》, 1941(8)。童寯另一篇写于1944—1945 年间的英文手稿, "Chinese Architecture", 收于《童寯文集(第一卷)》, 附有李大夏译、汪坦校的中文译文, 名为《中国建筑艺术》, 该文对中国建筑的特点有更为细致的阐述, 但似未完。

11 见: 田亮. “战国策派”再认识 [J]. 同济大学学报(社会科学版), 2003(1): 37-43. “战国策派又称战国派, 是抗日战争时期活跃在大后方昆明、重庆等地的一个松散的学术集合体, 因其主办的刊物《战国策》(半月刊, 后改月刊)、《战国》(重庆版《大公报》副刊)而得名。”见: 王学振. 战国策派思想述评 [J]. 重庆师范大学学报(哲学社会科学版), 2005(01). “抗日战争期间, 以西南联合大学一些教授为主体组成的‘战国策派’, 对国

图5

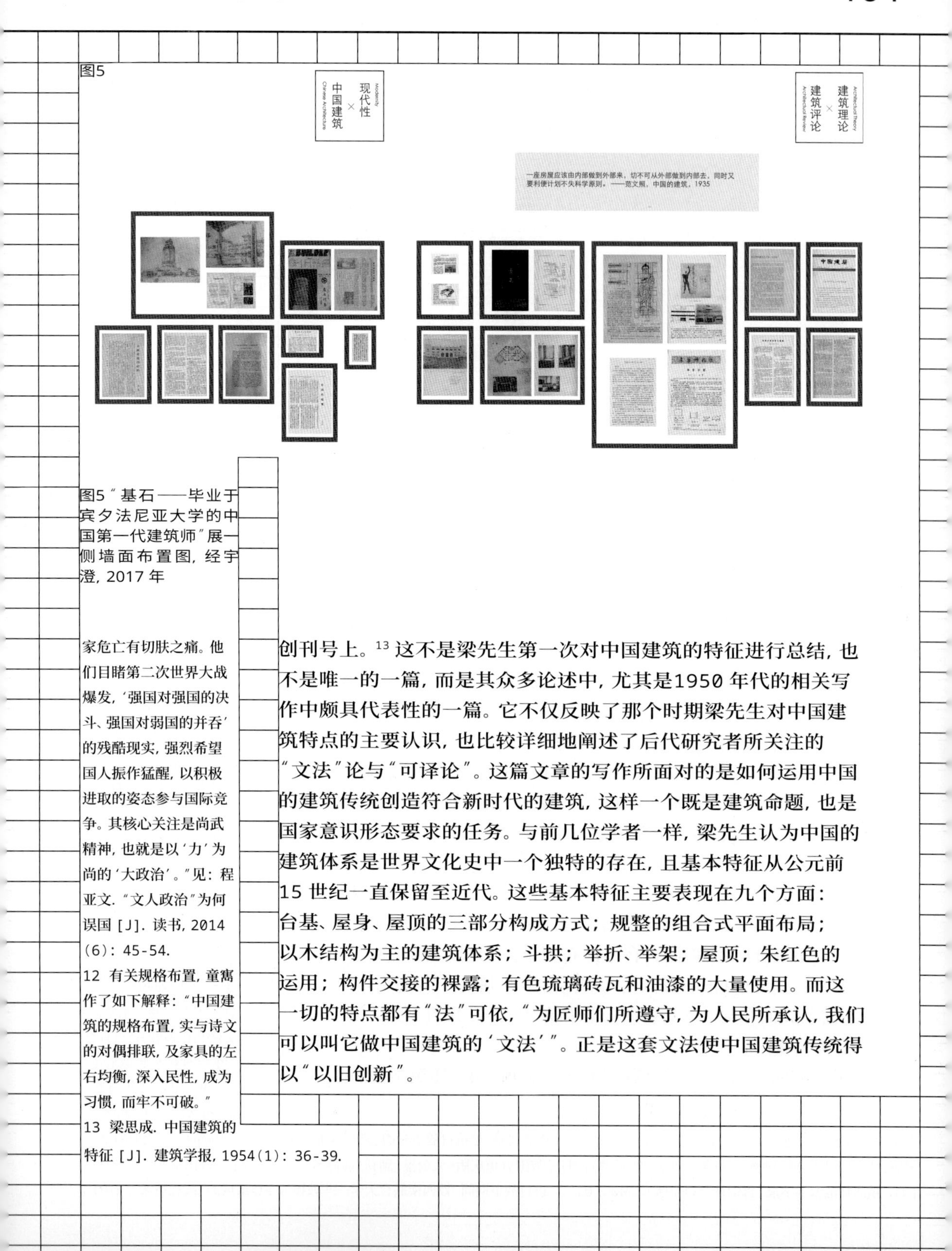

图5 “基石——毕业于宾夕法尼亚大学的中国第一代建筑师”展一侧墙面布置图，经宇澄，2017 年

创刊号上。[13] 这不是梁先生第一次对中国建筑的特征进行总结，也不是唯一的一篇，而是其众多论述中，尤其是1950 年代的相关写作中颇具代表性的一篇。它不仅反映了那个时期梁先生对中国建筑特点的主要认识，也比较详细地阐述了后代研究者所关注的“文法”论与“可译论”。这篇文章的写作所面对的是如何运用中国的建筑传统创造符合新时代的建筑，这样一个既是建筑命题，也是国家意识形态要求的任务。与前几位学者一样，梁先生认为中国的建筑体系是世界文化史中一个独特的存在，且基本特征从公元前15 世纪一直保留至近代。这些基本特征主要表现在九个方面：台基、屋身、屋顶的三部分构成方式；规整的组合式平面布局；以木结构为主的建筑体系；斗拱；举折、举架；屋顶；朱红色的运用；构件交接的裸露；有色琉璃砖瓦和油漆的大量使用。而这一切的特点都有“法”可依，“为匠师们所遵守，为人民所承认，我们可以叫它做中国建筑的‘文法’”。正是这套文法使中国建筑传统得以“以旧创新”。

家危亡有切肤之痛。他们目睹第二次世界大战爆发，‘强国对强国的决斗、强国对弱国的并吞’的残酷现实，强烈希望国人振作猛醒，以积极进取的姿态参与国际竞争。其核心关注是尚武精神，也就是以‘力’为尚的‘大政治’。”见：程亚文.“文人政治”为何误国 [J]. 读书，2014(6)：45-54.

12 有关规格布置，童寯作了如下解释：“中国建筑的规格布置，实与诗文的对偶排联，及家具的左右均衡，深入民性，成为习惯，而牢不可破。”

13 梁思成. 中国建筑的特征 [J]. 建筑学报，1954(1)：36-39.

由上述可见，尽管这四篇文章的写作目的、语境不尽相同，但它们在中国建筑特点的认知上却不乏共识，并延续至今，成为中国建筑学的知识基础。这些共识尤其在于对中国建筑艺术性的肯定及两个方面的表现：一是形式外观上的，如组合式的平面布局方式、形态突出的屋顶、丰富的装饰及色彩等；二是材料结构上的，即以木材为基础的柱梁结构体系，并由此达到了从材料到结构和形态的高度契合与统一。

即便如此，在这些共识下，我们依然能发现它们之间微妙却深刻的差异。例如，尽管对外观的艺术性有几乎一样的判断，林徽因的论述中优先考虑的是"这建筑的优点……深藏在那基本的，产生这美观的结构原理里"，而梁思成的总结更为关注的是形式生成的手法。事实上，无论是"文法论"还是"可译论"都是基于布杂体系中组合原理的一个中国式论述。同样地，虽然林文和童文都将建筑材料视为建筑特征形成的根本，但前者更关注木造结构对外表式样的影响，如受限的高度、玲珑的外表和自由开设的门窗；而后者更注重的是对结构所造成的抽象的感知体验（perception），"中国之木架建筑早发端于架木为巢，至今多少旧式公私建筑，由宫殿以至园林，檐□欲飞，□光四面，何等**轻透**"。[14]而同样是从美学判断的角度看中国建筑，范文中所说的"权衡、精细、完备、优美。这种种好处，是由横直柱梁分配适合，得到韵律，与墙壁屋顶配置妥当得来的"，更多地是基于布杂构图中一个经典的形式控制原理——协调的比例。相对地，童文中所说的轻透、笨重等，既是来自构图的语言，又带有现代主义的方式。这样的事例不胜枚举，也提醒我们，结论的相似并不必然表明立场和观念的相同，起点或许比终点更为重要。如果将以上四篇文章所体现出的观念做一些差异化的提炼，我们大约可以看到几种不同的倾向：偏向于结构理性主义的材料—结构决定观；注重美学价值的形式美判断和抽象感知判断；着力于形式生成方法的构成论；以及寻找习俗与形态对应的文化观等。[15]这些倾向不仅是看待和评判传统建筑特色与价值的方式，同时也代表了不同的建筑观念与视野。因此，我们可以粗略地说，布杂（本文语境中，指美国布杂）是一个以现代性为基础的系统的知识，一方面，它为认识不同文化和背景下的建筑提供了一套有力的工具和方法，另一方面，它又具有一定的包容性，蕴含着多种建筑方向发展和认识的可能。

14 粗体部分为本文作者所加。对于美学体验上的抽象，似为童寯一以贯之的判断方式。在1931年发表于《中国建筑》上的《北平两塔寺》一文中，他曾以轻灵和笨重作为区分建筑特点的标准。童寯. 北平两塔寺 [M]// 童寯文集（第一卷）. 北京：中国建筑工业出版社，2000：29-31.

15 需要说明的是这些倾向经常相互交织，体现在每一篇文章里。虽然每篇文章的侧重点略有不同，但这些侧重点与文章之间并不存在特别一一对应的关系。

回到思维的起点，无论这四篇文章对中国建筑特点的提炼是布杂的延续还是修正，亦或新的发展，不能否认，它们所代表的倾向都是从现代意识出发的对中国建造传统的重构，下文将从三个切面来趋近它们背后隐含的立场、路径和视野：普适价值判断中的中国建筑、世界建筑版图中的中国特点、面向未来的历史研究。

立场：
普适价值判断中的中国建筑

普适性是现代性的一种假设和意识。以普适的价值判断总结中国建筑的特点，评判其优劣基本上是上述四篇文章共同的出发点。对林徽因来说，维特鲁威的“实用、坚固、美观”是所有“好”建筑的判断原则，其中最为基础的是结构的“坚稳合理”；[16] 虽然范文照并不反对维特鲁威的三原则，但他认为获得“欣赏的愉快”是所有艺术和建筑通行的判断标准，“希腊和华盛顿的国会，或者我们中国的旧都宫殿，虽然各有格式、韵律、均衡，但是我们对于欣赏的观念却都是一样。……就是得到美术的欣赏”；而对梁思成来说，适用于所有建筑体系的“词汇”和“文法”的形式构成原理是解析中国建筑特点的基础。与以上三位不同，童寯没有在文中清晰地阐明自己的立场，但似乎更坚持地将建筑视为所处时代和特定条件下的产物。他在同时期的一篇英文手稿“Chinese Architecture”中，以带有某种文化相对主义的立场写道：“盖中国建筑犹若中国画，不可绳之以西洋美学体系及标准。此乃一种文化之物，且对此种文化加以恰当的评介在西方世界亦乃近年之事。”[17] 而在评述中国建筑在现代的发展时，他又指出：“中国人的生活，若随世界潮流迈进的话，中国的建筑，也自逃不出这‘现代主义建筑’的格式。”

对此，赵辰在评价林徽因的成就时，给予过充分的肯定，认为林徽因的这篇文章“全然不同于以往的中国文人士大夫们对建筑的表述，而是充分运用了当时国际上的艺术史的观念与方法，将中国建筑作为世界文明体系中一种独特的系统来进行论述、评价”[18]。事实上，现代的学科意识和普适性价值判断及方法的运用，不仅是林先生所具有的特点，也是这一代学人共同的立场，尽管他们的观念和具体的做法不尽相同。而这些不同也使他们对中国建筑未来的看法有所差异，下文对此将做进一步的论述。

16 林徽因认为，虽然切合当地人生活习惯的实用与符合主要材料的结构的永久性，在随着时代变迁而变化后，建筑仍然可以保留纯粹的艺术价值，但“纯粹美术价值，虽然可以脱离实用方面而存在，它却绝对不能脱离坚稳合理的结构原则而独立的”，因为美是“在物理限制之下，合理地解决了结构上所发生的种种问题的自然结果”。在实用性的不断变迁上，林徽因的观点与意大利建筑理论家和建筑师阿尔多·罗西颇有几分相似，不过，罗西认为更为恒久的是形式，而林先生虽然认为艺术价值更为长久，但最终归于的是结构。

17 中文翻译来自：童寯. 中国建筑艺术 [M]. 李大夏译，汪坦校. 童寯文集（第一卷）. 北京：中国建筑工业出版社，2000：51. 英文原文见于同卷本140 页。

18 赵辰. 作为中国建筑学术先行者的林徽因 [C]// 东南大学建筑学院. 东亚建筑遗产的历史和未来：东亚建筑文化国际研讨会·南京2004 优秀论文集. 南京，东南大学出版社，2006：389-396.

路径：

世界建筑版图中的中国特点

从"天下观"到"世界观"是中国文化现代转型的一个特点，而在世界文明中定义自身文化的特点也是现代意识的一个表现。同样地，在世界建筑的版图中，通过比较认识和理解中国建筑的特点，几乎是这四篇文章共同的特点，也是第一代中国建筑学人普遍采取的方式。

对林徽因和梁思成来说，中国建筑最大的特点是其源远流长的独立系统和系统的稳定性，而这一特点的确定是通过与世界上其他地区建筑体系的比较得出的。林先生在其文章的第一段即写道，中国建筑"在世界东西各建筑派系中，相较起来，也是个极特殊的直贯系统"。梁先生也在文中开宗明义地说，"中国的建筑体系是世界各民族数千年文化史中一个独特的建筑体系"。同样，当范文照说明古代中国"建筑家"的身份和地位的特点时，参照的便是欧洲的情况，"在欧洲中世纪的专门研究家，能得到国家最高尚的待遇，……故其美术学得发展特盛"，"但中国在中世纪既无专门研究之者，间有之人又多以匠人小技而轻视之"。而对于童寯，参照和比较几乎贯穿了其一生的学术论述。在说明中国建筑的轻透时，他颇为生动地写道，"中国建筑如笼，可谓鸟的建筑，西洋建筑如穴，可称为兽的建筑。而西洋民族是进化的，其近代建筑物，采用钢铁水泥，由墙的负重，改为柱的负重，用意与中国建筑略同"，并又从对中国建筑的认知反观其他的建筑体系，在论述中国建筑外露的屋顶时评论道，"西洋建筑的美观，到墙头而止"，尤其开了气窗的屋顶，墙、顶难辨，"真不痛快"，倒是平屋顶的现代主义建筑，"拿看中国建筑的眼光观之，这种房屋有似无头妖精，其高处结束，全靠屋顶各部的升降进退合度，始觉参差生动"。

从世界建筑认识中国建筑，从中国建筑看向世界建筑，既是一个定义和定位自身的方式，也是建立看待其他文化中建筑的一个基点。在这一点上，我们或许可以这么说，没有世界建筑，也就没有所谓独具特色的"中国建筑"。"中国建筑特点"的定义和定位，不是自然而然的存在，而是一个世界视野下的构筑。

视野：

面向未来的建筑传统研究

传统和现代的关系是现代性带来的一个重要问题。如果说将过去作为当下的参照并不是现代时期才独有的话，那么现代性特有的关于“过去—现在—未来”的时间意识，如线性的进步观等，使得这一关系的构筑和思考有着一个不同的视野——未来。

在当时“西式”建筑席卷而来、“中式”建筑似渐衰微的现实下，上述四篇文章中有一个共同关注的问题，即如此优秀且独具特色的中国古代建筑传统能否在现代延续下去，未来的中国建筑会走向何方？对这个问题的回答，从大的方面说，可以分为两种：一种是延续的更新派，或者说是复兴派；另一种是顺应时代的更替派。林徽因、梁思成、范文照的表述大致属前者，童寯的文章可以说是后者的代表。林徽因从结构的角度认为，中国建筑的“架构制”和当时新出现的现代建筑的框架结构原理相同，因此，“将来只需变更建筑材料，主要结构部分则均可不有过激变动，而同时因材料之可能，更作新的发展，必有极满意的新建筑产生”；范文照则从美学的融和出发展望道，“将古代当中最好的艺术，和合新式当中最好的艺术拼做起来，……利用科学化来布置房屋，又能保存中国数千年的古代美术”；而梁思成从形式构成的角度建议，“我们若想用我们自己建筑上的优良传统来建造适合于今天我们新中国的建筑，我们就必须首先熟习自己建筑上的‘文法’和‘词汇’”。童寯的想法却与前几位不大相同，他认为现代文化是一个与古代不同的文化，而失去了原有文化土壤的中国建筑必然发生激变，“中国建筑今后只能作世界建筑一部分，就像中国制造的轮船火车与他国制造的一样，并不必有根本不相同之点”。在较早之前的另一篇文章“Architecture Chronicle”（《建筑艺术纪实》）中，他更为清晰地表述道，“现代文明的首要因素——机器，不仅在进行自身的标准化，也在使整个世界标准化……我们不会感到奇怪，人类的思想、习惯和行为正日逐调整以与之相适应”，它们必然对“建筑物产生深刻影响”。[19] 他并不否认传统延续的可能，但这种延续更多的是在思想基因上，所以，在文章的结尾处，童先生不乏自信地写道：“中华民族既于木材建筑上曾有独到的贡献，其于新式钢筋水泥建筑，到相当时期，自也能发挥天才，使观者不知不觉，仍能认识其为中土的产物，

19 童寯. Architecture Chronicle[J]. 天下月刊, 1937(10). 中文翻译来自：童寯. 建筑艺术纪实 [M]. 李大夏, 译, 汪坦, 校. 童寯文集（第一卷）. 88.

中国建筑于汉唐之际，受许多佛教影响，不但毫无损失，而且更加典丽，我们悬悬于未来中国建筑的命运，希望着另一个黄金时代的来临。”

显然，不论是更新派还是更替派，从观念到建议的方法都不是统一不变的。不过，需要特别指出的是，即便是持延续观点的人，所倡导的也不是回到过去的守成，而是新建筑的创造。事实上，他们同样对当时所谓折衷式的、单纯形象模仿式的“中国”建筑颇有微言，也坚定地认为“新”的建筑应该迎合新技术的发展和现代生活的需求，在最后一点上两派并无根本性的区别。

反思：现代性的自觉与自省

通过以上解读，我们可以看到，“中国建筑”这个概念和“中国建筑特色”的认知本身是一种现代的构筑，是以现代知识结构和现代意识为基础，从物质形态、结构方式、形式构成、材料特点、审美判断等诸多维度，对中国古代营建传统所进行的整理和重构。这种重构是以普适性的建筑价值判断，在世界建筑和现代发展历史的时空版图中进行的认知和提炼。当然，这不是说古代的中国没有营建活动和营建传统，也不是说现代的研究者脱离了古代的素材，而是如同福柯所揭示的以诊所为空间形成的制度化的现代医学知识的体系一样，是一种不同的知识结构的方式。正因为如此，以现代专业知识表述的“中国建筑”，既具有不同于其他建筑体系的特色，又可以在不同的文化语境中被普遍理解，且具有某种普适性的意义，从而成为世界建筑知识图景中的一个组成部分。

值得注意的是，现代性是我们进入现代以来无以回避的基础和条件，现代性的表现不是简单的形态问题，而是涉及思想意识、构成体系、审美判断等的一个系统，对此，我们既需要有对现代性的自觉也要有对现代性的警醒。历史地说，以现代意识构筑中国建筑特色，有利有弊，也隐含着割裂和背离的危险。例如，面向未来的历史研究，一方面，可以使历史研究更具有现实的针对性和意义，另一方面，也会带来历史的过度工具化和脱离历史语境的问题。同样地，当采用普适性的建筑价值判断使中国建筑得以与其他建筑体系相媲美时，也可能会掩盖自身的文化特点，遗失了修正和补充已有建筑认识的可能。以维特鲁威的三原则为例，当林徽因以此论证了"结构法"是中国建筑特色形成的基础，[20] 中国建筑中独具特色的屋顶，其特殊性不只在于"迥异于欧西各系"的形式，而是结构原则、实用、美观的完美结合时，出于对结构"坚稳合理"的推崇，她也必然面对中国建筑的"弱点"：未遵循力学原理造成的材料糜费、四边形结构的不稳定和过浅的地基。木结构这种内在的矛盾使其在现代的延续成了问题，当与形态的特征相结合时，在"中国式"新建筑的实践上，几乎难以避免地以钢筋水泥模仿木构建筑的形态或采用符号象征的方式，从而背离了中国建筑从材料到结构、形式的一贯性。然而，维特鲁威的坚固与恒久性的原则主要来自以石材为基础的结构及相关的文化理念，对符合力学原理的经济性的追求在很大程度上是一种现代的观念，但蕴含在欧洲建筑纪念碑性追求中的永恒性并不是木构建筑的文化所含有的，而经济性也不是唯一的标准。

在为"基石"展做准备的过程中，我总不禁好奇地设想，受过良好的中国传统教育，在国外接受了专业训练并取得了令人瞩目成绩的中国第一代建筑学人回到中国时，面对的是一种怎样的境况？在英语中的专业知识和中文中的社会现实之间，他们在想些什么？他们感到过冲突、断裂吗？面对从过去到现在的变革，他们如何看待自己的专业和作为？1931 年，同为宾大毕业生的中国建筑师赵深曾在《中国建筑》的发刊词中宣称，中国建筑师的使命是"融中西建筑之特长，以发扬吾国建筑固有之色彩"；1934 年，范文照曾对普通民众认为的"中国对于世界建筑仅占很少的部分"不无忧心。80 余年过去，今天的中国建筑师面对的问题和使命是什么？与当年一样，还是不同？一样，为什么？不同，在哪里？当我们对中国建筑或中国营造传统有了越来越丰富和细致的了解，当我们经历了现代中国建筑的发展历程，或许可以回望一下来的地方，看看走出了多远，视界有多大？在前辈留下的遗产中，承继了什么，遗落了什么？以现代性在建筑中的表现作为一种研究路径，或许可以帮助我们有效地脱离单纯的形式判断，为检省整个知识构筑的机制和运作提供可能。

20 将"结构法"视为中国建筑特色形成的基础，在此后两年林徽因为《清式营造则例》所写的绪论，和此后三年梁思成为《中国建筑参考图集》所写的总论中，有更为清晰的表述。

作为现在的过去：曼弗雷多 · 塔夫里与《文艺复兴诠释：君主、城市、建筑师》

（胡恒，南京大学建筑与城市规划学院）

图1

图2

图1《文艺复兴诠释》意大利文版

图2《文艺复兴诠释》英文版

《文艺复兴诠释：君主、城市、建筑师》（*Interpreting the Renaissance: Princes, Cities, Architects*）是曼弗雷多 · 塔夫里（Manfredo Tafuri）23本著作中的绝笔之作，它最先以意大利文出版，名为 *Ricerca del rinascimento*（Einaudi，1992年）。（图1）1994年，塔夫里去世，这本书理所当然地成为塔夫里庞大写作生涯的一个辉煌的终点。实际上，在塔夫里去世之前，哥伦比亚大学建筑学院的历史学家丹尼尔 · 席瑞（Daniel Sherer）就同耶鲁大学出版社联系出版该书的英文版，但许多原因使其未能及时面世。经过一系列复杂且具戏剧性的变化，*Interpreting the Renaissance: Princes, Cities, Architects* 终于在2006年4月正式由耶鲁大学出版社（在哈佛大学设计研究生院的协助之下）出版发行。（图2）甫一面世，该书便引发多方关注，相关的研讨活动之热烈频繁，充分见证了这一近年来难得一见的学术盛事。

无论是印刷或装帧，还是内容编排，这本英文版都无愧于塔夫里天鹅之歌的历史地位。精装、深蓝色的可拆外皮，封面是小桑迦洛（Antonio da Sangallo the Younger）的 San Giovanni dei Fiorentini 教堂竞赛方案的立面雕版图，由拉波卡（Antonio Labacco）绘制，封底则是这一方案的平面图，以及哈佛大学著名的艺术史教授（Arthur Kingsley Porter Professor）艾克曼（James S. Ackerman）的例牌赞誉之词："曼弗雷多·塔夫里或许是20 世纪最具影响力的建筑史学家。这本书是塔夫里最后一本著作的英文版，翻译精确而敏感。它汇集了多种复杂深刻的声音，赋予我们对主题以无与伦比的洞察力。无论对于圈外读者，还是专家，它的价值都是相当大的。"

一、概况

算上手法主义和巴洛克，塔夫里关于文艺复兴的著作一共有12 本。第一本是1966 年由罗马 Officina 出版社出版的《16 世纪欧洲的手法主义建筑》（*L'Architettura del Manierismo nel'500 europeo*）。大体观之，这12 本书中有7 本是在1983 年之后完成的。当然，塔夫里在1980 年之后，研究重心转向了文艺复兴。1980 年可以说是塔夫里写作的一个转折点。这一年，他出版了现代建筑研究的巨著《球与迷宫：从皮拉内西到70 年代的先锋派与建筑》，以及合作作品《红色维也纳：社会主义维也纳1919—1933 年的住宅政策》。这一年他还发表了几篇关于罗西（Aldo Rossi）、瓦格纳（O. Wagner）、普利尼（Franco Purini）、斯科拉里（Massimo Scolari）和"先锋派的技术"的重要文章。之后的10 年中，塔夫里关于现代部分的研究大幅压缩，基本淹没在文艺复兴研究的汪洋大海之中。看上去，似乎可以对他的研究做这样一个简明的划分：1980 年之前以现代部分研究为主（众所周知，塔夫里享誉世界的著作基本都来自这一时期）；1980 年之后则以文艺复兴为主。

事情当然不是这么简单。根据贝登（Anna Bedon）等人整理出来的一份详尽的作品年表（收录在 *Casabella* 杂志1995 年第619—629 期的塔夫里纪念专刊里），我们很清楚地发现，塔夫里关于文艺复兴的写作是从1964 年开始的——《启蒙运动时期建筑的象征与意识形态》（Simbolo e ideologia nell'architettura dell'Illuminismo)一文发表在*Comunità* 第124—125 期上。这个时候，塔夫里还在罗马大学给夸罗尼(Quaroni)当助教。从这篇文章开始，几乎每一年塔夫里都有三篇以上的文章内容相关于文艺复兴。唯一的例外是从1974年到1977 年，这四年间塔夫里的注意力集中于现代部分(这也是塔夫里领导的威尼斯建筑学院建筑史研究室的第二个工作阶段)。即便如此，这几年间他也几乎每年有一篇有关文艺复兴的文章发表。由此可见，文艺复兴之于塔夫里，是其一生的兴趣所在和工作的主要内容。它贯穿了塔夫里的整个写作生涯，成为他最后10余年(约写作生命的三分之一)工作的全部；即使在对现代部分的研究最为灼热的时候，他也未完全搁下。

我们暂且不考虑那令人咋舌的一百多篇文章，单就这12 本书来说，大体分两类。一类是单独建筑师的研究：关于桑索维诺的《雅各布 · 桑索维诺与16 世纪的威尼斯建筑》(*Jacopo Sansovino e l'architettura del'500 a Venezia*, 1969年)；关于波罗米尼的《波罗米尼》(*Francesco Borromini*, 1979 年)；关于拉斐尔的《建筑师拉斐尔》(*Raffaello architetto*, 与 C. L. Frommel 和 S. Ray 合著，1984 年)；关于朱里奥 · 罗马诺的《朱里奥 · 罗马诺》(*Giulio Romano*, 多人合著，1989 年)；关于弗兰西斯·德·乔尔乔的《建筑师弗兰西斯·德·乔尔乔》(*Francesco di Giorgio architetto*, 与 N. Adams, H. Burns, F. P. Fiore 合著，1993 年)。另一类是综合研究：《人文主义建筑学》(*L'architettura dell'Umanesimo*, 1969 年)；《朱利亚大道：16 世纪的乌托邦城市规划》(*Via Giulia. Una utopia urbanistica del'500*, 与 L. Salerno 和 L. Spezzaferro 合著，1973 年)；《和谐与冲突：16 世纪威尼斯的 S. Francesco della Vigna 教堂》(*L'armonia e i conflitti. La chies di S. Francesco della Vigna nella Venezia del'500*, 与 A. Foscari 合著，1983 年)；《威尼斯与文艺复兴：宗教、科学、建筑》(*Venezia e il Rinascimento. Religione, scienza, architettura*, 1985 年)；《人文主义、技术知识与修辞学：威尼斯文艺复兴时期的讨论》(*Humanism, Technical Knowledge and Rhetoric: the Debate in Renaissance*

图3《人文主义时期的建筑原理》

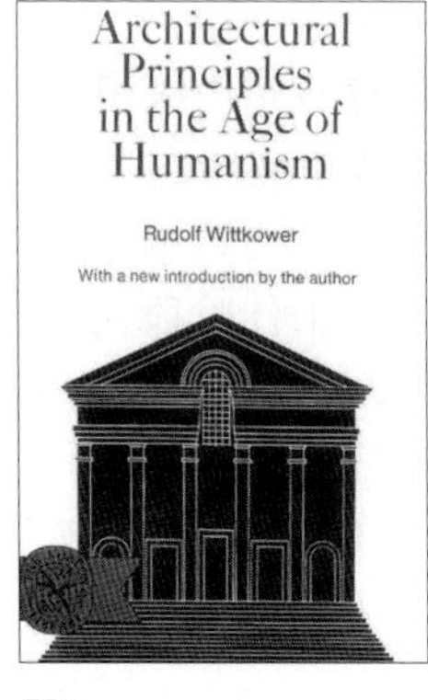

图3

Venice, 1986年)；以及《文艺复兴诠释》(*Ricerca del Rinascimento*, 1992年)。很明显，在这几本综合著作中，《文艺复兴诠释》是相当独特的，因为第一，在塔夫里80年代后的成熟研究中，文艺复兴主题的著作基本都只涉及确定的局部领域，只有《文艺复兴诠释》是从文艺复兴盛期到后期全然贯通；第二，书名已经透露出塔夫里的巨大野心——开辟关于文艺复兴研究的新的诠释风格，创造出一种关于文艺复兴建筑历史写作的全新类型，取鲁道夫·维特科威尔(Rudolf Wittkower)的《人文主义时代的建筑原理》(*Architectural Principles in the Age of Humanism*)(图3)的崇高地位而代之。

二、《文艺复兴诠释：君主、城市、建筑师》的主要内容

英文版《文艺复兴诠释》有520页，166幅黑白插图，沉甸甸的一大本。主要内容由七篇正文和三篇前言组成。除了塔夫里自己的一篇两页的短序出自意文原版之外，迈克尔·海斯(Michael Hays)和译者席瑞的前言都是专为这一英文版所作。

从书的副标题"君主、城市、建筑师"看得出来，这不是一本通常所见的历史书。这三个对象意味着三种不同的空间：政治空间、物质空间、个体创作空间。塔夫里研究的是，在一个历史时段里，这三个空间之间的关系(其中有两个并无确切的视觉形式)。政治空间一向是建筑史学家的禁地，不是因为它不重要，而是因为它会

破坏我们在伟大作品上所寄予的一致性期待。塔夫里在书中赋予政治空间以首发位置，其目的在于，在一个新的视野中引发一系列冲突（艺术的、学术的、政治的）——这些冲突暴露出隐藏在伟大历史作品中的残暴和诡诈，以及曲折的共谋和抗争，按照塔夫里的话说，“恐怖主义”从来都没离开过“新人文主义”[1]161——从而彻底颠覆笼罩在米什莱（Michelet）和布克哈特（Burckhardt）影响下的，以维特科威尔1949年出版的《人文主义时代的建筑原理》为代表的正统文艺复兴建筑史观，即新柏拉图式（Neo-Platonism）。

七章正文都从一个特殊的点开始：一个故事，一段历史，一个传记或文献的细节。然后从多种角度加以分析，从中延伸出章节主题。这些章节彼此独立，组成了一系列连续的入口，对那些既成的基础观念进行考问，进而重新思考“文艺复兴与当代之间的关系”。[2]132

第一章的标题为“寻找范式：计划、真理、人为性”。早在1996年，席瑞就在*Assemblage*中发表了这一章的英文版。这一章是书的开篇，也是全书的一个理论定调。该章从关于伯鲁乃列斯基（Brunelleschi）的一个邪恶故事开始，引发出一片文献之海。虽然大体上是从15世纪开始到17世纪为止，但是实际上文中还涉及大量古代文献。另外还存在一个比较隐蔽的文献群——当代理论，包括艾里亚斯（NorbertElias）、帕诺夫斯基（Erwin Panofsky）、勒·高夫（Jacques Le Goff）、福柯（Michel Foucault）、本雅明（Walter Benjamin）、加林（Eugenio Garin）、温德（Edgar Wind）。文艺复兴和古代的文献中，建筑师所占的比例并不大，主要是人文学者的作品，比如卡斯蒂寥内（Castiglione）的《廷臣论》。塔夫里通过各种文献的比较，阐述了人文学者身处古代世界和当下的复杂状态之中：多样性、矛盾性、断裂、冲突、过渡性、回光返照，成为时代的征兆。（意义的）无缝隙历史，被人文主义建筑师主动打破，他们行走于“对法则的需求和对越界的需求之间”。[3]8 这一基本心态广泛地存在于各种类型的人文学者之中，从廷臣到语言学者，再到神学家和建筑师。福柯的认识型概念（episteme）在这里起到了作用。[01] 尽管塔夫里认同福柯提出的非连续性、类推思想是文艺复兴时期的主流，但是，他并没有强行割裂新柏拉图思想（神秘和谐）和此时建筑之间的关系。他通过精微的文献阅读，来破解建筑师是如何对这个问题进行思考的。阿尔伯蒂（Alberti）对毕达格拉斯（Pythagoras）的音乐学说

01 塔夫里在《文艺复兴诠释》的导言《寻找范式：计划、真理、人为性》（A Search for Paradigms: Project, Truth, Artifice）中引用福柯的“类比思想”（这是他所运用的一个文艺复兴时期的认识型概念）作为自己的参照。众所周知的是，米歇尔·福柯以类比观念的讨论作为《词与物》的开端。用福柯的话说，人们甚至可以论及建立在这种观念形式上的整个话语实践。”（见参考文献 [3]：14.）塔夫里用这一概念的横剖面功能将表面无甚关系的人（廷臣、语言学者、神学家、建筑师等）联系起来。

世俗化的怀疑论立场，被塔夫里放置在从中世纪开始（应该从亚里士多德开始）一直延续到文艺复兴的哲学、神学、科学之间纠缠不清的关系网络之中。这里，我们也看到意大利微观史学在塔夫里写作中的微妙运用。[02] 有多少变数存在于那些无缝的历史外观之中？“我们关于连续性与非连续性的假设已经被正确阐明了吗？或者，更准确地说，我们已经分离开现象和理念了吗？我们是否过于迷失在理想主义的迷雾之中，将过多的强调和过多的价值放在理论上？”[3]14——这一系列自我质疑贯穿于塔夫里的写作全程。

第二章的标题为“Cives Esse Non Licere：尼古拉斯五世与阿尔伯蒂”。这一章的内容是塔夫里对之前为韦斯特弗（William Carroll Westfall）的《在这最完美的天堂中》（*In This Most Perfect Paradise*）（1974 年；意大利文版，1984 年）所作导言的重写，该导言是在早期一篇书评的基础上发展而来的。本章考察了阿尔伯蒂与其教皇赞助人之间的著名关系，质疑了他们的罗马观和基督教世界观之间的同步性。塔夫里对韦斯特弗所主张的尼古拉斯五世与阿尔伯蒂之间存在一系列精确关系的断言进行指责，认为他们之间的关系是通过一系列意识形态冲突和学术冲突，通过一种“勇敢无畏的”方式来解决的。塔夫里的阿尔伯蒂和维特科威尔笔下的阿尔伯蒂迥然不同：在塔夫里这里，他似乎是一个哈姆雷特式的知识分子——怀疑绝对法则和权力，对君主的供奉心存不满，热衷于反语和嘲弄，充满了“文化之人所不免的令其倍受折磨的分裂”。[1]161 对于教皇的宏大计划（塔夫里常常以“恐怖主义”命名之），阿尔伯蒂只是以人文主义的反语和廷臣式的装傻来应对。在塔夫里看来，阿尔伯蒂是一个持怀疑论的知识分子（所以他对其 *Momus* 一书更感兴趣），他在不断地同学术自治的极限进行斗争。当然，塔夫里的最终目的是，以阿尔伯蒂事件中的内部矛盾，来严厉批评那些将文艺复兴游戏性地处理成简单编年史公式的做法。

02 塔夫里对原始文献的运用，同意大利的微观史学有着千丝万缕的联系。1983 年的《和谐与冲突》一书就是放在艾瑙地出版社的“微观史学”丛书中出版的。而且，他自己也承认采用了微观史学的方法，例如在《文艺复兴诠释》的序言中他就提到过“《威尼斯与文艺复兴》中所采取的微观史学的分析”。（见参考文献 [3]：15.）塔夫里一方面运用了福柯的概念，一方面引入意大利微观史学。实际上，这一做法相当冒险。因为以卡罗·金兹伯格（Carlo Ginzburg）为代表的意大利微观史学家在观念上和福柯有所矛盾。金兹伯格在1976 年出版的《虫子与乳酪》（*Il Formaggio e I vermin*）的前言中批评了福柯的历史概念。卡瓦莲（Carla Keyvanian）在《曼弗雷多·塔夫里：从意识形态批判到微观史学》一文中对微观史学、福柯与塔夫里的关系做了可贵的研究。“承认历史学家强加在史学（historiography）之上的诠释所不可避免的变形，以及获得‘客观的’史学的不可能性，这一点塔夫里主要归功于福柯。……金兹伯格提出，取代一种畏惧去尝试重组和解读历史知识片断的史学，同时取代一种因为不存在‘真实的客观的’意义便对诠释犹豫不决的史学的，是一种微观史学（microhistory）。这种史学对线索、轨迹和文献进行细致分析，并以此去尝试理解特殊历史时期或艺术对象的‘真实含义’。金兹伯格对塔夫里影响颇深，因为他展示出如何去书写一种有深刻政治性的历史。”（见参考文献 [4]：7.）总体来说，无论福柯或金兹伯格，他们的理论在塔夫里看来都是可局部使用的工具。

第三章的标题为"君主、城市、建筑师",和本书副标题一样。这一章的内容建立在他于《十二宫》(*Zodiac*)(1989 年)中发表的《意大利文艺复兴时期的城市发展策略》(Stratrgie di sviluppo urbano nell'Italia del Rinascimento)一文的基础之上。本章分三节:美第奇的佛罗伦萨(豪华者洛伦佐);罗马(利奥十世);威尼斯和米兰,还有热那亚。时间横跨了从15 世纪末到16 世纪中期的50 余年。塔夫里用三个城市进行比较分析,"回避了狭隘知识中的一般化结论和陷入圈套"。[1]161 塔夫里首先思考了15 世纪城市的新的需要,接着质问,佛罗伦萨与罗马之间的联系有多紧密?将洛伦佐的城市规划和利奥十世为罗马所策划的著名入侵进行比较,能够在多大程度上重新激发起我们(新的历史学家和理论家)的欲望,去理解罗马新黄金时代和它在发展过程中所经历的牺牲之间的张力?很清楚,这完全都是关于再现的问题:它相关于教皇(Pontiff)自身,相关于美第奇的文化野心。本章第三部分占主导地位的威尼斯,为我们提供了一种特殊的经验。它深刻说明了连续性与事件之间,longuedurée(长时段)和 histoire événementielle(事件史)之间的交集。将佛罗伦萨、罗马、威尼斯、米兰和热那亚的历史并置在一起,无疑打碎了我们关于文艺复兴的一切幻象。

第四章的标题为"Jugum Meum Suave Est:利奥十世时期的建筑与神话"。塔夫里用三项工程为例:佛罗伦萨的圣洛伦佐教堂设计竞赛,罗马的佛罗伦萨圣若望圣殿(San Giovanni dei Fiorentini)教堂设计竞赛,以及佛罗伦萨的圣马可教堂工程。它们一起暗示出16 世纪早期横跨罗马、佛罗伦萨和威尼斯的建筑"先锋派",并且表现出利奥在位期间(Leonine pontificate)的野心——这里描述了一个重要细节,罗马的 renovatio urbis 和美第奇家族辉煌复位的庆典仪式。塔夫里认为,尽管有了利奥十世的强力意志及其完善的意识形态,他留下的东西也远远少于未实现的作品和片断:"一方面,它证实了他那种近乎乌托邦式的夸夸其谈;另一方面,它由不断的修订——对现实之需要的永远屈从——所构成。"[2]134 同样,利奥十世的建筑继承了其教皇遗留下来的矛盾情绪:他和尤利乌斯二世在改造城市上的贪婪心态产生了冲突,他拒绝了伊拉斯谟(Erasmus)面对越来越异教的罗马而发出的宗教改革的呼吁,也拒绝支持教皇国库。

第五章的标题为"Roma Coda Mundi：罗马大劫：断裂与连续"。该章涉及1527年的大劫。塔夫里既将这一时刻看作是决裂时刻，也将其看作是历史连续性之动力的证据。这样一来，他显然回到了Annales（年鉴派）的主题，回到了longue durée（长时段）和histoire événementielle（事件史）的辩证法。伴随罗马大劫开始的是什么，结束的又是什么？塔夫里的研究是高密度、片断式的。它涵盖了历史、哲学、文学和神学，从而证明这一时刻内在的复杂性——它是一系列高潮的对立的积聚，而不是线性发展的结果。

第六章和尾声的标题为"查理五世的格拉纳达：宫殿与陵墓"和"威尼斯的尾声：桑索维诺从创作到惯例"。这两章研究的是"大劫的灾难性大火后遗留下的某些最重要的灰烬"[2]134：查理五世位于格拉纳达的宫殿；桑索维诺在威尼斯的建筑。这两章基本上是不连续的。第六章是他在《艺术史研究》(*Ricerca di storia dell'arte*, 1987年)杂志上发表的关于卡洛五世早期生活的文章［《格拉纳达的卡洛五世宫殿："罗马式"建筑与图像的帝国》(Il palazzo di Carlo V a Granada: architettura "a lo romano" e iconografia imperiale)］的深化，末尾一章是塔夫里二十多年关于桑索维诺全部作品研究的一个总结性提炼。他用一个深刻反思，结束了关于卡洛五世宫殿的研究："没必要回想假设的功能。它只是未充分耕种的土地上的犁沟，通向浓密丛林的小路。它的功能在于探索。它通常消解于仍旧俯拾皆是的歪曲篡改中。"[3]217 在"威尼斯的尾声"中，塔夫里展现出"(其)研究的整个曲折过程"，他将桑索维诺和自己叠合起来，都"曾一度对'复兴的'形式所具有的普遍性心怀疑惑"，并且将这些疑惑转化成"激进的批评"。塔夫里的结论是开放的，他承认，质疑人文主义及其神话学结构的脆弱性，就是要质疑"我们史学状况所必须面临的无根性(rootlessness)"。[3]258 这一忧伤的结论，和他十余年前在《历史"计划"》一文中对史学方法所作的结论几乎是一样的。[03]

三、《文艺复兴诠释》与"反文艺复兴"思潮

在这本书中，塔夫里的姿态无疑是"反文艺复兴"的。这里的文艺复兴，指的是将文艺复兴当作是一个神话般黄金时期的理想观念：上起阿尔伯蒂，下至帕拉第奥(Palladio)，这时的西方

03 塔夫里在《历史"计划"》一文中提出了与"史学状况所必须面临的无根性"极为相似的观点："于是，历史成为一项'关于危机的计划'。对于此计划的绝对有效性，我们没做任何保证，计划之中也无'答案'可言。人们必须认识到，不要向历史索求和解。……对于历史分析本身的去神秘化力量，我们不存幻想；它(历史分析)也无权随心所欲地改变游戏规则。作为社会实践——一种社会化的实践，历史分析如今必须进入一场质疑其特有面貌的斗争。在这场战斗里，历史必须准备冒险：而且最终所冒的是暂时性的'不现实'的风险。"(见参考文献[5]：13.)

文化在自发的引导下，自然而然地产生一件又一件杰作。这些历史学家崇尚新柏拉图主义，整体的、神权的、微观 / 宏观世界的一致，和谐的比例系统，以及借自古典古代的公式。当然，这种诠释的主要代表就是维特科威尔的《人文主义时代的建筑原理》。

实际上，早在塔夫里之前，一些建筑史学家已经对此有所警觉和、怀疑。1949 年，艾克曼就在《艺术通报》(*Art Bulletin*) 杂志上发表文章表明，早期文艺复兴的建造者发明了新的方法来完成他们的作品，而不是依赖于之前建立的法则。九年之后，亨利 · 米伦 (Henry Millon) 在同一本杂志上指出，弗兰西斯 · 德 · 乔尔乔在比例系统的运用上并非如维特科威尔所说的那样传统。伯恩斯 (Howard Burns) 最近已指出，古代权威并不被认为是神圣不可侵犯的。我们还必须提到森帕利斯 (Piero Sanpaolesi) 对于伯鲁乃列斯基巨大革新的工程学所做的重要研究，它至今都还未被译成英语。当然，塔夫里早期的文艺复兴研究也在此行列之中 (他认为文艺复兴，尤其是阿尔伯蒂的作品，是新生的专制战胜了人文主义共和所激起的剧烈的社会、政治危机的产物)。实际上，维特科威尔后来也对自己的这一观念表示了不满。[04]

在建筑史中，对视文艺复兴为“乌托邦”图像的质疑，并非自行产生。它和同时期的、更广泛的人文主义思想研究紧密相关。温德、加林和罗西 (Paolo Rossi) 从艺术史、文化史、宗教史等不同角度考察了人文主义思想中绝对非理性的一面。沿着他们的道路，巴蒂斯特 (Eugenio Battisti) 的《反文艺复兴》(*L'anti-rinascimento*) 也论证了想象的、狂野的，甚至魔幻的东西正是文艺复兴人文、主义艺术和建筑的核心所在。这些成果和建筑史中的“反文艺复兴”、思潮一拍即合。

20 世纪六七十年代之后，“反文艺复兴”观念下的研究加速扩张。几乎在每一个惯常的问题点上，都有逆向的研究在进行：史密斯 (Christine Smith) 关于阿尔伯蒂的布局理论；佐尼斯 (Alexander Tzonis) 关于弗兰西斯 · 德 · 乔尔乔和小桑迦洛；米伦和拉普尼亚尼 (Vittorio Lampugnani) 关注的文艺复兴的全新再现技术；福斯特 (Kurt Forster) 以曼图瓦传统的照相式绘画 (camera picta) 为例所做的关于绘画和建筑之间关系的思考；弗鲁格尼 (ChiaraFrugoni) 的《遥远的城市》(*A Distant City*)；卡珀 (Mario Carpo) 关于塞利奥 (Serlio) 的写作；

04 根据 *Design Book Review* 上的一篇重要文章《编者按：反思西方建筑学的人文主义传统》(From the editor: rethinking the western humanist tradition in architecture)，我们看到文艺复兴研究近50 年来发生的一系列在方法、基本观点、知识范围上的重要改变。参见 http://www.bk.tudelft.nl/dks/publications/online%20publications/1994-DBR-from%20the%20editor.htm.

康弗蒂(Claudia Conforti)和萨科夫斯基(Leon Satkowski)关于瓦萨里(Vasari)的研究。

文艺复兴神话在这些研究中逐渐瓦解。很快，我们不可回避地再次面临这样一些基本问题：文艺复兴是什么？文艺复兴建筑是什么？在这些新的现实慢慢浮出水面之后，我们怎么回答这一古老的问题？它是否已经有了一个答案——它是一次伊卡洛斯式的朝向未知的飞行？或只是对惯用公式的乏味且老套的重复？或者说，它是介乎两者之间的某种东西。

塔夫里的这本《文艺复兴诠释》没有回答这些问题，但是它对这些问题做了严密的思考，同时描绘出通向这些问题的甬道——一条黑漆漆的、支路不绝、只能匍匐潜行的通道，入口是一幅雅努斯(Janus，双面神)的头像：开端即是分岔。塔夫里将这一头像归于人文主义：它既依附于传统，又力求革新和实验。这一观点来自俄国文艺复兴史学家巴特金(Leonid Batkin)。当然，人文主义是两面的，但将两面的认识型看作文艺复兴的独有特征却是错误的。正如科蒂斯(Ernst Robert Curtius)在《欧洲文学与拉丁中世纪》(*European Literature and the Latin Middle Ages*)中指出的那样，古代和现代之间的对立已经存在于拉丁文化中。事实上，没有一种文化中不存在着旧与新的并置，传统与实验的对立，法则的建立和打破。文艺复兴的不同在于，平衡点首次倾向于现代，倾向于新，倾向于进步。均衡被打破，两个面所属的整体发生内爆。突然，文化在一个没有绝对权威的地方产生出来。这对于建筑的影响是极其剧烈的。在佐尼斯看来，人文主义建筑只是一种在想象中具有创造性的梦想机器，而实际上它是一个梦魇。[05]

05 同注释04.

雅努斯头像只是徽章的一面，另一面刻着阿尔伯蒂的一句名言——“Quid tum？”(“现在如何呢？”)塔夫里把韦罗内塞的这张浅浮雕作为意文原版的封面。它成为阿尔伯蒂之后的所有西方建筑师的名言。因为，这意味着建筑师终于自发产生了自我意识。当下感、自我位置、个体激情(而不是宗教激情)，成为建筑师在其工作中必须思考的问题。最终，文艺复兴人文主义建筑师的认识型充满了矛盾和紧张：“情绪冲突，两难抉择，不断超越难以克服的困难，无限制地趋向于重新分类、重新评价、重新思考它同其他诸如绘画、雕塑和素描等视觉思考领域之间的关系，以及它同科学、工程、新技术、语言和音乐、政治权力、神圣体验、性、自然秩序、市民社会和文雅举止、地方文化和全球文化、家庭生活、道德规范、梦、理性还有激情之间的关系”。[06]

这就是塔夫里在书的开端首先确立的两个辩证法：文化内在动力的辩证法，建筑师个体创作的辩证法。前者意味着权力关系成为历史写作的主题——建筑史不是不同风格之间的悄然变化，而是权力斗争的结果，是一系列创伤性的结果（既落在建筑师身上，也落在强势的赞助人身上）；后者则意味着建筑师个体不可避免地卷入其中，有时作为天使（比如阿尔伯蒂），有时作为魔鬼（比如伯鲁乃列斯基，塔夫里在第一章中极其精彩地描绘了这一伟大建筑师作为权力精英是如何利用自己的权力让一个得罪了他的艺术家丧失了自己的身份的）。两种类型的建筑师：作为有着崇高人文主义精神的阿尔伯蒂；作为有着强烈创作意志的伯鲁乃列斯基。他们都是那么善于在不同处境中运用自己的智慧（善的智慧、恶的智慧）推行自己的观念，也许说是世界观更为合适一些。

所有的成功，都是一系列失败；所有的失败，都是一系列成功。这就是塔夫里在细致考察那些重要的、不重要的、著名的、不著名的作品时所要论证的。第二个要论证的是，激烈的矛盾，残酷的暴力，诡诈的阴谋，恶意的歪曲，痛苦的沉默，隐蔽的施虐 / 受虐情结，这些远离文艺复兴神圣面具的黑色一面，它们的极致形式都集中在那些伟大的建筑师身上——拉斐尔、小桑伽洛、佩鲁齐（Peruzzi）、塞利奥、桑索维诺、帕拉第奥、朱里奥 · 罗马诺。这是塔夫里笔端不离这些人左右的真正原因。第三个要论证的是，史学研究的“无根性”。正如那个无法精确翻译的书名——“Ricerca”，严格来说，它有“探寻”（search）、“质疑”（quest）等多重含义。对于文艺复兴，破除它的既有神话并不困难，恰当的方法（当代史学已经提供了大量武器）加上一点点耐心就可以。困难的是不断的、深层的质疑和探询。它针对的不是事物的真相，而是关于事物的认识的来源和动机（既是他人的，也是自己的）。这是一种可以无限推进的激进的批评，它将动摇一切信念。“无根性”的另一个名称是“悲剧性”，塔夫里在其前言中说，谈到的“悲剧性视点”[3] xxvii 的用意就在于此。有了必然失败之觉悟的史学家，就有进行“Ricerca”的权利。

理念先行，这是我对塔夫里这本书的一个理解。黑格尔的辩证法继续保持着强劲的动力——历史发展的否定性、矛盾的

06 同注释04.

力量，存在的整体性与间接性。紧随其后的是艰苦卓绝的论证。这是一件可以泯灭一切对其理念持反对意见的工作——对浩如烟海的第一、第二手文献资料的详尽解读，不断更新的档案发掘，甚至大量的亲身调研。在那些让人晕头转向的注释里，我们能用六种语言找到几十、上百个关于有趣的文艺复兴主题的文献（涵盖了政治史、社会史、美学、自然科学、神学）：卡斯蒂廖内的美学，建筑中的手法（maniera）问题，伊特鲁斯坎神庙的文艺复兴理念，文艺复兴建筑的色彩和表面，和谐世界和比例理论，美第奇治下及之后的佛罗伦萨政府，豪华洛伦佐的别墅和城市计划，徽章，胜利登基，以及短暂的建筑（ephemeral architecture），罗马的佛罗伦萨银行家，伊拉斯谟对罗马天主教教会制度的批判，文艺复兴时期的楼梯，威尼斯的政治体制，威尼斯潟湖的水力学，等等。这几乎已经构成一种美学。文艺复兴这个词如果在本书中散发出某种光辉，那么阳光照射的马赛克就是这些细块的注释。

理念的光辉和物的光辉，一同构成了文艺复兴的经典诠释模式。文艺复兴，代表着向古典古代完美世界的回归，它表现在伟大建筑师的作品上。无论是理念，还是物，它们都穿越时空，来到我们面前，继续述说着那个时代的崇高、和谐和完美。在塔夫里看来，理念的光辉依然存在，不过它不是“文艺复兴”这个可以覆盖一切、掩盖一切的宏大概念，而是“轻松”“越界”“再现”“杂交”“模仿”“干预”“认知”“微观世界”这些概念。这些概念的背后，不是规则与体系，而是“意义的生产”：“我们更有必要去考察的是，‘意义的生产’是以何种方式在我们习惯于称之为文艺复兴的时期中被概念化的。”[3]3 那么，物的光辉呢？它占了多少时光的便宜？有多少是来自我们难以启齿的“陌生化效果”？我们应该回到这些崇高事件、崇高人物的世俗世界。可以说，我们对他 / 它们的了解几近于无。那个卑鄙的伯鲁乃列斯基是不是让大家大跌眼镜呢？或者，有谁还记得在威尼斯扩张时期那些沉默地带的沉默的声音呢？如果这个古老的命题（文艺复兴和当下世界之间的关系）依然阐述出某种真理，那么，它必然隐藏着这些我们视而不见的东西。文艺复兴能够回到我们身边，不是因为它的抽象伟大和具象崇高，而是因为它和我们现在一样是生活的产物。经典的文艺复兴研究，只填补了现实的缺憾，它反射的光芒迷乱了我们的意志，使我们进入幻象之中——那个世界是如此的完美，所以现在这个世界的堕落是理所当然的。塔夫里的文艺复兴研究埋葬了一切无奈和自我感伤。它告诉我们，我们需要做的事情还有很多。

但是，从抽象的新柏拉图世界回到世俗世界，并不是事情的全部。或者说，这只是第一步，也是必须的一步。因为只有落回世俗世界，我们才能恢复对那些已成神话的人物的整体性视角。当然，更为重要的是，只有这样我们才能将环绕在那些伟大建筑师和作品身旁的神圣光环之中的禁忌和界限一并挖出。它们只存在于世俗世界之中。有了禁忌，才有越界。只有越界，才能突破虚幻的、遥远的、完美的神圣，而达到实在的、切身的、激烈的神圣——狂喜。塔夫里在文艺复兴的语言学中解读出越界，“正是越界，而非其他东西，才是语言学法则的基础”。[3]5 在塔夫里看来，语法“滥用”，反规范核心，不断变形，过度与铺张，自我参照，掩饰技巧，这些语言学的越界行为，在建筑领域中基本都有反映。它们面临的禁忌大同小异：权力掌握者的喜好，神学的残迹，古代哲学思想的回声。做法也同出一辙。对越界的热爱，使得文艺复兴建筑建立起一种“由无穷的例外所构成的编码”[3]19 系统。塔夫里认为，这是文艺复兴建筑与艺术最革新的一个层面。

我们难以忽视巴塔耶（Georges Bataille）在这个问题上对塔夫里可能产生的影响。因为在某种程度上，“越界”已经成为巴塔耶（和福柯）的专属概念。我们也可以从1980 年代的《历史“计划”》到现在这本《文艺复兴诠释》，看到这一概念的不断强化。或许它是塔夫里史学研究的核心之一——要想透视现实，我们必须从客观的观念世界回落到由禁忌和界限所组成的世俗世界，并且，在这些禁忌和界限中耐心体察那些越界之举，最终，和那些越界之人一同获得狂喜，再次回归神圣世界。换句话说，当黑暗的现实渗透进内心的时候，唯有越界才能使人重回神圣状态。这难道不就是塔夫里一直在做的事情吗？他在文艺复兴里探询、寻找的那些越界之人（阿尔伯蒂、桑索维诺、德·乔尔乔），不就是他自己吗？Quid tum？现在如何呢？这不是塔夫里自己的碑铭，还能是什么呢？

四、海斯与塔夫里的两篇短序

书的开篇是海斯、席瑞，以及塔夫里自己的三篇序。其中，海斯和塔夫里自己的序较短，都只有两三页，翻译为中文不过3000

余字。海斯的序以本书为核心，极其精辟地对塔夫里的史学研究作了一个小结。这是一种纲要式的提炼，对塔夫里的文艺复兴研究和现代研究的最基本要旨均有表述：目的、方法、主题、核心概念。

海斯以目的开篇。"塔夫里研究历史，其目的既不是去归类、确认事实，也不为当下的想象找到相关引导。……反之，他书写历史，是为了建构那些历史动力的法则。这些动力控制着在社会构成和文化实践中出现的系统化的转变。建筑是这一宏大叙事下的首要展示，因为建筑是对一切社会生产最为复杂的检验和处理。限定着单一建筑的语境，由城市中驱动生产的一切（技术、经济、法律以及心理学的）动力所组成。而由赞助人、建筑师和城市加诸建筑之上的那些相互冲突、由多种因素决定的要求和期望，就在其形式中传达出来，同时也被压抑。因此，在这位历史学家细心周密的建构中，建筑成为社会事实自身的宝贵索引，正是因为这样，其复杂潮流的形态才能为我们所窥。"[3]xi

海斯在这段中指出了两个问题点：为什么研究建筑对于研究文艺复兴这么重要；建筑和哪些要素相关。这是两个不新鲜的问题，但是塔夫里的答案是全新的。我们自然看得出来法国年鉴学派的"总体史观"（经济史、政治史、科学史、社会史融为一体）的影响，但是，这一观念在建筑史学研究当中如此彻底有力地贯彻却是屈指可数。[07]

在接下来的第二段中，海斯提出了塔夫里的写作方法（辩证写作，这个问题暂时不谈）和一个主题——"再现"。在海斯看来，再现，是塔夫里一生的主题。从20世纪六七十年代的《理论与历史》和《建筑与乌托邦》开始，直到最后一本书，这都是个基本且核心的概念。海斯的定义是，"再现"就是建筑为时代的矛盾需求赋予形象的能力。"征服历史条件和描绘这些条件所必需的意识形态，无庸置疑就是再现。"[3]xi 海斯把塔夫里的"再现"的两层含义表述了出来：第一，它是一种赋予形象的能力；第二，它的对象是时代的矛盾。可见，再现还暗示着建筑（还有艺术）具有超越时代的能力和可能性。

海斯提出的另一个主题是"诠释文艺复兴"，也即书的标题。海斯认为，书名表明了"塔夫里的诠释学（hermeneutics）的一切野心、愿望和承诺都被施加在这一现代西方文化的基础性时刻上面：质疑文艺复兴，研究文艺复兴，以及诠释作为探索的文艺复兴"。这里最后一句值得注意，因为文艺复兴在塔夫里看来本身就是一种探索。所以，诠释意味着质疑、追索、检验和分析。

07 塔夫里在书中将法国年鉴学派的"总体史观"和意大利的微观史学创造性地结合起来。"总体史观"为塔夫里提供了一个无所不包的知识背景和无数可能存在的横剖面，以及长时段的历史幅度。所以，塔夫里不将文艺复兴看作黄金时期，而且坚决反对把15、16世纪从历史长河中抽离出来。他将其视作整个历史中继往开来的一个中间过程——一个"连接点"——来进行考察。就像他自己所说的那样："这里我们所面临的问题可以被概括为一扇临时的大拱门，它起于教会分裂（the Great Schism）后的年月，经过1348年的黑死病，在15、16世纪的社会政治冲突中达到顶点。"（见参考文献 [3]: 8.）另一方面，微观史学为具体实施的研究方法提供有效的武器。正如伯恩斯指出的，"《威尼斯与文艺复兴》和《文艺复兴诠释》的好些部分都可以被视作'微观史学'，但我们不应过分强调塔夫里的微观史学与微观史学的经典作品之间的相似，例如金兹伯格的《虫子与乳酪》(1976 年)或纳塔莉 · 泽蒙 · 戴维斯(Natalie Zemon Davis)的《马丁 · 盖尔的回归》(*The Return of Martin Guerre*, 1982 年), 它们主要建立在线性叙述的方式上。塔夫里对各种工程、赞助人、建筑师和艺术家所做的无穷变化的复杂陈述, 这些被引入建筑发展史的东西, 是故事(stories)或历史的(historical)'微观世界', 这些东西的勾画全赖于他对数不胜数的素材所做的耐心解读。当塔夫里(与佛斯卡里)重建圣弗朗切斯科 · 德拉 · 维尼亚教堂的历史, 或者查理五世在格拉纳达的宫殿或圣萨尔瓦多在威尼斯的宫殿等地的历史时, 微观史学本身, 并没有丧失对'历史'的洞察, 却成为多层面、多声音的, 一种真正的微观世界, 其中, 既定时刻的整个世界都能被解读。"Howard Burns. Tafuri and the Renaissance. 见参考文献 [9]: 119.

诠释这一概念, 塔夫里还有更进一步的用途——它将过去和当下联系起来。一方面, 这本书中除了素材之外, 属于当下的只有诠释——它是写作者的行为。另一方面, 诠释针对了当下看待过去的方式、视角、视点。海斯认为, 塔夫里的这个诠释, 如果放在"现代的连续统一体中"[3]xiii 来看的话, 它就是一种差异化的、分裂性的东西。它和我们所身处的时代的视角正相对抗, 这个视角就是"在当下发现其问题之处并对其进行公式化的阐述, 然后, 它们试图与'再现的时代'(era of representation)对话。"[3]xiii 这个当下的视角, 其实有点类似塔夫里曾经批评过的"操作式批评", 两者都是在面临当下问题时, 就在过去寻找解决之道, 顺便曲解历史以备自己之用。塔夫里的诠释正相反, 它绝不为读者提供什么"预先确定的现实化过程(predetermined actualization)", [3]xiii 它尝试说明, 现在的问题一直存在于过去。要解决当下的问题, 过去不是良药, 但我们还是需要回到过去, 因为当下的问题在很大程度上是来源于我们对过去的浅陋理解和盲目歪曲。我们用它蒙蔽了双眼, 使得自己同样看不清现在。研究历史, 就在于我们必须正视我们亲手布置的幻象。

海斯在最后一段把一切归结到塔夫里对"历史"含义的解释上。"塔夫里的历史不再是我们期望复苏的已死的人和了无生气的客体的领域。相反, 历史一直是一股活跃的力量, 它'扰乱着我们所了解的当下', 它现在质疑起我们的当下时刻, 评判今非昔比的我们和我们的建筑, 评判建筑不再是什么, 并且还评判我们还不是什么。"[3]xiii 海斯对塔夫里的"历史"的解释接近于尼采的态度。历史不是遥远过去的一块土地, 等待我们满怀敬意地去探索, 它丰富、给予我们所需要的知识、灵感和财富; 反之, 它是一股主动之力, 它审视着我们当下所做的一切, 并给予评判——对塔夫里来说, 只有过去才有资格和能力评判当下。不过, 海斯没有触及历史这一主动之力中的邪恶一面, 略显遗憾, 因为这一面将和"越界"概念发生关系(海斯的序中没有提到这个概念)。

塔夫里的短序十分令人头疼。因为在这一本文艺复兴研究集大成之作的序里，塔夫里居然没怎么涉及文艺复兴。唯一的地方是在倒数第二段，他以一种相当古怪的方式提到书名。言外之意似乎不希望我们将这本书看作一本文艺复兴的专著。“标题中出现的文艺复兴，是这一‘问题式’情境的结果，显然，它也不能被看作是天经地义的。我所分析的那些范例并非引导出新的行为模式（它们在16、17 世纪期间出现过），也不打算强迫大家接受它们……”[3] xxix 按照我的理解，塔夫里在序里通篇谈论现代问题，意在告诉读者：现代问题，由于某些重要的理论家——如本雅明、塞德梅耶（Sedlmayr）、克莱因（Klein）——的工作，已经被成功地概念化。“中心的丧失”“光线的死亡”“丧失的直觉”“灵韵的衰落”“指示物的痛苦”等等，它们既表明我们当下的现状，也将当下和过去联系起来，因为这些概念是历史进程的必然结果。通过这些概念，我们可以回到一个其实并不陌生的过去。

但是，对塔夫里来说，当下的状况才是问题的关键。这些概念对当下的呈现表现在两个方面。第一，建筑的实在境遇；第二，建筑的“原罪”心态。“原罪”，是塔夫里的序里第一句中的关键词，也是我们理解这篇序的起点。在塔夫里看来，建筑的原罪情结，产生于其自我指涉功能越加强大的过程。在这一过程中，“中心”“指示物”“直觉”“光线”慢慢消失于建筑。我们必须知道，在中世纪、文艺复兴这些时代中，它们是建筑的根本寄托，是建筑存在的理由，当然也是建筑意义的来源。但是，建筑的自主化进程不可逆转（原因多种多样）。与之相伴的就是神的谴责和自我罪恶感的加深——建造怎么可能脱离神圣的义务，成为只属于自身的独立个体呢？这是不可饶恕的。你自身的纯洁程度有多大（自治化程度有多高），你离上帝就有多远，你的罪恶就有多深，这就是建筑的“原罪”。

背负着原罪的建筑也在寻求救赎之道，它就是塔夫里所说的“对回忆的迫切要求”。[3] xxvii 这是一个平行的过程。并且，后者在发展的过程中，经过无数反复和变形，逐渐形成了自我意识。也就是说，回忆成为一种自主之物，它可以跨越时代的变迁，寻找自己的表达。在塔夫里看来，它无异于建筑最晦暗的梦魇，尤其在现代时期之后的当下。

“原罪”情结实际上在20 世纪初出现了一个巨大的变化，这个时期社会矛盾激化，建筑的痛苦也达到极限状态。按塔夫里的说法，形式的解放成为一个特殊的历史现象。这个形式解放，就意味

图4

图4《文艺复兴诠释》西班牙文版

着建筑的自主性不受约束地爆炸开来。之所以是特殊现象，是因为这是"文化之根被斩断"的结果。换句话说，建筑恰逢其会，捡了个大便宜。但是，这只是一个时代的断裂口的便宜，很快社会矛盾平复、转化，建筑面临着另一问题——成为新梦魇的回忆（或怀旧），它再次扮演着驱除痛苦、回归平静的正面角色。

原罪是否关联神性的指涉物，看上去已经不重要了。现在我们面临的是新一轮对痛苦的反思。在塔夫里看来，痛苦来自那个从文艺复兴之处萌生的主体。因为，就在这里，人开始发觉他或许正在失去最可靠的参照物——上帝。也就是说，自那时起，痛苦就成为人的存在形式之一。我们离开神圣世界的代价，就是永远陷在痛苦和驱除痛苦的循环过程之中。（这和西西弗斯之痛是否有些类似呢？）重新思考文艺复兴，就是在痛苦出现之始，去清理它的场所和条件。因为，并不是所有的人都陷入这一循环，还有一些乐于与命运相抗的人，相信自己可以突破循环，相信自己的个体意志能够创造出另一个属于人的参照物。温和的人文主义理想的表达，不在于那些人道法则的阐述，而是寄托在极致的艺术创作之上，这真是一个悖论。这些创作者，就是塔夫里满怀敬仰赋诸笔端的"越界者"。他们的怀疑论、对"不可预知的辩证法"和破坏的迷恋、对矛盾的"极端融合"和"杂交"的迷恋，对"第二个自我的建构"，在"梦和现实之间流动的边界规定游戏的条件"，[3]19 是行动的潜在法则。无处不在的"隐藏的越界"，成为意义的新条件。在塔夫里看来，这正是建筑自我指涉之路的开始。

当然，这本书是否算是文艺复兴的研究专著，是否想要更新文艺复兴研究的版图，塔夫里并无多大兴趣。文艺复兴这个概念不再是出发点和思考的中心，它唯一能代表的只是"距离"。"因为，只有保持距离，才能使质疑的进程继续下去。"[3]22 可见，文艺复兴研究，只是塔夫里思考建筑的一个环节。按照他的"历史时间的杂交"观点来看，文艺复兴和当下是搅和在一起的。我们既然需要对当下进行残酷的质疑，那么，对于300 年前的过去来说，这一质疑同样存在。无情的分析，可以将遥远的问题重新展示给我们，分离开我们认识当下的那些与历史相关的固有偏见，进而动摇我们的存在基础（它是一系列幻象的交织）。这应该是塔夫里研究这两百年建筑史的真正动机。

五、回响

这本书的翻译是一项旷日持久的工程。它是 Ricerca 的第二个译本。莫妮卡 · 巴尔德（Mónica Poole Bald）的西班牙文译本 *Sombre el Renacimiento* 出版于1995 年，（图4）同英译本相比，这本引起的反响要微弱很多。和塔夫里所有的著作一样，对他的赞誉大体相似（创造了一种新的史学写作方式，诸如此类），对他的批评也是大同小异（史实有误，例证不当，等等）。不过和其他书相比，英译本没有招致什么晦涩难懂之类的指责——要知道，晦涩难懂已经是塔夫里的标志性形象。从中可以看出，英语世界对塔夫里的接受已经达成某种共识。最近相当数量的塔夫里专题研究纷纷露面，很充分地表明，塔夫里的学术价值正在被逐步认识。无论是里奇（Andrew Leach）在 *ATR* 上的"书评"，还是穆海德（Tomas Muirhead）的"暴力的历史"，对此书都不乏溢美之词，都强调了塔夫里杰出的反思能力和广博的学识，他对文艺复兴研究的"突破性贡献"，以及"对建筑史重新定义"的价值。我们似乎已经不能把诸如"过去50 年里最迷人、最具天赋的历史学家"（格里高蒂语）[08] 之类的评价，当作意大利人之间的相互吹捧了。

作为新一代塔夫里研究者的代表，里奇极其严肃地批评了席瑞英文版中的翻译问题和大量的细节错误。里奇认为席瑞的翻译过于随意（"自由'解释'塔夫里相对晦涩的段落"），[2]135 个

08 Vittorio Gregotti. The architecture of completion. 见参考文献 [9]: 3.

图5

图5 阿尔伯蒂

人色彩过重，和艾克曼所说的"敏感而精确"相距甚远。另外，里奇以惊人的耐心，在席瑞版中搜寻出数量骇人的错误：拉丁语摘引错误（14 处！）；注释错误（5 处！）。在里奇看来，这些错误是不可原谅的，因为这会给学生转载带来一系列连锁性的后果。令里奇最为不解的是，席瑞将原版前言里塔夫里的大段答谢全部去掉，换上自己的答谢名单。并且，原版扉页的"Questo libro è dedicato a Manuela Morresi"（"这本书献给 Manuela Morresi"）也被去掉，换上"献给 Giusi"：他的孀妻。莫内西（Manuela Morresi）是一位研究文艺复兴的学者，是塔夫里最后十年或者说他去世（1994 年）之前的合作者。

看上去，席瑞版问题多多，但是和塔夫里其他著作的英文版相比，已经算有长足进步。他的《球与迷宫》的导言《历史"计划"》一文中就有不下5 处拼写错误。里奇虽然埋头寻错无数，但也清楚、席瑞的工作的价值是相当大的，能将这一本煌煌巨著翻译出来，已经是功德一件，只有身体力行过塔夫里翻译的人才知道其中的艰辛程度。里奇也明白席瑞的工作是他无力完成的，"我并不想抱怨席瑞令人感动的成就——这是一项我自己很难尝试去完成的任务。"[2]135

另外，需要补充的是，意文原版的反响基本产生在专业的艺术史研究之中。有两篇比较重要的评论：科勒斯（Joseph Connors）的《虚构物的文化》（发表于 *L'indice dei libri del mese*, 1992 年第8 期）；马德（T. A. Marder）的一篇书评（发表于 *The Art Bulletin*, 1995 年第1 期）。两份杂志都是专业的艺术史杂志，作者也都是专业艺术史学家。马德的评论中规中矩，把这本书大概内容浮光掠影地点了一遍。而作为塔夫里的好友与合作者的科勒斯，从各章节内容抽取代表性的细节连缀在一起，铺开一幅令人眼花缭乱的五彩长卷。科勒斯强调出几个问题点：此书和维特科威尔的《人文主义时代的建筑原理》之间的关系；塔夫里对语言学的关注；档案工作的突出成就。较为遗憾的是，科勒斯没有对书中的主题与核心概念进行恰当的梳理——这似乎是所有的评论都自觉回避的。幸运的是，席瑞在其长篇译者导言中对此倾注全力，为我们奉上一篇极为难得的关于《文艺复兴诠释》的观念研究。

一篇比较特别的评论来自塔夫里的亲密战友卡西亚里（Massimo Cacciai），题为“Quid tum”。这是卡西亚里于1994年2月25日在塔夫里丧礼上的致辞。这篇致辞为塔夫里做了一个高度精神化的总结。其中唯一提到的一本书就是《文艺复兴诠释》，而且正如标题所言，卡西亚里表达了阿尔伯蒂（图5）的重要性——“我们的好友，把我们联系在一起的大师”。[09] 在卡西亚里看来，现在如何？这个问题是塔夫里全部工作的动机，因为学术研究实际上等同于挑战自己的生活，因为真正的危机并不在别处，“岌岌可危的正是我们自己的灵魂”。[10]

09 Massimo Cacciari, “Quid tum”. 见参考文献 [9]: 169.
10 同上。

参考文献

[1] Joseph Connors. The culture of the fictious[J]. Casabella, 1995 (619-620).
[2] Andrew Leach. Book Review[J]. Architectural Theory Review, 2006(2).
[3] Manfredo Tafuri. Interpreting the Renaissance: Prince, Cities, Architects[M]. Trans., Daniel Sherer. Cambridge: Yale University Press, 2006.
[4] Carla Keyvanian. Manfredo Tafuri: From the Critique of Ideology to Microhistories[J]. Design Issue, 2000, 16(1).
[5] Manfredo Tafuri. The Sphere and the Labyrinth: Avant-Gardes and Architecture from Piranesi to the 1970s[M]. Trans., Pellegrino d′ Acierno and Robert Connolly. Cambridge：MIT Press, 1987.
[6] Manfredo Tafuri. Theories and History of Architecture[M]. Trans., Giorgio Verrecchia. Cambridge: MIT Press, 1976.
[7] Manfredo Tafuri. Venice and the Renaissance[M]. Trans., Jessica Levine. Cambridge：MIT Press, 1995.
[8] Manfredo Tafuri. Fabio Barry[M]. Trans., Giulio Romano. Cambridge University Press, 1998.
[9] Casabella[J]. Italy: Elemond editori associati, 1995(619-620).

威尼斯工作：阿尔多·罗西与维多里欧·格雷高蒂的城市研究（胡昊，建筑师 胡恒，南京大学建筑与城市规划学院）

图1

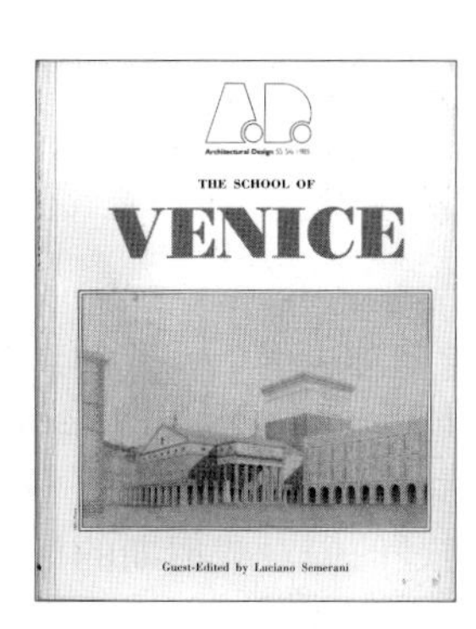

图2

图1 格雷高蒂（左）与罗西（右）

图2《建筑设计》杂志的"威尼斯学派"专辑，1985年5、6月刊。封面是阿尔多·罗西设计的卡洛·菲利斯剧院的透视图

引子

1985年第55期 *Architectural Design*（即《建筑设计》杂志，下文简称"AD"）以"威尼斯学派"（the School of Venice）作为主题，介绍了威尼斯学派在建筑、城市、历史等方面的理论与实践工作。其中刊载了阿尔多·罗西（Aldo Rossi）和维多里欧·格雷高蒂（Vittorio Gregotti）各一篇论述城市理念的文章，以及一篇对学生的课程设计的点评文章。(图1，图2) 在这几篇同时撰写的文章中，两位意大利建筑师都论及威尼斯古城，并针对其当下的城市问题提出自己的观点。

罗西与格雷高蒂同为上世纪中后期意大利建筑师的代表人物。由于年龄相近，他们几乎拥有相同的学习背景与实践环境：都跟随过著名的建筑师欧内斯托·罗杰斯（Ernesto Rogers），并担任过建筑杂志 *Casabella* 的编辑。[01] 更为巧合的是，他们都在1966年出版了成名作（理论著作）：罗西出版了《城市建筑学》（*L'ar-*

01 阿尔多·罗西1931年5月生于米兰，1959年毕业于米兰理工大学（Milan Polytechnic）建筑学院，1961年担任 Casabella 杂志的编辑，直至1964年罗杰斯被解除杂志领导职务为止；他随后分别在阿雷佐、威尼斯、米兰以及苏黎世任教；1990年获得普利兹克建筑奖，1997年9月辞世。维多里欧·格雷高蒂于1927年8月出生于诺瓦拉，开始在米兰音乐学院学习音乐，后转至米兰理工大学学习建筑，并于1952年毕业；随后进入BBPR建筑工作室工作学习；1946—1947年曾担任 Domus 杂志编辑，1955—1963年担任 Casabella 主编一职，其间曾与罗西共事；1963年成为"63小组"（Gruppo 63）的成员，1968年与理性主义建筑师吉诺·博里尼（Gino Pollini）一同进行建筑实践，1974年成立格雷高蒂国际建筑设计公司并运行至今。

图3

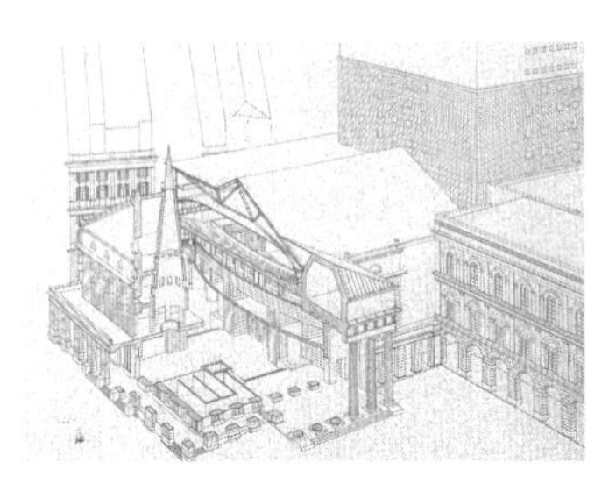

图4

图3 阿尔多·罗西，卡洛·菲利斯剧院方案，透视图，1983 年

图4 阿尔多·罗西，卡洛·菲利斯剧院方案，门厅剖轴测图，1983 年

chitettura della città)，格雷高蒂出版了《建筑的场域》(*Il territorio dell'architettura*)。当然，不同方向的理念，使得他们的建筑实践迥然相异。这期 AD 杂志为我们提供了一个平台：通过他们对威尼斯的论述（观念），以及在威尼斯的设计与教学（实践），我们可以对这两位同代的意大利建筑师进行比较。以同一空间——既是威尼斯，也是这一期刊物——为基准，当代意大利的两种标志性的城市理论，以及它们的关联与差异，就呈现在我们的面前。

论文的态度

罗西的文章题目为《应该对旧城做些什么？》(What is to be Done with the Old Cities?)。他以热那亚（Genoa）的卡洛·菲利斯剧院（Carlo Felice Theater）重建项目为案例，(图3，图4)论述了如何对待旧城以及其中的建筑。

罗西认为，旧城的城市环境应当得到尊重，但是这并不意味着维持破旧、贫穷的形象，而是要保留旧城中的“纪念物”(monument)并以这些“纪念物”为参照来建造城市，“纪念物”的功能会随时间而变化，但是其象征性不会改变，它是一切城市活动的出发点。“这些固定点（纪念性建筑）是我们理解历史的另一种方式，也是支撑我们工作的合理原因；它们是城市和建筑的基础。我指的是围绕固定特征要素展开的建筑的逻辑建造。旧城为新建筑提供了重大机遇。如果没有它们，我们就必须重新面对整个建筑学意义的问题。而现在，我们能够以这些固定点为参照物，就像将它们放置于光滑的无限的面上，逐步将建筑融入新的事件。”[1]22

文章的最后，罗西强调，对于威尼斯，他更愿意让它成为一个“纪念物城市”(monument-city)，而不是一个适合于人居住生活的城市——它的居住性必须被“快速地丢弃”[02]。在时代的不断变化中，这一“博物馆城市”(museum-city)将成为一种“奇特的固定资产”，“如同大教堂中的宝藏”，它是一个精确的参照物。另一方面，从城市的现实状况来看，“纪念物”是一种延续中的营造，新的与旧的“纪念物”可以共同融入城市的构成，创造出源源不绝的“集体事件”。城市的灵魂因此得以留存。

罗西的逻辑很清晰。第一，旧城在改变；第二，维系“改变”的稳定性并具有参照性的，不是那些普通的“老房子”，而是“纪念性建筑”；第三，“纪念性建筑构成了我们正在经历的曾经，也形成了我们可以清晰瞥见的未来，而这种经历只能通过形式（或建筑物）的建造获得”[1]22；第四，这些形式具有特定的风格，不是所谓的“浪漫主义”，而是“一种更有力的形式，它可以承载多种感觉，将我们与建筑联系到一起，并且还可能自发地做出连续的变化”。[1]22

卡洛·菲利斯剧院的重建设计是对该理论的验证。罗西复原了低层部分的建筑外观，多立克柱式门廊重新矗立在加里波第广场(Piazza Garibaldi)前。入口门厅的正上方被置入一个锥形的采光井，它穿透各个楼层并直通屋顶。在低层部分一侧，高起的塔楼容纳了舞台上方的各种器械，它在立面上分为三段：下段饰以与低层部分相同的石材贴面，暗示了被摧毁前舞台体量的高度；中段饰以粉黄色抹灰；上段则是一个被放大了的深色出挑檐口。这个檐口是一个符号，它向城市展示了卡洛·菲利斯剧场作为一个“纪念物”重新出现在人们的视野里。

罗西指导的学生作业是该理念的“教学”版。他让威尼斯建筑学院的学生对威尼托地区最具代表性的城市广场做了一个全面盘点，包括：圣马可广场、布拉广场(Piazza Bra)、弗路塔广场(Piazza della Frutta e delle Erbe)、维罗纳领主广场(Piazza dei Signori in Verona)、领主广场(Piazza dei Signori)、香草广场(Piazza delle Erbe)、比亚维广场(Piazza della Biave)、维琴察马泽欧广场(Campo Marzio in Vicenza)以及帕多瓦马莱广场(Prato della Valle in Padua)。这使学生们可以了解广场和广场的形态学定义，以及广场在不同历史阶段城市中所扮演的角色。(图5，图6)

学生们为每个广场及整个广场系统制定了卡片索引，然后将

02 “我不相信如何让威尼斯适于居住是问题所在。相反，我相信真正的问题在于，我们应该如何快速地丢弃它，或是快速地转变它的各项功能，并将它变成一个像阿尔罕布拉宫或克里姆林宫那样的纪念性的城市。一方面，对于处在不断变化的国家中的某一区域，我们可以将博物馆般的城市视作一组愈发精准的参照物，一项奇特的固定资产，正如大教堂中的宝藏一样。另一方面，在大型现代城市的都市构成中，我们可以将旧的纪念物视作新城市中的固定点，将它们混杂并完全融入到新的纪念物和集体事件之中。”参考文献[1]：23.

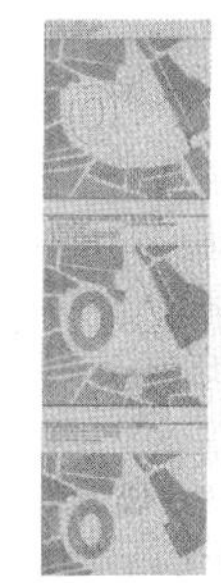
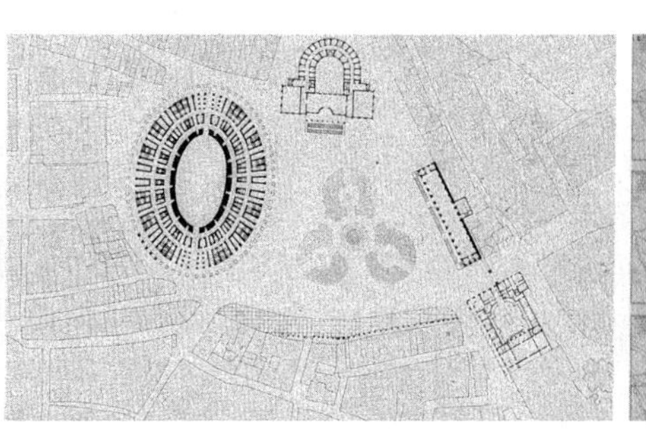

图5

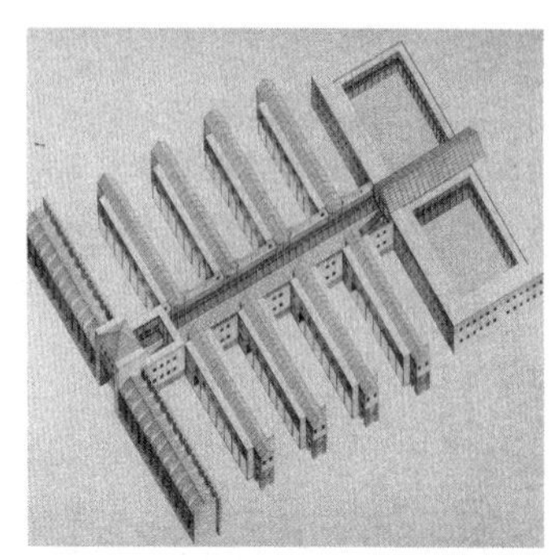

图6

图5　罗西指导的学生作业，布拉广场项目总平面图

图6　罗西指导的学生作业，轴测图

关注点集中到构成广场的具体建筑上。他们根据建筑的类型以及建筑在广场中所处的位置对广场加以分类。他们列出的类型要素，在广场边界内的包括：①围合建筑；②基本建筑；③线性开敞建筑；④进入的方式。广场中心区域的典型元素是中央建筑。位于广场边界之外的类型要素包括：①超出边界的建筑；②多个建筑之间的关系；③广场的结构轴线。最后，布拉广场和维罗纳的奇塔代拉广场（Piazza Cittadella）被选来用于课程的终结阶段——重新规划设计。在这一从调研到分析再到筛选以及再设计的长时段过程中，“纪念物”理论的各项细节操作都得到探讨。

与罗西的历史考据风相比，格雷高蒂的人类学模式另有一套理论建构。他的文章名为《场域与建筑》（Territory and Architecture），以卡拉布里亚区大学（University of Calabria）建筑规划设计为例，（图7，图8）提出了人类学视角的“聚居地”（settlement）理念。

在这篇文章中，格雷高蒂重新审视自然，认为建筑必须通过某种方式对地理环境作出回应，才能够与环境真正契合。“改造”（modification）是这种方式的实质。它不仅是在土地上进行建造，也是通过与土地、物质环境的接触，将自然视为一个整体的理念，建立起原始的符号创造行为。通过“改造”，“场地”（place）转变为“聚居地”。而且，借助“modification”的语源学词根modus（方法、态度），“改造”又与“度量”（measure）概念联系起来，用几何学来操控物质世界。

卡拉布里亚区大学的新校区建立在“聚居地”概念上。一条水

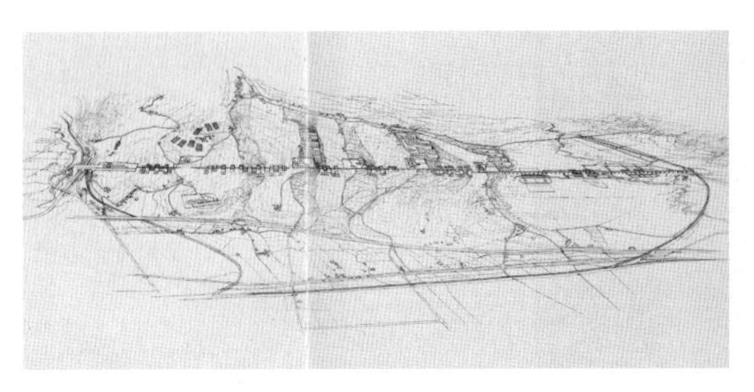
图7

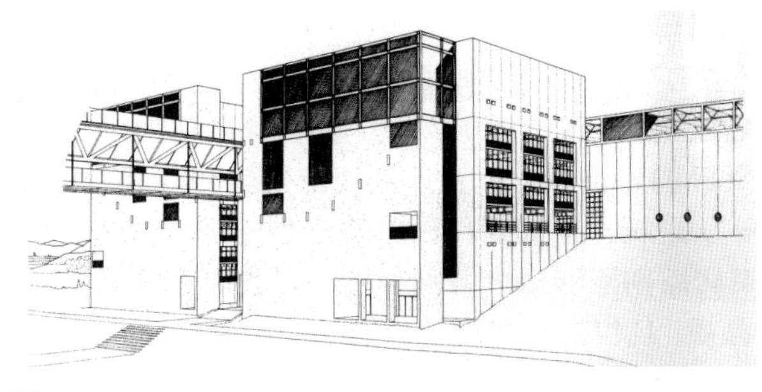
图8

图7 维多里欧·格雷高蒂，卡拉布里亚区大学方案鸟瞰图，1974 年

图8 维多里欧·格雷高蒂，卡拉布里亚区大学方案局部透视图，1974 年

平轴线横贯整个山谷，作为水平交通体系，连接起轴线两侧间隔布置的建筑体块。所有体块都被控制在一个以25.20 米 ×25.20 米为单元的方格网内，并在同一海拔高度上保持一致，创造出一个极有秩序的形体序列。这个与山谷形态形成强烈反差的直线序列，通过重复、间隔的建筑体量实现了对地貌（landscape）的"度量"。

格雷高蒂在课程设计的点评文章中，表述了对威尼斯的看法。他认为威尼斯的某些突出的城市问题（特别是运营困境问题），应该归咎于潟湖（Venice Lagoon）区域与大陆间的"通达性"（accessibility）不够合理。(图9，图10)他提出，应该在梅斯特雷（Mestre）地区与威尼斯潟湖的场域（territory）之间建立起更多的联系，同时也要考虑到潟湖独特的自然地理特征——"屋檐"（确定了湖面宽度的整个带状边缘地区）的重要性。格雷高蒂在系统（群岛）、边界（"屋檐"）、交汇点（运河出口）、层级（内陆与潟湖的聚居差异）等概念中寻找解决"通达性"问题的路径。在此，自然是功能性

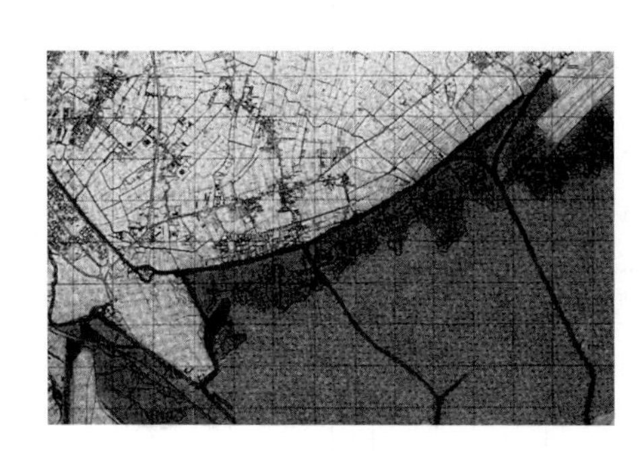

图9

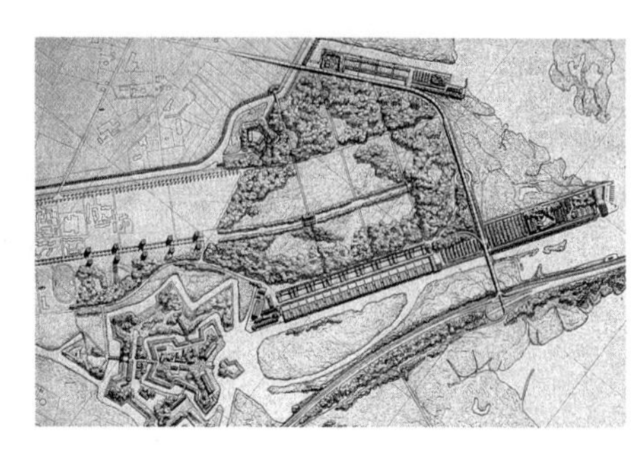

图10

图9　格雷高蒂指导的学生作业，潟湖及渗透其中的水道

图10　格雷高蒂指导的学生作业，总平面图

的，环境有着形式的现实。建筑的尺度关涉到场域的尺度、环境的尺度；它度量着全部的物质环境。格雷高蒂认为，"聚居原则（一种顾及文脉的建筑行为以及评判规范）是将不同的行为结合在一起的'线索'，是统一全部操作程序的核心要素，以及诠释整个方案的关键。聚居原则能够适应各种环境；它的优点在于呈现单一项目的独特品质，且包容其多样性。"[2]36

这篇讨论威尼斯的短文，完全没有提到"历史"这个词。对格雷高蒂来说，历史已经自然化了，溶解为环境的一部分。地理这个概念涵盖的面与层次更大，是建筑要回应的对象。正如他在《场域与建筑》一文中所说的："历史的客观本质就是在我们周围已经形成的环境，是将其自身转变为可见事物的方式，是深度（depth）与意义（meanings）的结合——它们的差异不仅在于环境所呈现出来的样子，更在于它在结构层面的含义。环境是由自身历史的印记构成的。因此，如果说地理（geography）是历史印记凝固并层层累积后产生出的一种形式，那么建筑有必要通过形式的转变对环境的文脉本质给予回应。"[3]28 在格雷高蒂眼里，威尼斯只是一个中性的结构，一种现实的地理模型。建筑的介入，就是在现有的形态系统与功能系统之间创造更好的连接，建立起"第二重现实"。

威尼斯实践

罗西与格雷高蒂都在威尼斯进行过建筑实践。尽管方案大多没有建成，但是对两人来说，这是一块天赐的场地。前者的"纪念物"理论与后者的"聚居地"理论，都能在此得到检验。

图11

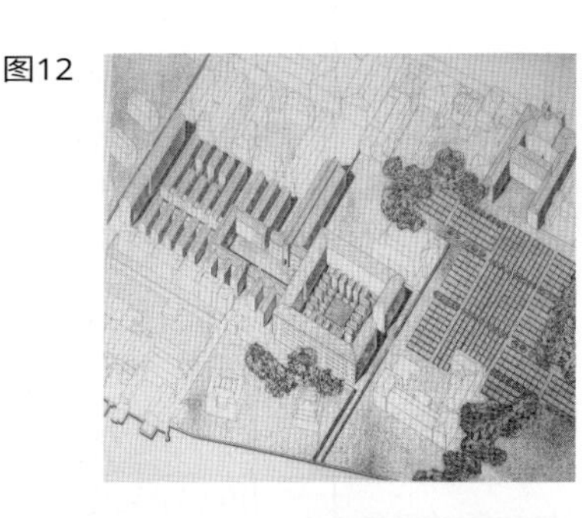

图12

图13

图14

罗西在威尼斯最负盛名的作品是1979 年的世界剧场（the Teatro del Mondo），一个临时性的水上剧场。（图11）建成的非临时性作品有两座：一个是1988 年设计的朱提卡岛（Giudecca）上的居住建筑，另一个是1996 年被再次焚毁的费尼契剧院（Teatro La Fenice，即凤凰剧院）的重建项目。

世界剧场是1979 年威尼斯双年展的一部分，亦是罗西在威尼斯的第一个设计。这座小型剧场以简洁的方形为主体，两侧附有高挑的楼梯，蓝色八角锥形尖顶覆盖在主体之上，集中式的尖顶与威尼斯以及其他意大利城市中的建筑穹顶（即城市"纪念物"）相类。剧场表面的木质材料不仅是临时的功能需求，亦是对于威尼斯特有的木船（gondola）以及海上木制房屋的追溯。[03] 同时，它也具有威尼斯所有构筑物的特征——漂浮于水上。罗西试图通过移动的方式使这个临时水上剧场进入城市。它从弗斯纳（Fusina）造船厂沿着河流被拖运至威尼斯，与沿途的风景组成了短暂而和谐的景观，确实与城市甚至世界融为一体。

朱提卡岛上的居住建筑是罗西1985 年马尔特广场（Campo di Marte）重建工程竞赛的后续。（图12~图14）在这次竞赛中，罗西指出，

图11 阿尔多·罗西，融合在威尼斯城市中的世界剧场，1979 年

图12 阿尔多·罗西，马尔特广场重建竞赛布局，1985 年。右上角为"纪念物"圣母玛丽亚教堂

图13 阿尔多·罗西，朱提卡岛上的居住楼方案，1988 年

图14 阿尔多·罗西，朱提卡岛上的居住楼，庭院透视

03 木质表皮也与在罗西的美国之行中给他留下深刻印象的木制灯塔有关，后来灯塔成为罗西的绘画和设计元素之一。

场地边缘的具有帕拉第奥特征立面的威尼斯圣母玛丽亚教堂（Le Zitelle，正式名称为 Santa Maria della Presentazione）是一个重要的“纪念物”，应该围绕这个“纪念物”进行马尔特广场的规划设计。教堂的正立面成为朱提卡岛沿海岸连续立面的焦点，教堂后侧的体量分为两翼向内陆延伸，与朱提卡岛上大部分房屋南北向布置的特点保持一致。罗西认为教堂开敞的两翼是这一地区未来建设的参照。[04] 在这次竞赛当中，罗西遵从南北向的街道与建筑布局，将整个规划分为三个不同的区域：半围合、围合、围中围。三种不同的布局形式，正如罗西所说，把这一地区整合成一个“更为复合的体系”（a more complex system）。[4]144

1988 年的居住楼设计在规模上简化了许多，它是罗西在威尼斯亲自监督完成的唯一一座非临时性建筑。这座四层居住楼延续了 1985 年竞赛的设计思路，两个体块呈南北向平行排列，北侧由横向连廊连接，中间围合成庭院。建筑的主体立面由粉红色抹灰饰面，三层与顶层之间由出挑的檐口分隔，屋顶以拱形蓝色金属覆盖。水平方向上，连续的立面被两个突出墙面直达屋顶的楼梯间分隔为三部分，楼梯间为红砖表皮饰面。两个形体简洁的楼梯间凸显于建筑立面，颇具纪念性；檐口以上的第四层与淡蓝色拱形屋顶将建筑与天空联系起来。[05] 这座居住建筑在罗西的作品当中并不突出，但它充分体现了其“旧城”理念——南北向布局呼应着“纪念物”（圣母玛丽亚教堂）的指示，创造出一个岛上的“城市广场”，并在东西向与相邻建筑围合成另一个小“广场”。除此之外，建筑也有诸多历史暗示：圆拱形屋顶是对帕拉第奥的维琴查巴西利卡的呼应（在威尼斯有不少圆拱屋面的公共建筑），三段式立面，墙体分割线，精致的檐口。虽然只是再普通不过的住宅楼，但这栋楼也有着成为新“纪念物”的企图。

1997 年的费尼契剧院重建方案是罗西在威尼斯的最后一个项目，[06] 且很有可能是罗西的最后遗作。[07] 它与卡洛 · 菲利斯剧院重建设计的理念一致，甚至更具野心。(图15)

罗西认为，即使无法再现过去的历史与个人的印记，重建城市的“纪念物”费尼契剧院仍然是必要的。他复原了从19 世纪存留下来的建筑外观与观演厅的风格，并对局部空间进行了调整。(图16)此外，他在新闻发布厅（Sala Nuòva）做了新的尝试——将一个木制的（帕拉第奥设计的）维琴查巴西利卡的立面模型置于房间的一面墙前，作为讲台的布景。历史片段（文艺复兴的记忆）直接被植入建筑之中。

04 1982 年，罗西曾为圣母玛丽亚教堂做过改造设计。他在三面围合的后院中加入了一个八角形柱体，其顶部像世界剧场一样是一个八角尖锥，他称这一设计为“The Venetian Frame”。

05 可能由于经费原因，这座建筑在实现的过程中有所修改。方案透视图显示：建筑立面在垂直方向上分为三段，底层为石材饰面，以上为红砖饰面，出挑的檐口将中间两层与顶层及屋顶隔开。水平方向上，两个凸出的楼梯间以浅色抹灰饰面，作为与主体的区分。连接体量里包含一套住房，体量厚重，底层正中门洞朝向内院。

06 费尼契剧院是欧洲最著名的剧院之一。1774 年，威尼斯当时主要的剧院圣贝内代托剧院（San Benedetto Theatre）被大火焚毁，为示纪念，1792 年重建的剧院取名“凤凰”，寓意在烈火中涅槃重生。然而这座被寄予希望的剧院在1836 年再度遭受严重火灾。1837 年，由托马索（Tommaso）和乔瓦尼 · 巴蒂斯塔 · 梅迪纳（Giovanni Battista Meduna）组织的建筑团队重新修建了费尼契剧院。1996 年，威尼斯的两名电工为逃避因拖延线路修复工作而欠下的债务，故意纵火，使得费尼契剧院再一次陷入火海。

07 凤凰剧院与罗西的命运交织在一起。1997 年，罗西在生命的最后一年完进行了这座剧院的“重生”设计，尽管他没能亲自完成设计，但2001 年开始的重建工作依然按照罗西的方案执行，直至2003 年末结束。这座剧院的重生是对罗西的纪念，也是威尼斯不死涅槃的象征。

图15

图16

图15 1996 年被焚毁的费尼契剧院，不远处是圣马可广场的钟塔

图16 阿尔多·罗西，费尼契剧院重建方案模型，1997 年

一幅建筑剖面图清晰地展现了罗西的意图。(图17)说起来，这张图更像是一系列建筑立面拼贴而成的城市空间图像。画面左侧起始是剧院的正立面，经过入口门厅向内部延伸进入新闻发布厅，一座木制双层帕拉第奥母题立面展现于大厅一端，在天光的照耀下显得隐秘而神圣。接着是巨大观演厅空间的侧面与舞台的正面，舞台中央的布景中隐约可见圣马可广场上的总督府与石柱。(图18)最后则是高起的舞台布景设备空间，三组连续的尖券组成了这一空间的底层立面。正如罗西所说，这幅绘画表现了“一个在历史与想象之间的世界”。[4]423 绘画中的拼贴处理让我们联想到卡纳莱托（Giovanni Antonio Canaletto）的一幅名为“城市幻象”（Capriccio Palladiano）[08] 的绘画与罗西的“相似性城市”（the Analogous City）。[09] 它们都是通过某种特定元素，在建筑与城市及历史间建立起稳固的关联。并且，借助这面帕拉第奥母题立面墙，罗西进一步在这座建筑中创造了一个“内在的城市”，[5]8 再现了一个“威尼斯的世界”。[4]423

面对历史，格雷高蒂与罗西的观点几乎完全相反。格雷高蒂在一篇文章《两座城市》（Two Cities）的开头谈道：对于威尼斯老城一般有两种不同的策略，一种是将其视为一座“作为博物馆的

08 在这幅绘画中，卡纳莱托将帕拉第奥的三个作品置于同一画面中：维琴察的巴西利卡、威尼斯的里阿尔托桥（Ponte di Rialto）方案、奇埃里卡蒂府邸（Palazzo Chiericati）。同时，画中出现了威尼斯的冈多拉木船。虽然这幅绘画并没有表现为现实城市中的某一处景观，但是观者仍然会感觉到这就是威尼斯。罗西曾引用这幅画来说明其“相似性城市”的观念。

09 “相似性城市”是罗西在1976 年威尼斯双年展上的展览作品。

图17

图17 阿尔多·罗西，费尼契剧院重建方案草图，1997年

图18 费尼契剧院，新闻发布厅内的帕拉第奥母题立面

图18

10 这篇文章是格雷高蒂作品集中一个章节前的引言，作为对其作品的概括与总结，题目"两座城市"分别指项目比较集中的威尼斯与柏林。参考文献 [6]：101.

城市"封存，另一种是"在不同的城市和场域框架下重建中心地区"。[10] 格雷高蒂认为第一种方式是对城市的"戏剧性的伪装"，它满足了游客对威尼斯的想象，却无法解决城市日常生活的各种问题（靶子对准了罗西）。

格雷高蒂的策略是第二种。他认为，威尼斯首先是一个当代城市，它应该成为一个更广泛的城市区域的中心，从梅斯特雷到潟湖的外河道，从利多（Lido）到各个岛屿城市，各个地区形成互相协作的整体，且对各自的环境加以改进。合理的功能配置是城市运行的必需条件。格雷高蒂在威尼斯的设计实践包括1980年的威尼斯修船厂改造设计(图19)、特隆凯托岛（Tronchetto Island）通达性研究与详细方案、1981—1994年的卡纳雷吉欧区住宅区设计（建成）(图20)以及1990年的威尼斯旧城港口区域重建计划。这些项目都专注于城市交通系统的改进。

1980年完成的威尼斯修船厂改造设计同样位于朱提卡岛上，与罗西的住宅区地块相距不远。格雷高蒂保留了场地上一些有价值

图19

图20

图19 维多里欧 · 格雷高蒂，威尼斯修船厂改造设计方案，鸟瞰图，1980 年
图20 维多里欧 · 格雷高蒂，卡纳雷吉欧区居住区设计，鸟瞰图，1981—1994

的旧建筑。这里的价值不是指建筑单体的艺术性，而是指它们在城市中是一个整体。例如，场地北侧沿岸的几座建筑，构成了朝向威尼斯主岛的沿岸立面，格雷高蒂保留了这几座建筑的外观，对其内部进行改造。不同的功能分散在相互独立的建筑当中，四座主要的建筑分别靠两侧布置（东北角上的长条建筑为旧建筑改造，其余为新建），[11] 形成了整体南北向的空间格局，中间空出狭长的广场，一道东西向的长廊将四个建筑分开，宽敞的方形开口直通海面。四座建筑互成一定的角度，贴合复杂的场地边界。丰富的外界面并非为了与圣马可广场遥相呼应；它的位置才是重点——它是运河的出口，一个“交汇点”，一个“连通的时机”。它的内部界面与元素的多样，与历史延续无关，而是为了表现出“内陆的城市聚居区与潟湖聚居区的联系”的“高度的差异性”。[2]36

1981—1994 年完成的卡纳雷吉欧区（Cannaregio）的一处居住区设计，是格雷高蒂在威尼斯实现的唯一项目（巧合的是，罗西在威尼斯唯一的建成项目也是居住区）。（图21）设计之初，格雷高蒂

11 三座新建建筑虽然规模较小，但各自特征鲜明。其中西南角的工作车间就像卡拉布利亚区大学一样，是由统一的结构空间单元组成的建筑整体，每个单元以 15 米 ×15 米为模数，结构完全独立。虽然这几座建筑各具特色，但本文着重于探究这一方案的城市意义，所以对建筑本身不予过多讨论。格雷高蒂对建筑“秩序”（order）的理念深受路易斯 · 康（Louis Kahn）的影响。格雷高蒂说道：“秩序是事物特有的结构，虽然我们会发现这种秩序是很多叠加的秩序互相关联的结果。对于一个项目来说，秩序是构成建筑物、挑选并组织组成元素的法则；秩序也是计划之中的新的意义系统，通过这个系统我们会看到以一种新的方式规定的世界。”参考文献 [6]: 8.

图21 维多里欧·格雷高蒂，卡纳雷吉欧区居住区鸟瞰

图21

先确定了与场地相关的两处城市空间：从北侧的卡纳雷吉欧运河河岸向南延伸的空间肌理，以及从东侧的西班牙长街（Lista di Spagna）接过来的街道。格雷高蒂对南北向空间结构进行加强：北侧的新建筑沿已有的建筑走向布置，几条南北向的巷道（calle，特指威尼斯的狭窄街道）在方向与尺度上也得到补全，最终与林戈广场（Campo Lingo）相连。场地东南角的端部，建筑体块并排形成一个中间庭院，这个庭院接上西班牙长街的延伸巷道并向西直至林戈广场，最南侧的巷道经由一个两层高的室外柱列空间也汇聚于此。林戈广场是一个"交汇点"，对原来分散、间断的城市空间进行了重新组织。[12]

12 在设计图纸中，这一空间具有更为独立的空间特性：矩形的平面正对 Rio della Crea，小广场正中有一个正方形平面的构筑物，使这一空间具有更加明显的空间识别性与控制能力。

建筑比罗西的那座住宅楼要朴素许多，橘红色涂料饰面、方窗、黑色窗框以及白色简化檐口，平凡到无特征的程度。显然，它没有成为"纪念物"的企图。建筑，在此是一种度量——正如《场域与建筑》里所言，度量就是"竖起一道墙，建立起一种围合，明确这一领域，制造出一种密集的相互连接的内部空间，它对应的是行为的片段化与差异性。一个简单的室外空间可以成为对更广阔、更复杂的环境的'度量'。"[3]28 确实，格雷高蒂的这几列或连或断的小房子，把支离破碎、尺度混乱的街区环境连缀成一个井然有序的系统。如果在交接的几个街道来回走动一番，可以看出，某种"聚居区"已然成形。这些小房子并不

像新的介入元素，它们似乎在街区出现之时就已存在。

格雷高蒂外科手术式的城市机能诊断与低调修补，与罗西英雄主义式的“纪念物”思路南辕北辙。回顾罗西1985 年马尔特广场重建工程竞赛的建筑布局，我们会发现，罗西采用的三种布局形式，与其说是与圣母玛丽亚教堂之类的历史参照物相对应，还不如说是他钟爱的肋骨式布局在起诱惑作用——它与摩德纳墓地方案中的布局非常相似。这里，建筑的自主性仍是核心。

历史的意义

两种城市态度，两种实践模式；两个建成的居住区，两个未建的公共建筑方案（凤凰剧院在罗西去世三年后才施工）；都在威尼斯建筑学院开设城市研究的课程，都在 AD 的“威尼斯学派”专辑上撰文——该专辑里只有他们两位作者各自撰写了一篇理论概述以及一篇课程点评。在同一空间（威尼斯）里，罗西与格雷高蒂频繁同时出现，构成一对逆行的平行线。在意大利，“成对”的建筑师现象一直有其传统，从文艺复兴的马丁尼（Francesco di Giorgio Martini）与佩鲁齐（Baldassarre Peruzzi）、小桑迦洛（Giuliano da Sangallo）与桑索维诺（Jacopo Sansovino），到现代的萨蒙纳（Giuseppe Samonà）与斯卡帕（Carlo Scarpa）。分岔又合流，逆行又统一，是意大利建筑复杂的内在动力的常见表现。

罗西与格雷高蒂两人的历史观看似针锋相对，实际上不乏共通之处。它们都是战后一代建筑师反思历史原罪的结果。罗西站在未来的位置看待过去，当下的工作是将场所的某种不变的元素呈现出来，它超越时间，将过去与现在以及未来连接在一起。格雷高蒂则视历史为中性的存在，它被时间消化为物质环境的组成部分，成为“屋檐”的某处折线，或者地面的一块起伏。他们都不再将历史当作沉重负担，都将眼光投向未来，投向更为普遍的世界。对于罗西，威尼斯等于阿尔罕布拉宫或克里姆林宫。对于格雷高蒂，威尼斯与卡拉布里亚区大学校区所处的科拉第河（River Crati）平原并无二致。

威尼斯似乎也成了一个超然的所在。它宽宏地给了这两位“逆行”的建筑师以实践自我的机会，勾画出当代意大利建筑史的一幅小小的马赛克拼图。它还顺便见证了这两位建筑师的“秘密”友谊：格雷高蒂在卡纳雷吉欧区的几幢住宅楼上设计了略有装饰性的圆角柱——特别是卢宫广场（Campo Lungo）正对着的小房子，独立的角柱非常显

图22

图23

图22 维多里欧·格雷高蒂，卡纳雷吉欧区居住区，卢宫广场

图23 斯福扎公爵府邸

眼，成为小广场的焦点。(图22)它颇似格雷高蒂向罗西打的一个招呼。因为罗西的标志性手法之一，就是巨大的独立式"角柱"。而且，独立圆角柱也是威尼斯的历史符号，比如小运河边上的斯福扎公爵府邸（Ca' del Duca），由文艺复兴著名的佛罗伦萨建筑师菲拉里特（Filarete）设计，小巧精致的钻石墙面残片与多立克角柱，在大运河与小运河的交叉口处，被水面映衬得流光溢彩。(图23)像那期 AD 杂志一样，角柱也将罗西与格雷高蒂再次汇聚在一起。

参考文献

[1] Aldo Rossi. What is to be Done with the Old Cities?[J]. Architectural Design, 1985(05-06): 19-23.

[2] Vittorio Gregotti. Project for the Venice Lagoon: A Student Thesis[J]. Architectural Design, 1985(05-06): 35-39.

[3] Vittorio Gregotti. Territory and Architecture[J]. Architectural Design, 1985(05-06): 28-34.

[4] Alberto Ferlenga. Aldo Rossi: The Life and Works of an Architect[M]. Cologne: Konemann, 2001.

[5] William Higgins. The City Within: Aldo Rossi and the Art of Architecture[J]. 世界建筑导报，1997(04): 8-10.

[6] Joseph Rykwert. Vittorio Gregotti & Associates[M]. New York: Rizzoli, 1996.

附

应该对旧城做些什么？(阿尔多· 罗西，意大利建筑师 王丹丹 / 译)

如今，关于旧城的争论已经超出了传统的历史中心问题的范畴，转向具体的建筑问题；而面对保护或摧毁所有旧城遗存的迫切需求，现代建筑希望通过合理渐进的替换过程将新元素引入旧城的梦想也已经受到了阻扰。城市动态的客观进程始终威胁着旧城的生存，同时也揭示出现代建筑的诸多不足之处，这为那些想要保留旧城市环境的人提供了争论的话柄。

由此，我们的社会现在似乎接受了这样的理念，即：拯救意大利或欧洲的旧城并绝对尊重旧城市环境是非常必要的。然而，每个人都知道并且能够看出这一计划的可能性有多小，能够对真实情况做出的回应有多少。(颜色和斑驳外观都在崩落和改变的)小型建筑物、老旧的结构和深受人们喜爱的老式房屋构成了原有的环境，这样的环境正在变成别的样子。在意大利，这样的变化部分归功于 Sovrintendenza(一个与纪念物和高等艺术有关的政府机构)出于善意举行的活动；这个机构的存在非常有必要，因为每个人都知道，即使只对关注对象的表层抹灰稍作改动，通常也意味着这种改变不受欢迎。就这样，城市在我们面前发生着改变。

此外，如果我们脱离了实践，就会忘记如何评判旧的城市环境，因为旧环境通常仅仅提醒我们以前的贫穷，那是人民苦难的可贵证明；这样看，洛迪(Lodi)或米兰洗衣女工在运河边的房子可以被保留下来作为这段心酸史的博物馆，与之类似的还有南部农场和人口稠密区的住房、那不勒斯的地下室贫民窟和热那亚的小巷。无论我们对其采用何种措施，都需要时间让其陈旧和黯淡的形象消失。想想卡夫卡对布拉格旧犹太区的陈述："今天，我们行走在重建的城市街道上，但我们的双腿和双眼却无法确定。我们仍然从内心觉得恍若行走在昏暗的老街上。任何进步都还未深入我们的内心。过往邋遢的犹太人社区似乎比现在我们周围卫生的现代城市更加真实。"

我相信，当昏暗的老街形象完全在我们心中消失，我们同样会失去这些地方蕴藏的美感。难道我们没有已经仅将威尼斯的犹太人区看作一个荒凉之地、一个尴尬之地，以此来吸引旅游者吗？但是，即便我们脱离开这个悲惨的城市背景，还是会碰到每个保护工作中数以千计的文化难题，至于关乎实用的难题就更不用说了。例如，以游客为导向的阿索罗（Asolo）、菲诺港（Portofino）和卡尔卡松（Carcassone）的保护之所以被接受，只不过是因为被视作一种建筑学上的发明，它不失浪漫地适应了让时间凝固的城市背景。它浇筑了凝固天才人物最终表达的石膏模型，其实质是一件雕塑。

城市的动态过程破坏了老式的建筑物。习惯、习俗、社会组织、功能和利益无情地改变着旧城的用途和形式。根据新文化标准更新的和根据新技术改变的住所，可以相对更快地进行消费循环：在当前的条件下，老房子的更新没有任何意义，且只能被视作一种精英人士的专利操作。但是实际上所谓的城市环境主要是由房屋构成，因此我们不可避免地会抛弃这种环境，任由它去；众所周知，无论我们对它有什么样的情感，它只是关于个人或群体经验的片段，而非该城市、事件和历史的集体记忆。相反，我们知道，在城市结构中起主要作用的特征要素却保持着稳定，并且始终存在于城市的动态进程中。

对于大多数城市，这些特征要素是指纪念性建筑。

如果我们看看新旧纪念建筑，就能得出唯一的答案来回答下列问题：应该对旧城做些什么？我们应该如何建造新城？答案是，必须保留旧的纪念建筑，并通过一系列的固定点，通过由普通房屋环绕的大型公共要素来建造城市。这些纪念建筑具有比其功能更强大的象征性形式：它们的建造超越了所属的时代，或至少建造于一个特殊的时期。罗马浴场变成了基督教的会堂，戴克里先（Diocletian）的宫殿变成了一座城市，罗马露天剧场变成了伦巴第人（Lombard）集会的场所，阿达罗阿尔德（Adaloald）在米兰城墙边上的罗马竞技场加冕，随后形成了政治活动都集聚于此的传统。

在一些地方，剧院的宏大形式转变成宫殿，而在其他地方，则变成了城堡。纪念建筑在形式不变的情况下可以用于不同的功能和内容。当然，我们应该更好地了解这些关于城市变迁的重大事件的重要性。它们变化的进程以及所承载的意义应该成为城市科学研究的主题。

当然，所有人都能体会到范例的力量。我们以卢卡（Lucca）的圆形剧场为例。这是一个兼作广场、市场和住宅单位的建筑，保留了其作为圆形广场的原始形式：通往多层座位的小楼梯仍然清晰可见。即便是对于形成我们都市经验的现代建筑和现代城市，我们也可以从中挑选出属于它们的纪念性建筑。有时候这些建筑是城市理念的来源，同时也是构架城市发展的基础。密斯·凡·德罗的亚历山大广场（Alexanderplatz）就是典范。这些纪念性建筑构成了我们正在经历的曾经，也形成了我们可以清晰瞥见的未来，而这种经历只能通过形式或建筑物的建造来获得。

如何通过纪念建筑实现城市的建造？这是一个建筑布局的问题，这个问题也许首先是由勒·柯布西耶在当代建筑中明确提出的。他建议拆除旧巴黎，在绿色空间中建造大型建筑。城市的纪念性建筑将布置在这些建筑物之中并被作为城市组成的一部分。在威尼斯，这就像是将圣乔治奥（San Giorgio）教堂、安康圣母教堂（Santa Maria della Salute）、总督宫（the Doge's Palace）和圣马可广场作为三角定位的固定点，在其周围重建城市。

这些固定点是我们理解历史的另一种方式，也是支撑我们工作的合理原因；它们是城市和建筑的基础。这里我指的是围绕固定特征要素展开的建筑的逻辑建造。旧城为新建筑提供了重大机遇。如果没有它们，我们就必须重新面对整个建筑学意义的问题。而现在，我们能够以这些固定点为参照物，就像将它们放置于光滑的无限的面上，逐步将建筑融入新的事件之中。

画家已经理解到城市的这一价值。就像西罗尼（Sironi）的郊区水库一样，德·基里科（de Chirico）关于菲拉拉城堡（Castle in Ferrara）的画塑造了由精确的平面和物体构成的城市景观，通过它，我们可以看到城市组成部分的重复和生长。我这里讨论的方法完全不同于绘画中的拼贴；拼贴会使物体消解于画面的构图之中。

从风格模仿出的一致形式中，从能够引导并确定某种感觉的特定形式结构中，我们能发现一种建筑学的可比较方法。我坚持特定的形式是因为，对我而言，这一形式很具有浪漫主义建筑的意义，并能够带来“复兴”的感觉。正如当今的某些建筑，浪漫主义风格建筑同样由人的心理主宰。我指的是一种更有力的形式，它可以承载多种感觉，将我们和建筑联系到一起，并且还可能自发地做出连续的变化。

那么随后我们需要对旧城做些什么？对于历史的和优美的旧城部分，我们应该要么快速地摧毁，使得纪念性建筑可以在现代城市建设中起主导作用，要么在可能的情况下，将它们全部保留作为博物馆。显然，如果我们能够提炼出纪念物和纪念性城市的真正价值，赋予它们作为博物馆的经济和文化功能，这样的操作方式就可能适用于更大的范围。

我不认为如何让威尼斯适于居住是问题所在。相反，我相信真正的问题在于，我们应该如何快速地丢弃它，或是快速地转变它的各项功能，并将它变成一个像阿尔罕布拉宫或莫斯科克里姆林宫那样的纪念性城市。一方面，对于处在不断变化的国家中的某一区域，我们可以将博物馆般的城市视作一组愈发精准的参照物，一项奇特的固定资产，正如大教堂中的宝藏一样。另一方面，在大型现代城市的都市构成中，我们可以将旧的纪念物视作新城市中的固定点，将它们混杂并完全融入到新的纪念物和集体事件之中。

文献 → Literature

建筑的传统主义和国际主义

（朱塞佩·萨摩纳，意大利建筑师
胡恒 / 译）

为了能够阐明现代建筑运动的精髓，我们必须将现代工业化一并考虑进去。现代工业化赋予建筑以实用性和经济性为主的性质，并使其实现的速度与当前的机械化速度保持一致。由于诸般因素，建筑业已经历了深层、复杂的改变，并且不得不适应由全新的问题所导向的科学主义。

建筑的科学趋势和技术趋势（而今被称为理性主义，这是一个含义广泛的词）现象，不是由某一个特殊建筑运动导致的：它不是一群极端主义者的标志，也不是维奥莱-勒-迪克（Viollet-Le-Duc）描述的建筑学概念。准确地说，它是当代建筑的基本主题之一，是结合建筑与生活的力量，是调解艺术精神、现实以及本世纪的科学趋势三者间矛盾的力量。正是对“理性”方式的追求，为所有现代建筑运动提供了持续的活力。

简而言之，理性主义在形式的综合、提纯及简化中达到顶峰。理性主义将建筑推到一个纯粹的节奏性的表达原则上。当代两个主要的建筑潮流——传统主义和国际主义，正是以理性的综合及简化为特点的。

理性的综合及简化都是当代两个主要建筑潮流（传统主义和国际主义）的特点。二者皆视理性主义为将梦想转化成实体形式的手段，但是它们对理性主义这个概念的解读相差甚远。鉴于传统主义者具有精神平衡的特点，所以，他们比国际主义者或许会更加理性一点。然而，传统主义者并不总能意识到，他们自身具备能够使现实需求适应精神艺术需求的能力。至于国际主义者，可能是因为他们行为的理性几乎完全出于本能，所以有时导致人们将理性视作国际主义的缺点而加以批评。而另一方面，国际主义者在精神上可能不够理性，因为他们都是极端主义者和狂热分子。他们相信只有他们知道理性的秘密，因此他们声称独守秘密是最终衡量美的方法。于是，他们夸大现代生活中的原本非常自然的概念，并且得出一些不论从美学角度还是从心理学角度来看都是荒唐的结论，比如，将艺术从人类精神领域转移到一个非人类的领域、一个极端反表达的远离创造性想象力的领域。

然而，如果仅仅试图在这些理论中寻找现代建筑运动的价值，必然是一个错误。只有通过研究激发建筑师的心理学基础、对比他们创造的作品，才能对现代建筑的趋势进行清楚明确的判断。让我们先来研究国际建筑的两个方面：工业建筑与新建筑向民用建筑的转化；以及一套新的美学原则的出现——它产生自现代建筑与新的城市需求之间的对抗。

最近几年，全世界工业建筑的建造都数以百倍地增加。工业家需要通过宣传来增加其影响力，这催生了一种既美观有时又兼具独创性的建筑。这种建筑被看作是能不断证明工业家重要性的载体。在各个时代，特定风格的建筑物都赋予一个文明以特定的建筑学特征。而今，由于工业建筑和艺术之间的关系发生变化、（传统类型的）伟大建筑需要承载的意义日益衰弱，工业建筑成为所有伟大建筑最广泛的灵感来源。然而，客户对经济效益最大化的渴望，意味着建筑师无法使建筑达到其应有的伟大程度。这就使得建筑构成中两个迥然不同的风格达到一个特定的平衡：所以（横向元素和巨大玻璃墙一起绵延数百米的）充满力度的工业建筑群也能在民用的办公楼、博物馆和现代歌剧院中找到，这些建筑中相同的横向玻璃墙与极高的纵向元素产生强烈对比。这种对比虽然产生了一种新的伟大感，但是从传统观点来看它缺乏平衡，因为它颠覆了古老的、静态的法则，比方说，国际主义建筑将巨大的窗户放置在建筑物的拐角处，而这些地方在过去是实体，用来给建筑物增强力量的展示。

国际建筑的另一个特点在小型建筑、中等租赁房和大批量生产的房屋中体现得尤为明显。因为现代文明倾向于工业性目标，所以对于国际主义者来说，这种较小的建筑也必须表达出一种理想的未来。可是，这些目标从根本上改变了房屋的外表特征——认为它们是受到过去的启发，这一想法似乎是荒谬的。与之相反，一系列全新的美学原则逐渐成型，灵感源于新的动力形式，这种新动力被认为是未来社会最突出的特征和最基本的成分。国际主义者论证道，蒸汽机、汽车、飞机与过去毫不相干，但它们也很漂亮。这纯粹是因为它们自发地适应了物的本质。物中每一个部分都自有其价值，没有哪一个是多余或者无用的。对于国际主义者来说，相比于帕提农神庙，飞机更能给人以灵感。他们认为未来能证明他们的信仰——所有的风格都是荒谬的，用最少的资源造就最大胆的形式，这种科学，将是放之四海而皆准的原则。

勒·柯布西耶（Le Corbusier）就是站在此立场上推崇一种未来社会：一切都将有助于建筑理性主义在逻辑上彻底实现，房屋将会被简化为一种类似于汽车的工具，其美在于工具之美。鲁 - 施皮茨（Roux-Spitz）也站在同一立场上，他写道：”一个新时代将要来临，一种新的国际化建筑将叱咤风云，每个国家的建筑都大同小异，这种建筑的统一性将是数学和智慧的产物。”总而言之，国际建筑这种趋势脱离了日常生活；它只专注于未来且颂扬未来。理论上，它希望将创造性想象力转变成一种人工的脑力创造，而这类由拥有科学构造的大脑所进行的脑力创造和感觉并不相合。它热衷于建筑学和工程学的完美结合。所以，乍一看，干瘪的理论与表述理论的华丽辞藻之间有着天壤之别，这种差距令人好奇。然而，如果我们试图理解语句的含义，就不会对这种奇怪的不和谐感到吃惊，因为在干瘪的数学外壳下面的，是这个运动的灵魂——一种新的浪漫主义。

当艺术和建筑被置于有时自相矛盾且荒诞的未来的时候，这种浪漫主义（的倾向表现得）非常明显——虽然国际主义者声称自己归根到底是理性的，认为传统的多愁善感是浪漫主义的糟粕。虽然他们否认瓦肯罗德（Wackenroder）或者谢林（Schelling）、阿耶（Hayez）或者安格尔（Ingres）的旧式浪漫主义，但这个新运动的核心根源仍揭示了它本质上与旧浪漫主义同根同源。最初的浪漫主义源于两个需求：重新评估艺术；解放创造性过程，使其不仅仅为对启蒙运动的古典传统的模仿。而今，其目的在于解除所有的源于过去的束缚，将想象力迁移到未来。曾经有一段时间，大家重回对能够将自然理想化的美的狂热追求。而今恰恰相反，大家又去努力寻求一种新的艺术形式，这种艺术形式能够自然创作出在遥远的未来可被理想化的物体。“创造性想象力”（creative imagination）已经被“数学的大脑”（mathematical brain）所取代，但本质是一样的：精神正试图打破一门古老学科的桎梏，将其最热烈的赞颂给予未来的处女地。实际上，理性主义者基于数学和科学的艺术思想并非立足于当代生活，而是建立在一种由艺术家自己铸就的新生活之上。这种生活从未出现，但总是竭力营造一个虚幻的未来——在其中，所有现代的可能性都会成倍增加直至爆发。然而，正如旧式浪漫主义者曾经试图为自己打造出一种本性——完全由他们的想象力支配而非植根于现实的本性——一样，现代浪漫主义者如法炮制，其建造物不是为了满足当前的需求，而是基于一种理想，一种面向未来的设想，需要一种特殊的、历时几百年来形成的思想状态。这种与时代格格不入的感觉在19世纪浪漫主义中也很常见。所有那些精神超越所处时代的人，他们感受到的都是这种预言性的幻觉。

既然我们已将国际主义者看成现代的建筑浪漫主义者，那么就真的需要讨论一下精神问题。从这个角度来说，理性主义可能仍属于艺术，但是如果我们仅从字面理解理论（用大脑取代心脏，用推理取代精神），那么艺术将不会存在。只有通过凭借艺术形式而出现的精神思潮，才可能将建筑与工程结合在一起。后人将能够判断这种浪漫主义是多么的健康，其蕴含的理性是多么优于现代生活的工业倾向。我们只能说国际主义的建筑师，与浪漫主义者一样，通过将建筑转化成一种遥远的未来以对建筑理想化，他们认为自己就是这种未来的预言者，其灵感也来自未来。所以，这个运动只能在广义上被称作具有国际性，因为在本质上它是高度个人化的，反映了个体对虚幻未来的诠释——这里，每一个艺术家都必须感受未来，且进行自我诠释。

国际主义者遭到了传统主义者的反对，传统主义者是一群更加冷静、更加深思熟虑的建筑师，他们认为生活就是生活，人应该接受它的麻烦，并且努力在艺术中解决那些麻烦。这些建筑师深信建筑的需求已经改变，由于现代问题具有具体性、适度性和实用性特点，他们努力在现实需求和精神需求之间寻找平衡。这个趋势的基本概念就是平衡，可以称之为古典派，因为它与传统相关联，并不是无效地一味模仿形式，而是在传统中寻求表达。传统主义者的特点就是他们对过去的任何特定时期都无偏好。现代传统主义建筑师回顾过去，是为了某一特定思想状态的具体表达。不管它来自哪个时期，不管是巴洛克、罗马、希腊或是浪漫主义时期，他们都欣然接受。某种程度上来说，这是一种新的兼收并蓄，与学术上的兼收并蓄很不一样。它抱持着这一信念：在艺术中，一个人能够拥有美、高贵和新鲜，但不是通过先锋派的实践，而是通过将其自身的精神注入过去所提供的材料中。简而言之，现代传统主义把过去纯然看作是一种手段，一种有助于个人表达的工具。

图1 朱塞佩·萨摩纳，帕多瓦的意大利银行新总部

从这点来说，相比于国际主义者，传统主义者可能在直面传统上更加大胆。国际主义者认为过去是需要避免的威胁，他们不惜代价要忘掉过去；传统主义者将自己沉浸在过去之中，毫不在意，把过去当作鲜活的材料来操控。更重要的是，他们不拒绝现代的权宜之计，反而经常在工作中使用，就和他们对待传统的方式一样。他们已经设计出许多鼓舞人心的建筑，这些建筑结合了过去的各个方面以及借鉴而来的形式和韵律。例如，它们借鉴了极度现代的工业建筑。（图1，图2）虽然看似无法调和它们之间的矛盾，但如果抓住了赋予传统主义者生机的最显著特

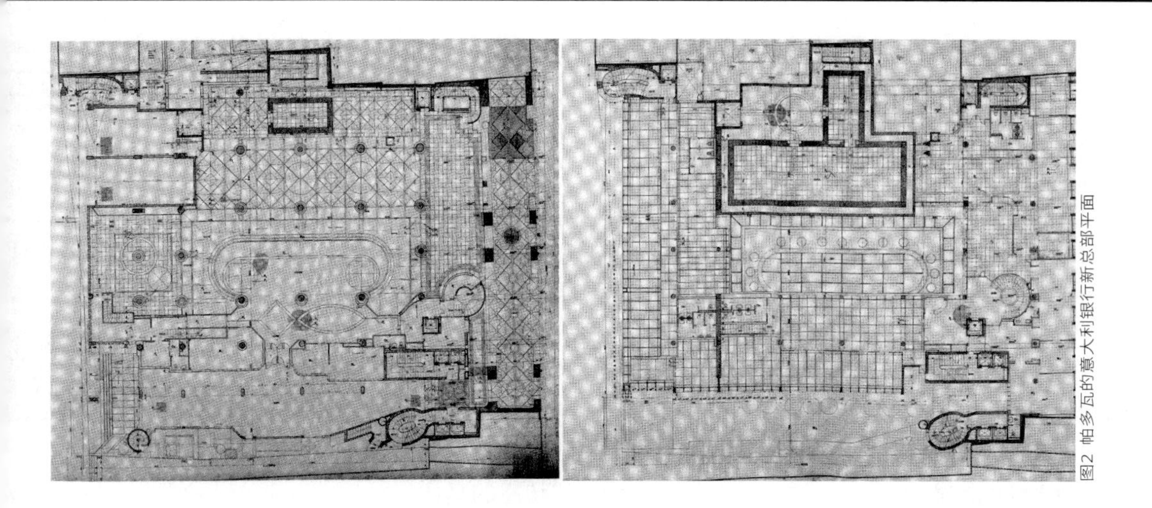

图2 帕多瓦的意大利银行新总部平面

征——他们对尺度的敏感，你会发现实际上并非如此。这种天赋使他们自由地提取过去时期中让我们走到今天的元素，也提取当下最活跃的成分，准确无误。

对早期建筑制图的思考

（克里斯托弗 · 卢伊特博尔德 · 弗洛梅尔，罗马萨皮恩扎大学
黄志鹏 / 译）

现在建筑方案的表现方法绝大部分于16 世纪初就已在使用。文艺复兴的大师们在使用三视图（平面图、立面图和剖面图）的同时也在使用各种类型的透视图，这些透视图绘制技艺之精湛、表现之准确使得后世之作中鲜有可比肩者。[1] 透视图作为一种建筑设计表现方法，从文艺复兴一直延用至今，除了画面风格和表现技巧有所改变之外，可以说无论在宗教建筑还是在世俗建筑的设计中，这项传统都从未真正结束过。当今对建筑图纸的研究显示，远古建筑和文艺复兴建筑之间有非常紧密的连续性，而中世纪时被遗忘的部分建筑设计方法在之后的哥特建筑中又被重新发展起来。[2]

这一过程与建筑的总体发展密不可分。最大的推动力来自两个艺术圈：法国北部的高哥特（High Gothic）以及由乔托（Giotto）开始的托斯卡纳前文艺复兴和早期文艺复兴。罗马建筑也许只需要相当简单的设计过程，但对于对透明性、建造逻辑和金银细丝装饰都十分考究的哥特风格来说，需要的却是日益巧妙精确的方案。在对哥特建筑的表现中，最美的当数维拉尔 · 德 · 奥内库尔（Villard de Honnecourt）于1230 年左右在他著名的草图簿上记录的教堂，这些教堂遍及很多地方。[3]（图1~图3）他不仅绘制了兰斯教堂建筑平面，还把它的内外立面进行了对比。奥内库尔是第一个试图找到建筑内外结构对应关系，并通过视觉轴线和檐口位置把建筑

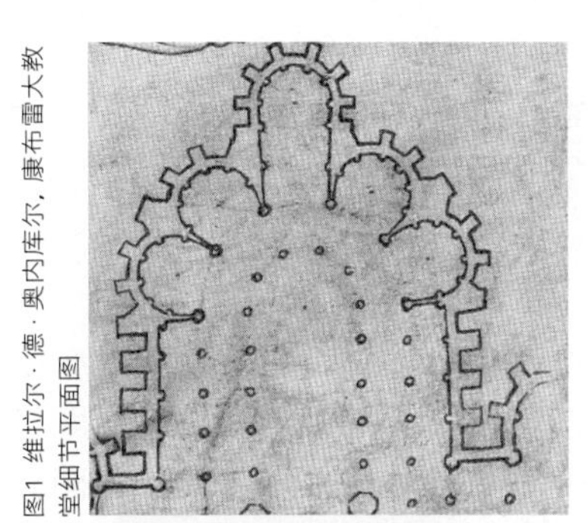

图1 维拉尔 · 德 · 奥内库尔，康布雷大教堂细节平面图

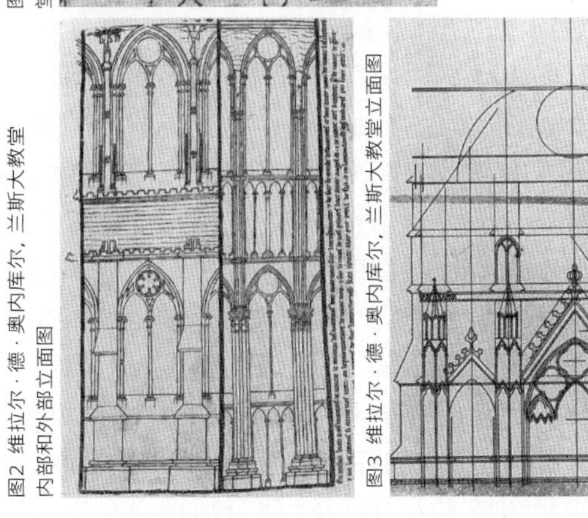

图2 维拉尔 · 德 · 奥内库尔，兰斯大教堂内部和外部立面图

图3 维拉尔 · 德 · 奥内库尔，兰斯大教堂立面图

1 W. Lotz, "Das Raumbild in der italienischen Architekturzeichnung der Renaissance," in *Mitteilungen. des Kunsthistoriscben Institutes in Fbrenz 7* (1956): 193-226; English edition in J. S. Ackerman, H. A. Million, W. Chandler Kirwin, eds., *Studies in Renaissance Architecture*, Cambridge (MA) and London, 1977: 1-65; R. Schofield, "Leonardo's Milanese Architecture: Career, sources and graphic techniques," in *Achademia Leonardi Vinci 4* (1991): 111-157.

2 R. Recht, *Les bâtisseurs des cathédrales gothiques*, Strasbourg, 1989: 227ff. ; W. Müller, *Grundlagen gotischer bautechnik: Ars sine scientia nihil est*, München, Germany: Deutscher Kunstverlag, 1990: 21-34.

3 H.R. Hahnloser, *Villard de Honnecourt*, Viena, 1935: 65ff., 162ff.

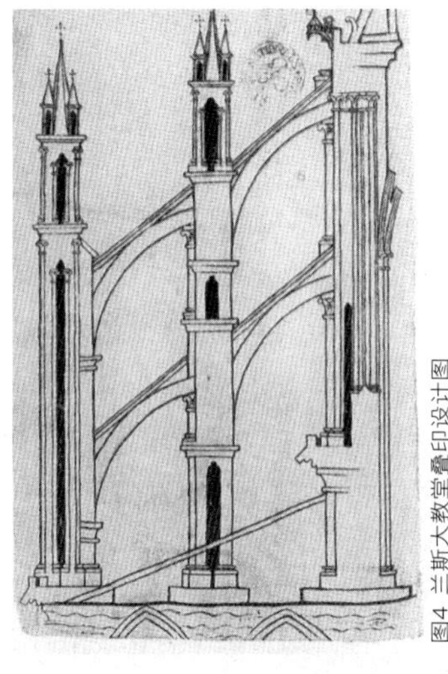

图4 兰斯大教堂叠印设计图

自身所有独立元素联系起来的人。其实对纵横坐标表现更清晰的案例在几个仅存的早期哥特建筑方案中就有（比如兰斯教堂的叠印图），这些图上的坐标看起来像是绘图匠在绘图开始时拿来作定位起点用的。[4]（图4）

正交投影图可以表现所有东西，对于建筑方案和细部图来说，有剖面图和立面图也就足够了。只有当绘图员想要用三维的方式来表现建筑时（比如试图解释兰斯教堂唱诗班席位的设计），才会出现问题。当时的透视技术还没发展到能够让人一眼就能从透视图中分辨出建筑的哪些部分是向观者方向伸过来，哪些部分应该在后面。对于表现这种内容，当时的绘图技术无力企及，建筑师也没有更好的办法了。

最初建筑方案都会交到没有接活的建筑工匠手中。[5] 到了13 世纪上半叶，随着设计绘图方法有了严格的体系并逐渐完善，现代意义上的建筑师职业才逐渐形成。到14 世纪末，相对于工匠来说，"设计"建筑的"建筑师"有了更高的自主性，画家也有可能成为出色的建筑师，比如乔托。[6]

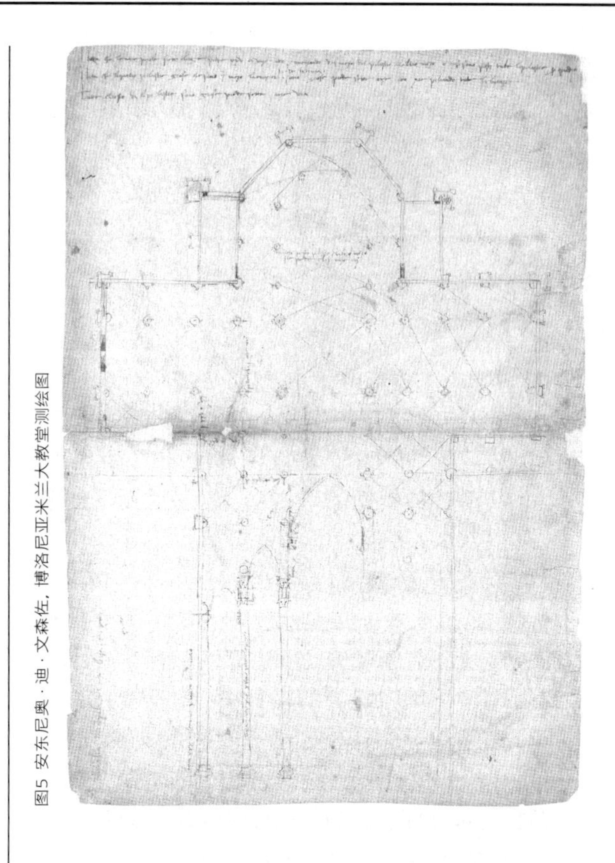

图5 安东尼奥·迪·文森佐，博洛尼亚米兰大教堂测绘图

实际上哥特建筑和哥特式设计技术只在（意大利）最北面的城市米兰得以立足（北欧建筑师经常被请到那里做新项目）。[7]（图5）从佛罗伦萨洗礼堂和圣米尼阿托教堂中可以看到，佛罗伦萨在传统意义上受晚期古典主义影响颇深，实际上在这一时期的建筑发展过程中，第一个创造性的推动力来自托斯卡纳——它后来演变成了新北欧风格。此外，乔托和他同时代的建筑师们通过一种特殊的分类方法，对哥特风格有了新的认识，从而重新发现了在古典时代末期消失的绘画式空间（这是一种在哥特风格之前没人想到的方法），这一发现的迅速发展促成了伯鲁乃列斯基（Brunelleschi）中心透视法的出现。

4 D. Kimpel, R. Suckale, *Die gotische Architektur in Frankreich 1130-1270*, Munich 1985: 227ff.

5 见前揭书。

6 D. Gioseffi, *Giotto architetto*, Milan 1963.

7 J. White, *Art and Architecture in Italy 1250 to 1400*, Harmondsworth 1966: 336ff.; Schofield, 1991.

这些新技法使画家们可以更精准生动地表现出建筑的外在形象和室内空间。当意大利北部的建筑设计师们仍被严格的正交投影画法所束缚时，新的建筑设计表现方法已经悄然而生了。[8] 乔托在绘制佛罗伦萨钟塔设计的立面时不止运用了严格的线条画法，还用到了色彩表现、明暗表现，可能甚至还有一些和1350 年锡耶纳钟塔设计的透视图类似的表现形式（锡耶纳钟塔的形式风格也是直接以佛罗伦萨派为原型的）。[9] 与哥特风格建筑设计一样，在这个设计中，图示技术的使用是与建筑的设计特点相吻合的：首先，建筑表现图绘制的是立体的建筑体量而不是纤细的建筑骨架；其次，为体现材质的统一，在抽象线图的地方也难能可贵地绘制了实际材料。这些第一批视幻觉式建筑设计的年代，也许甚至会早于第一批法国高哥特建筑模型被人所知的年代，也就是建造托斯卡纳凯旋门的时代。[10] 新型的设计要求材料和空间的表达都要更加明确，由此建筑模型得到了发展；此外，很有可能建造师为了具象地阐释画家建筑师所幻想的建筑设计，也更加注重了建筑模型制作。[11] 建筑模型的发展不仅使建筑工匠得到方便，也使建筑赞助人能更积极地参与到建筑项目中来。

这种新的三维式的思考方法迅速传播到了托斯卡纳以外的地方。1389 年，安东尼奥·迪·文森佐（Antonio di Vincenzo）接到委托在博洛尼亚建造圣彼得洛尼奥教堂（S. Petronio），在这个设计中他明显借用了与纤巧的米兰大教堂在设计中使用的剖面和平面相一致的表现方法。[12]（图5）同时，他也努力试图在柱础和柱头的大样图解中画出构件的立体感，并画出建筑背面外伸结构的细部体量（这意味着大量的工作）。因此他在之后的佛罗伦萨主教堂最终设计中转而运用了更简单、更整体、更宽敞的形式，也就不足为怪了。

建筑师对建筑空间进行明确表达的案例可追溯至1310 年奥维多大教堂的设计方案，它的立面图中对入口大门的描绘体现了当时的建筑师已经有了这方面的兴趣。[13]

佛罗伦萨大教堂的工地不久便成为新型设计技术的研究中心。1365 年，那里充满了混乱的设计方案和模型，于是他们决定将除了最终方案之外的所有其他方案和模型销毁。[14] 一般来说，一个建筑方案是否成功很大程度上取决于它的可行性，而在建筑建成之后方案图纸即被销毁；这样一来，我们今天虽然可以找到很多关于佛罗伦萨大教堂的文字信息（材料可追溯到14 世纪），却找不到哪怕一张建筑图纸。

当时参与佛罗伦萨大教堂设计的有很多学者和艺术家，地位可与伯鲁乃列斯基比肩的杰出的人类学家乔万尼·迪·格拉多·达·普拉托（Giovanni di Gherardo da Prato）也理所当然地参与了这座传统建筑的设计，他绘制的图纸标注日期为1425 年。[15]（图6）为了说明穹顶的曲线——它首先是一个结构问题——他画了严格的正交投影剖面图，随后又加了一张稍小比例的平面图，图上画出了整个穹顶和它的几何辅助线，同时也画出了穹顶连接部分的剖面和穹顶的透视图（画透视图是源自14 世纪早期的做法）。在说明采光方式

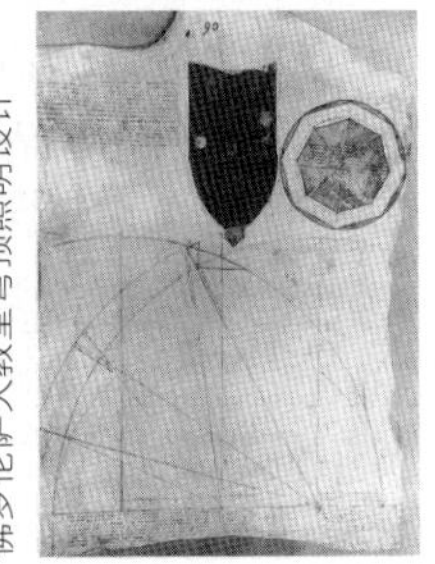

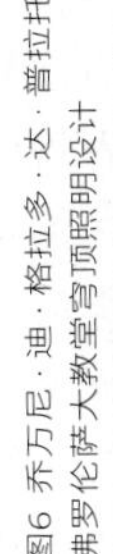
图6 乔万尼·迪·格拉多·达·普拉托，佛罗伦萨大教堂穹顶照明设计

8 Müller, 1990: 29-34.
9 B. Degenhardt, A. Schmitt, *Corpus der italienischen Zeichnungen 1300-1450*, Berlin 1968ff., vol. I, cat. 38, 54; Schofield 1991: 128.
10 see pp. 318-347.
11 see pp. 18-73.
12 Lotz 1956:194, fig.l.
13 White 1966: 21ff.
14 Schofield 1991: 120-131.
15 H. Saalman, "Giovanni di Gherardo da Prato's Design concerning the Cupola of Santa Maria del Fiore in Florence," in *Journal of the Society of Architectural Historians* 18 (1959): 11-20.

时，他只有通过绘制透视图和与之相符的光影图案的方法来进行解释，与此同时这种采光方式也变成了影响建筑计算的中心要素之一。

到15世纪初，视幻觉式建筑设计并没有取代哥特式正交剖面的画法，而是与之合二为一了；虽然有新的绘图技术出现，但是伯鲁乃列斯基和他的传承者们也不可能会放弃平面、立面和剖面的正交三视图画法。[16]

像乔托一样，伯鲁乃列斯基最初也是装饰艺术家，在开始做建筑设计之前他感兴趣的是以透视画法解释图示空间。[17] 他第一个"正确地"画出了佛罗伦萨洗礼堂和市政广场的中心透视图，他也尽量以更加客观的方式来画视幻觉式建筑分析图。他不断把建筑和绘画更紧密地联系在一起。由此，绘画里有了建筑式的空间结构；而建筑从某个固定视点来看也变得更加图像化。这一进步开创了建筑制图的新阶段。当然，不论是伯鲁乃列斯基还是达·芬奇（Leonardo da Vinci），也仍然必须借由各种各样的平面、剖面和透视图来分析设计方案会产生的影响和结构预设等。

根据伯鲁乃列斯基传记的作者马内蒂（Manetti）所述，伯鲁乃列斯基在长期逗留罗马期间曾和多纳泰罗（Donatello）一起研究和修复各种古代建筑，他利用一些新操作方式来更精确地表现建筑，与此同时也用到了前人绘制穹窿曲线的技术方法、维特鲁威法则（即音乐式的比例先行法则，这也是伯鲁乃列斯基的学生阿尔伯蒂在日后利用的方法）。[18] 阿尔伯蒂在他1435年所著的一篇有关绘画的论文中建议画家研究人体的方法，很明显与伯鲁乃列斯基所遵从的分类方法相似。

16 cf. Lotz 1956: 193ff.; P. Tigler, *Die Architekturtheorie des Filarete*, Berlin 1963: 141ff.

17 A. Manetti, *Vita di Filippo di Ser Brunellesco*, ed. H. Saalman, Pennsylvania State University Press 1970: 43ff.

18 op. cit.: 51ff.

由育婴堂可以看出，伯鲁乃列斯基在他的建筑实践中一直遵守着严格的正交投影法。育婴堂立面是根据当时佛罗伦萨"布拉乔奥皮科洛"（braccio piccolo）这一方法的尺度和单元来设计的。[19] 立面设计完成后，伯鲁乃列斯基潇洒地和主建造师道别，离开了育婴堂的建筑工地，开始了他漫长的旅行。据马内蒂记载，伯鲁乃列斯基在此后的设计和模型中只做出个大概的建筑体型，且建筑细节均为口述，所以建筑工人经常得不到足够的信息。很有可能后来他延续了米开朗琪罗（Michelangelo）的做法，只在结构施工过程中对有需要的地方进行细节设计。当时的石匠还没有掌握古典的建筑语汇，所以可以肯定，伯鲁乃列斯基会绘制施工图、制作细节模型或者两者结合来做设计。

马萨乔（Masaccio）的三位一体教堂（1401—1428）非常像伯鲁乃列斯基的建筑风格，甚至就像是后者本人的作品，但其实伯鲁乃列斯基在方案详图设计中使用的严格正交画法与马萨乔是明显不同的。[20] 吉贝尔蒂（Ghiberti）作为一名活跃的雕塑家，总的来说受14世纪传统影响颇深，但他同时也是个有些另类的建筑师，比如他在圣弥额尔教堂（Orsanmichele）的方案中（同样绘于1428年之前）坚持要画带透视的立面图。[21]（图7）

实际上是"画家建筑师"和"雕塑家建筑师"开发了新的图纸表现技术，建立了更多和古建筑传统之间的直接联系。莱昂·巴蒂斯塔·阿尔伯蒂（Leon Battista Alberti）在其1436年关于绘画的论文中认为是画家创造了古代柱式的规则。（伯鲁乃列斯基是阿尔伯蒂的朋友兼老师，阿尔伯蒂在文中会指向

19 op. cit.: 97.

20 E. Battisti, *Filippo Brunelleschi*, Milan 1976: 106ff.

21 B. Degenhardt, A. Schmitt 1968, vol. I: 293ff., cat. 192.

图7 洛伦佐·吉贝尔蒂，佛罗伦萨圣弥额尔教堂壁龛设计

伯鲁乃列斯基也就并非巧合了。）[22] 如果说建造师真正在乎的是坚固(firmitas)和实用(utilitas)，那么只有拥有绘图技术的“画家建筑师”和“雕塑家建筑师”才能做到维特鲁威对建筑的第三条要求——美观(venustas)，即设计建筑的装饰。

虽然阿尔伯蒂和伯鲁乃列斯基的建筑设计存在本质的区别，但阿尔伯蒂很可能是当时唯一能全面理解伯鲁乃列斯基的设计和表现方法并加以发展的人。在《建筑论》中，他建议建筑师要注重自己的学习方法，仔细分析所有重要的建筑，并牢记下面这句话：“diligentissime spectabit, mandabit lineis, notabit numeris, volet se deducta esse modulis atque exemplaribus; conoscet repetet ordinem locos genera numerosque rerum singularum.”[23]（译注：拉丁语，大意为：要仔细观察，注意施工顺序和图纸标数，时刻提醒自己不要一味重复或抄袭，要认识到，对于每个事物而言单个秩序的重复出现可以产生节奏感。）

阿尔伯蒂创立的古建筑分类方法为当时日渐复杂的建筑设计奠定了基础。在当时，建筑师使用的是正交投影表现法，而画家则更爱用建筑透视表现法（因为这种方法越来越能以其逼真的画面吸引顾客）。阿尔伯蒂在他的文章中对这两种方法做了非常严谨的区分。[24] 同时，对于建筑师来说，木制模型为方案的完整实施提供了保障：“non perscriptione modo et pictura, verum etiam modulis exemplariisque factis asserula.”[25]（译注：拉丁语，大意为：不能仅通过画图这一种方法来表现，模型可以体现更真实的情况。）只有模型可以明确地表现出建筑位置、分布、墙和穹窿的厚度，并为工程造价提供准确的信息。而这种精准的模型又可以为平立剖三视图的绘制提供参考。所以对阿尔伯蒂来说，模型和图纸都是保证建筑设计可以完整完成的重要方面。为了把方案的精致表现和它的实现过程完全区分开，也为了更加强调“概念”(lineamenta)或者可以说建筑的艺术设计，阿尔伯蒂在《建筑论》最后写了自哥特风格以来建筑完成过程的发展。

阿尔伯蒂有深厚的人文主义教育背景，加之他曾在罗马长期旅居学习，所以（相比伯鲁乃列斯基而言）可以说他能对古建筑做更深入的研究。他在《建筑论》中以详尽的证据指出“当代建筑”(15世纪)和古建筑间并没有巨大的差别。[26] 阿尔伯蒂最初的职业是画家，从他最早的建筑方案里对装饰的设计来看，他肯定是个不错的绘图师，只是他唯一现存的图纸并没能体现出他的这一卓越才能。[27] 在这幅仅存的图纸中，他把一个古代浴场的各种功能放在一个方块里。这幅图可能是为文章

22 L. B. Alberti, *On painting and on Sculpture*, ed. C. Grayson, London 1972: 60.
23 L. B. Alberti, *L'architettura (De re aedificatoria)*, ed. P. Portoghesi, translated G. Orlandi. Milan 1966. IX. 10: 856ff.
24 op. cit., II, 1: 98ff.
25 op. cit., II, 1: 96ff.
26 R. Wittkower, *Architectural Principles in the Age of Humanism*, London 1949: 3ff.; C. L Frommel, "Kirche und Tempel: Giuliano della Roveres Kathedrale Sant'Aurea in Ostia," in U. Cain, H. Gabelmann, D. Salzmann, eds., *Festschrift für Nikolaus Himmelmann*, Mainz 1989: 491.
27 H. Burns, "Un disegno architettonico di Alberti e la questione del rapporto fra Brunelleschi ed Alberti," in *Filippo Brunelleschi. La sua opera e il suo tempo*. Proceedings of the International Congress Florence 1977, Florence 1980: 105ff.; H. Günther, *Das Studium der antiken Architektur in den Zeichnungen der Hochrenaissance*, Tübingen 1988: 105.

出版而绘的理论研究图，所以和他的最终建筑方案表现没什么关系。在做诸如曼图亚的圣安德烈教堂（S. Andrea in Mantua）这种复杂的设计时，他肯定会仔细校对正交三视图，这也是为模型的制作做好准备。[28] 他有两幅古建筑绘画可能曾被阿戈斯蒂诺·迪·杜乔（Agostino di Duccio）用作浮雕的背景，出现在西吉斯蒙多·马拉泰斯塔（Sigismondo Malatesta）和伊索塔·马拉泰斯塔（Isotta Malatesta）的葬礼教堂中（1454年，图8）。[29]

阿尔伯蒂所倡导的教育理念直到15世纪时方才萌芽。我们可以对伯鲁乃列斯基和阿尔伯蒂的表现方法毫不了解，然而在二人的影响下，1430 年以后的托斯卡纳发生了非常显著的改变。其中最直接的一支影响可以体现在佛罗伦萨雕塑家费拉雷特（Filarete，约1400—1469）的作品中。[30] 在为圣彼得大教堂铜大门设计的浮雕中记载着，早在1433—1445 年费拉雷特就重建了罗马古迹和皇家神龛，他高超的复古手法是多纳泰罗和吉贝尔蒂等人望尘莫及的，这种精湛的技艺只有在后来阿尔伯蒂设计的马拉泰斯塔家庙（Tempio Malatestiano）中才又重新出现。[31] 即使费拉雷特并不能很好地掌握画面空间表现，也画不好透视图，但他的作品已呈现出来自阿尔伯蒂的影响（后者当时正服务于罗马教皇）。

图8 阿戈斯蒂诺·迪·杜乔（可能是继莱昂·巴蒂斯塔·阿尔伯蒂之后完成），里米尼密涅瓦神殿细部，祖先和后裔的方舟

阿尔伯蒂的想法倒是在费拉雷特所描绘的“斯福钦达”乌托邦城市（Sforzinda）中有更多的体现。费拉雷特作为米兰公爵的御用建筑师，“斯福钦达”乌托邦城市折射出很多他本人的真实经历。[32] 我们要注意到费拉雷特褒扬了阿尔伯蒂几乎所有的设计，“disegno, il quale e fondamento è via d'ogni arte che di mano si faccia, e questo lui intende ottimamente, e in geometria e d'altre scienze e intendentissimo”（“设计，是所有人工艺术的基础和途径，而他就是这方面的专家，此外他也很擅长几何学等其他学科”）。[33] 费拉雷特用“设计”（disegno）这个词是想要表达与阿尔伯蒂所说的“概念”（lineamenta）相同的含义，意指想法的发展而不是图示表达。也就是说，阿尔伯蒂以“图片”（pictura）来定义的图示

28 E.J. Johnson, “S. Andrea in Mantua,” thesis, University of New York 1970.

29 J. Poeschke, *Die Skulptur der Renaissance in Italien*, vol. I: *Donatello und seine Zeit*, Munich 1990: 133, pl. 181. 据此书记载，阿戈斯蒂诺在这个设计中出色地使用了透视法（这是在他其他所有作品中没有过的），这个设计的背景图案也是当时最接近凯旋类建筑的案例。

30 W. Lotz 1956: 197ff; P. Tigler 1963.

31 J. Poeschke 1990: 130ff., pl. 176,177.

32 P. Tigler 1963; *Antonio Averlino detto il Filarete, Trattato di arcbitettura*, ed. A. M. Finoli, L. Grassi, Milan 1972.

33 P. Tigler 1963: 146.

表达技术，费拉雷特则从另一方面来讨论，他区分了不合比例的“粗略的草图”(disegno in di grosso)和“基于方格网而绘的图”(disegno proporzionato，格网以手长为模数)[34] 二者的不同。阿尔伯蒂在1470 年给洛多维科·贡扎加(Lodovico Gonzaga)的信中使用到了后者，[35] 他同时随信寄去一张圣安德烈教堂的概念草图，写道：“如果你觉得这个方案不错，我就用正确的比例把它画出来。”(“Se ve piasera daro modo de rectarlo in proportione.”)费拉雷特在画完方案最早的正确比例的平面图之后便会开始做木模型——这种方法即所谓的“浮雕式设计”(disegno rilevato)。费拉雷特对美第奇府邸和鲁切拉伊府邸的设计方案都有所了解，他画的宫殿平面图中使用的表现方法，可能就是受伯鲁乃列斯基和阿尔伯蒂的影响。[36] 在现存大部分费拉雷特绘制的平面图里，他都会画一个中世纪风格的拱廊立面。然而他在画透视图的时候还是常常遇到困难，他把多数墙体画在透视图里，或画成透视立面；为了让他尊贵的客户可以理解以严格正交画法画出的剖面图，他还会把图纸薄涂着色来加强效果。从他对挑选窗户的建议等方面可以看出，他是个做立面的专家。[37]

除了对后世的图纸表达方式有很大影响外，从费拉雷特的建筑中，我们也可以看到阿尔伯蒂对建筑设计产生的巨大影响。费拉雷特的仿古建筑有马戏团、竞技场和剧院等，其作品中不乏一些非常杰出的，如罗马斗兽场或者一些古典题材建筑如圣天使堡，或当时很少使用的剧院类建筑等。[38]

与费拉雷特同时代的西里亚科·德安科纳(Ciriaco d'Ancona)虽然是个业余建筑师，但是他也用与其类似的方式表现建筑。他用了几乎是三视图的画法来表现帕提农神庙，绘制了位于基齐库斯(Kyzicus)的哈德良神殿的立面图和立面透视图，以及君士坦丁堡的圣索菲亚大教堂的巴西利卡的鸟瞰剖透视图。[39] 他对圣天使堡的图解看起来也与费拉雷特有些相似。[40]

作为下一代的建筑师，弗朗切斯科·迪·乔尔乔(Francesco di Giorgio，1439—1502)最初的职业是画家和雕塑家，在后半生变成了意大利最抢手的建筑师和工程师。[41] 他研究整理了远至(意大利)坎帕尼亚的古建筑，是研究维特鲁威的著名学者和建筑理论家。[42] 虽然他学识渊博、设计精彩并极具建筑天赋，但在古建筑研究方面却没有达到阿尔伯蒂的期望。依他的测绘做不出符合阿尔伯蒂标准的模型。[43] 他画的罗马角斗场的平面、剖透视和表现图，还不如费拉雷特30 年前画得准确。(图9)[44]

或许我们可以认为，弗朗切斯科·迪·乔尔乔有这种局限性是因为他来自一个落后的城市——锡耶纳，因为几乎同一时期，来自佛罗伦萨的伊尔·克罗纳卡(IL Cronaca，约1458—1508)和朱利亚诺·达·桑加洛(Giuliano da Sangal-

34 P. Tigler 1963: 154ff.
35 L. Fancelli, *Architetto epistolario gonzaghesco*, ed. C. Vasic Vatovic, Florence 1979: 119ff.
36 Filarete, *Trattato*: 227,255,695ff., pl. 42.
37 Filarete, *Trattato*: 266, pl. 44.
38 Filarete, *Trattato*: 247ff., 290ff., 33ff., pl. 41,52, 65, 66.
39 H. Günther 1988: 17ff.
40 我要感谢研究费拉雷特大门设计的尼尔根(U. Nilgen)提到了这一点。
41 H. Günther 1988: 29ff.; P. Fiore, M. Tafuri, eds., catalog of the exhibition (Siena 1993) "Francesco di Giorgio Martini, architetto," Milan 1993.
42 H. Günther, loc. cit.; H. Burns, in ed. P. Fiore, M. Tafuri 1993: 330-357.
43 P. Fiore, "Gli ordini nell'architettura di Francesco di Giorgio," in J. Guillaume, ed., *L'emploi des ordres dans l'architecture de la renaissance. Actes du colloque Tours 1966*, Paris 1992.
44 H. Günther 1988, 33 fig. 22.

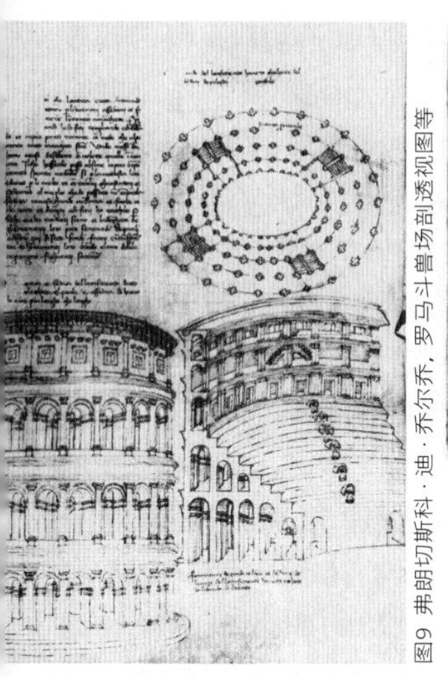

图9 弗朗切斯科·迪·乔尔乔，罗马斗兽场剖透视图等

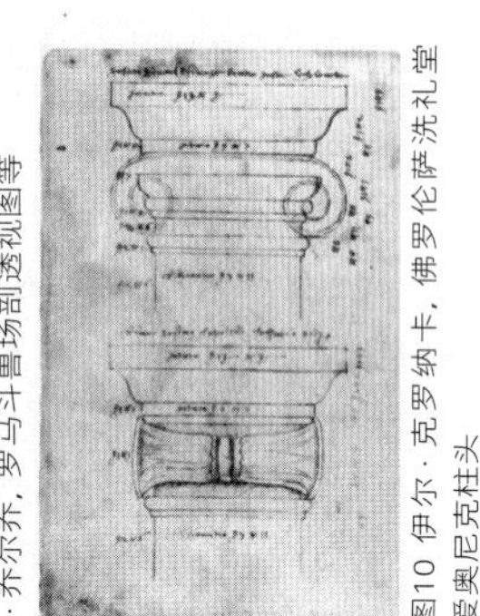

图10 伊尔·克罗纳卡，佛罗伦萨洗礼堂爱奥尼克柱头

图11 朱利亚诺·达·桑加洛，罗马角斗场平面图

lo）学习领会了伯鲁乃列斯基和阿尔伯蒂的精髓，在他们二人的画中就没有这种局限性。伊尔·克罗纳卡很可能在年轻时研究了罗马和佛罗伦萨的重要建筑并绘制了比例图。[45] 据瓦萨里记载，伊尔·克罗纳卡当时在安东尼奥·德尔·波拉约诺（Antonio del Pollaiuolo）的工作室工作，所以他也从造型艺术的训练中得到了很多直接的经验。后来伊尔·克罗纳卡当起专业建筑师，便只用正交投影画法了。与他的前辈伯鲁乃列斯基一样，他在设计之初可能会画一些相关的轮廓简图。[46] 克罗纳卡以阿尔伯蒂式的精确方法测量柱式的基座、柱头和檐口，重新绘制了柱头的平面、立面和侧面图。[47]（图10）他在自己最成熟的设计中运用了诸如水彩这样的图像化媒介，图中他精确地绘制透视并插入了造型丰富的装饰，他画得要比朱利亚诺·达·桑加洛更好些。（1493年他们二人同在圣灵教堂的圣器室工作，两人还互相交换了古建筑测绘图纸。[48]）伊尔·克罗纳卡很有可能也不时地画过一些透视图。

45 op. cit.: 66-103, 331ff.
46 op. cit.: ann. I, pl. 1-7.
47 op. cit.: ann. I, pi. 5a, 12a.
48 op. cit.: pi. 8-11.

朱利亚诺·达·桑加洛（约1445—1516）最初的职业也是木工和雕刻师。他的设计灵感很多源于基兰达约（Ghirlandaio，1449—1494）。[49] 在当时基兰达约非常推崇古代凯旋门门拱的具象装饰，这对桑加洛的影响也很大。根据桑加洛自己的记载，他1465年左右在罗马开始研究古建筑，当时他可能见过阿尔伯蒂。[50] 他的草图本似乎曾被长时间留在锡耶纳和梵蒂冈，之后又返还给他本人，所以我们目前能见到的桑加洛对罗马古建筑研究的图片，最多也就是在他早期研究的基础上稍加校正的复制本。[51]

他的第一本草图本《森尼斯图册》（Taccuino Senese）只包含1500年以前的图纸和不明日期的方案及调研报告，可能是他效力于"伟大的洛伦佐"（Lorenzo il Magnifico，即洛伦佐·德·美第奇；约1483—1492）和朱利亚诺·德拉·罗万利

49 S. Borsi, *Giuliano da Sangallo. I disegni di architettura e dell'antico*, Rome 1985; H. Günther 1988: 104-138.
50 H. Günther 1988: 111.
51 C. L. Frommel, in C. L. Frommel, N. Adams, eds., *The Architectural Drawings of Antonio da Sangallo the Younger and his Circle*, New York 1993: 7ff.

图12 朱利亚诺·达·桑加洛，罗马角斗场剖透视图

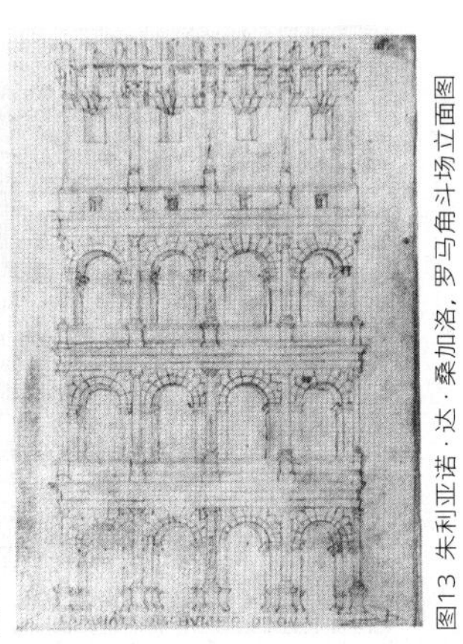
图13 朱利亚诺·达·桑加洛，罗马角斗场立面图

(Giuliano della Rovere，约1494—1497)红衣主教期间所作。[52] 在这本草图本中，桑加洛对明暗对比方法和透视手法的追求更甚于他在梵蒂冈那本(在梵蒂冈他接触到了伊尔·克罗纳卡的成熟风格)。

在他草图本里为数不多的非古代建筑中(比如他的仿古建筑设计)，只有锡耶纳小教堂和博洛尼亚的阿西内利塔才有带透视的立面图，其他的都只有平面图而已。[53] 桑加洛会把他最喜欢的古建筑立面画得很平，只偶尔加一幅侧立面图和简单的平面图。从考古的角度来说，桑加洛的这些图比西斯廷礼拜堂装饰画更精确，但远不如后者更生动和富于古典光辉。西斯廷礼拜堂装饰画是由波提切利(Botticelli)或佩鲁吉诺(Perugino)自1481年以来所作的。[54]

在《森尼斯图册》中，只有罗马角斗场有全面的分析。桑加洛画了它的平面、立面、剖透视和透视图。[55] 他画的柱式平面、立面和剖面图比弗朗切斯科·迪·乔尔乔精确得多，他把角斗场的平面图画成几乎是圆形——可能是有意要修正阿尔伯蒂和马内蒂所讨论出的椭圆形平面(事实上，费拉雷特和弗朗切斯科·迪·乔尔乔的测绘才更接近罗马角斗场真正的椭圆形平面)。桑加洛的剖面图中只有很少的信息量——这与阿尔伯蒂的做法完全不符。他对阿尔伯蒂的著作知之甚少，这使得他对古建筑的研究受到很大限制，以至于他不得不自己一步步研究出古建筑的语汇。[56] 甚至在他最后一个项目中(应该是在伯拉孟特去世后)，他的多立克檐口看上去过时到惊人的地步。[57]

《森尼斯图册》中较多是桑加洛早期的设计，后来他掌握了当时的正交投影表现技术和透视图画法，这使得他晚期的设计做得更加精确。他呈现给客户的方案应该就是像卡瑟利圣母玛利亚教堂(S. Maria delle Carceri，约1485年)平面图那样。[58](图14) 桑加洛很可能已经可以在草图中快速而精确地画出建筑的混凝土结构方案——除了伯鲁乃列斯基和阿尔伯蒂，多数人到1503年以后才做得到这点。[59]

从莱昂纳多·达·芬奇的建筑图纸(图15)中，我们可以看到1500年以前那些富于创造性的多种透视图画法。[60] 达·芬奇在米兰期间只学习了隆巴德传统的几个方面，令人惊讶的是，他几乎没有研究过阿尔伯蒂的晚期作品和他的朋友伯拉孟特的早期作品。他把精

52 R. Falb, *Il Taccuino di Giuliano da Sangallo*, Siena 1902; S. Borsi 1985:250-314; H. Günther 1988:112ff.; C. L. Frommel, in: C. L. Frommel, N. Adams 1993.

53 R. Falb 1902: 38, 50, pi. 20, 44.

54 H. Günther 1988: 37ff.

55 C. L. Frommel, in C. L. Frommel, N. Adams 1993.

56 H. Biermann, "Palast und Villa. Theorie und Praxis in Giuliano da Sangallos Codex Barberini und im Taccuino Senese," in *Les Traités d'Architecture de la Renaissance. Actes du colloque Tours 1981*: 138; H. Günther, "Die Anfänge der modernen Dorica," in J. Guillaume, ed., *L'emploi des ordres dans l'architecture de la Renaissance: Actes du colloque Tours 1966*, Paris 1992: 103ff.

57 S. Borsi 1985: 481-489.

58 S. Borsi 1985: 417ff.

59 S. Borsi 1985: 453ff.

60 R. Schofield 1991: 131ff.

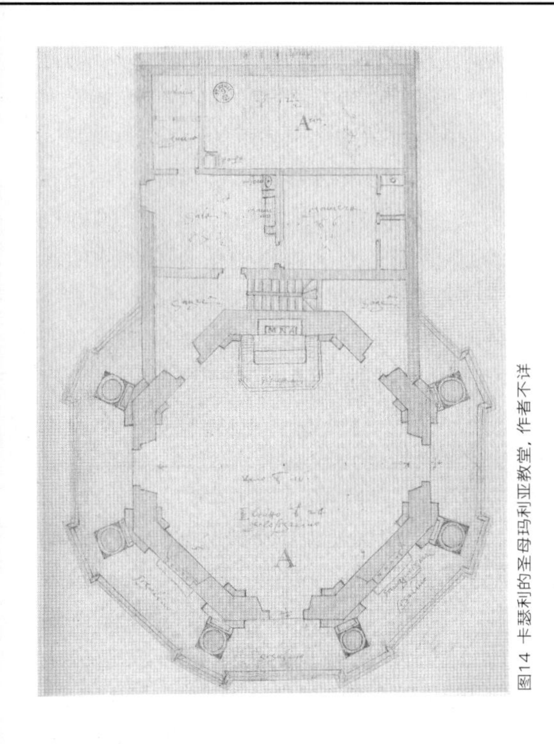

图14 卡瑟利的圣母玛利亚教堂，作者不详

力转而投入到研究佛罗伦萨派的原型——教堂的穹顶、相邻的洗礼堂以及圣玛利亚天使教堂(S. Maria degli Angeli)，他的研究方法比朱利亚诺·达·桑加洛的方法更权威、更有创造性。作为典型的佛罗伦萨建筑师，达·芬奇更关心建筑结晶体式的简洁轮廓和单元的有机重复，而不是室内空间的扩张和古典建筑式的巨大体量。

多纳托·伯拉孟特在米兰期间的草图如今仅存一张，画面充满活力同时又显得有些粗糙、没有耐心，与达·芬奇科学严谨的图纸截然不同。[61](图16)他会用一组圆形来示意球体，也会在图中把他认为有问题的地方圈出来——他在罗马时画的草图也有这样的特点。伯拉孟特(1444—1514)和朱利亚诺·达·桑加洛生活在同一个时代，像皮耶罗·德拉·弗朗切

61 R. Schofield, "A Drawing for Santa Maria presso San Satiro," in *Journal of the Warburg and Courtauld Institutes 39* (1976): 246-253.

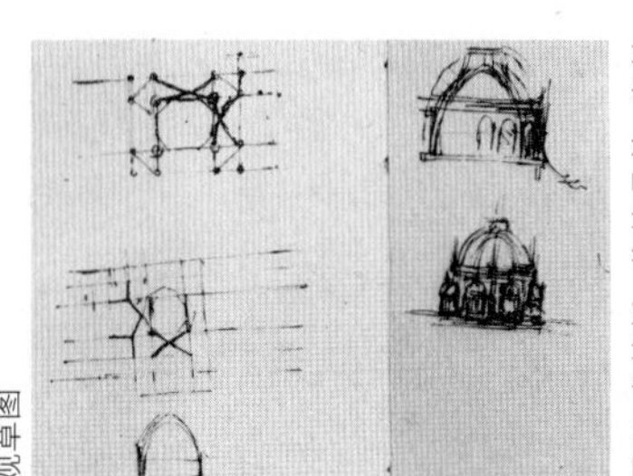

图15 莱昂纳多·达·芬奇，米兰大教堂穹顶鼓座平面、剖面及外观草图

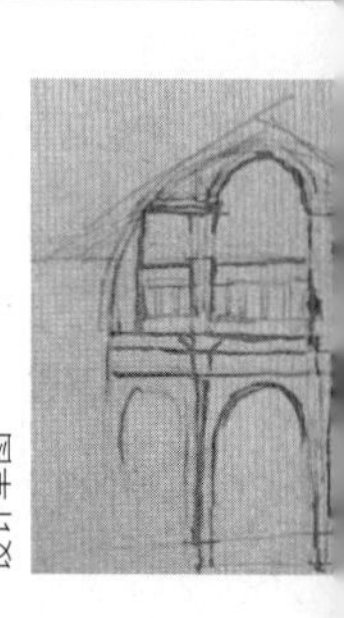

图16 多纳托·伯拉孟特，米兰圣萨提洛圣母玛丽亚教堂走廊设计草图

斯卡(Piero della Francesca)、梅洛佐·达·弗利(Melozzo da Forli)、曼特尼亚(Mantegna)等人对他都有很大影响。后来他又和阿尔伯蒂有了交往，当然他与这位重要导师的交往方式与他佛罗伦萨的朋友肯定是完全不同的。[62]伯拉孟特像文艺复兴建筑的三位奠基者——乔托、伯鲁乃列斯基和阿尔伯蒂一样，以透视图来解释空间，想借此间接地实现结构之美。大约1481年，皮耶罗·德拉·弗朗切斯卡(他可能是伯拉孟特的老师)受阿尔伯蒂的启发，写了篇名为《论绘画中的透 视》(De prospectiva pingendi)的文章，其中给出了如何从不同角度画建筑透视图的详细画法，也提出了如何在图示空间中表现自然采光的新方法。[63](图17)他在油画《鞭笞基督》(*Flagellation*)中把人物以空间顺序有机排列，威尼斯画家乔万尼·贝利尼(Giovanni Bellini)认为这幅画是伯拉孟特1481年创作"普利弗达利雕刻版画"(*Prevedari* engraving)的重要参照。("普利弗达利雕刻版画"是伯拉孟特在米兰早期工作的仅存作品。)[64]

62 A. Bruschi, Bramante, Bari 1969; F. Graf Wolff Metternich, "Der Kupferstich Bernardos de Prevedari aus Mailand von 1481," in *Bramante und St. Peter*, Munich 1975: 111ff.; F. Borsi, *Bramante*, Milano 1989: 143ff.

63 Piero della Francesca, *De prospectiva pingendi*, ed. G. Nicco Fasola, Florence 1984.

64 F. Graf Wolff Metternich 1975: 98- 178; see Ferino Pagden above.

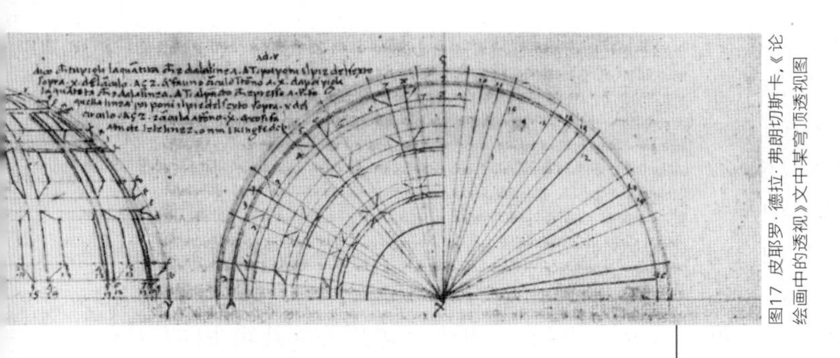

图17 皮耶罗·德拉·弗朗切斯卡,《论绘画中的透视》文中某穹顶透视图

从伯拉孟特37岁以前设计的图纸来看，他当时很可能还没去过罗马研究古建筑，[65]"金色的科斯卡斯"式建筑语言（aurea latinitas）还没有对他的设计产生很大的影响。此时的他对大空间的表现更有兴趣，试图通过激发观者的想象力来向各个方向扩展废墟的空间，让观者步入图中的空间、加入图中的人群、窥视梅花形平面的所有角落。伯拉孟特可能是从他的朋友达·芬奇那里学到这种发挥观者的想象力、让观者参与到图示空间中的方法的（肯定不是从皮耶罗、曼特尼亚或梅洛佐那儿学到的）。这就是为什么伯拉孟特一定要把已经研究了200年的古建筑废墟用形象化的图示空间来阐释。

在他于米兰度过的近20年中，伯拉孟特肯定也像伯鲁乃列斯基和阿尔伯蒂一样，仔细区分了"图示"表达（在"普利弗达利雕刻版画"和他的壁画中用到）和以正交平立剖三视图为基础的建筑方案表达的不同。他绘制的圣萨提洛圣母玛丽亚教堂（S.Maria presso S. Satiro）走廊设计草图[66]和该教堂室内外设计惊人的一致性就证实了这一点，这种一致性明显是受哥特风格的影响，而且在之前的意大利文艺复兴建筑中是没有的。[67]伯拉孟特在被聘为米兰教堂顾问和帕维拉教堂建筑师之前，应该就已经有过哥特式建筑结构的设计经验，对它的设计要点非常了解。此外，相比于同时代的建筑师，他更能把每个建筑看作是一个有机整体，所以他肯定对由承重结构所塑造的建筑透明性非常有兴趣。晚古建筑（如米兰的圣洛伦佐教堂）的穹顶启发了伯拉孟特的空间概念，[68]穹顶暗示出建筑最辉煌的设计主要在其内部；哥特式建筑室内外一致性更强，使得从室外便可清晰看出室内结构，从室内看室外亦然。（图2，图3）。晚古建筑的集中式平面布局给建筑带来充满光线的宽敞空间——就像米兰大教堂，建筑结构框架使空间透明性极大增强；而阿尔伯蒂最后一批建筑作品体现出的辉煌的纪念性也让人为之赞叹。伯拉孟特作为建筑师能把这两种风格融为一体，可谓天赋独具！

唯一能表现出伯拉孟特在米兰时期设计方法的图纸是现存于卢浮宫的一个大型建筑立面设计，图纸绘于1505年左右——也有观点认为这个设计是由伯拉孟特的学生克里斯多弗罗·索拉里（Cristoforo Solari）所绘（cat.no.58）。这是一个哥特式设计，大的秩序组合反映出三个侧廊的承重结构，拱形结构反映出拱顶和柱廊可能是伸出的走廊的承重构件。透视图里的圆窗和大屋檐与正交设计图纸完全吻合——这很可能是现存最早的文艺

65 A. Bruschi, "Bramante," in *Dizionario Biografico degli Italiani*, vol. 13, Rome 1971: 712-725; F. Graf Wolff Metternich, "Bramante, Skizze eines Lebensbildes," in Wolff Metternich 1975: 179-221.

66 见注释60。

67 C. L. Frommel, "Il complesso di S. Maria presso S. Satiro e l'ordine architettonico del Bramante lombardo", in: "La scultura decorativa del Primo Rinascimento," *Atti del I convegno intemazionale di studi di Pavia 1980*, Pavia 1983: 153ff.

68 C. Thoenes, "S. Lorenzo a Milano, S. Pietro a Roma: ipotesi sul 'piano di pergamena'," in *Arte Lombarda* 86/87 (1988): 94-100.

复兴时期的画出立面细部的设计图。同样，为了让客户可以更容易理解正交投影图，他为墙上的洞口画出了深深的阴影。

伯拉孟特在罗马期间（1499—1514）的图纸流传下来的很少。[69] 据瓦萨里说，伯拉孟特像达·芬奇一样在罗马期间曾研究了他之前并未留意的古建筑。[70] 伯拉孟特不仅掌握了古典建筑的要求、正式的建筑语汇，还吸收了维特鲁威和阿尔伯蒂的设计类型和教育体系，从他早期的建筑——坦比埃多、卡普里尼府邸和梵蒂冈宫中，就可以看出他掌握这些知识的速度之快。[70a] 仅是坦比埃多同心多立克中楣的计算（相同圆形结构上的四圈，也许在附近的环形后院还有三圈），就暗示出伯拉孟特在这个建筑中运用了非常仔细和精确的表现方法；它是目前为止在文艺复兴建筑中对表现要求最精细的一个。[71] 各种圆周都由额板和三垅板进行划分，像他的学生安东尼奥·达·桑加洛（Antonio da Sangallo）设计法尼斯府邸檐口时一样，伯拉孟特也为此做了数学计算，[72] 很可能还请了数学家来帮忙。不管怎样，他肯定借由模型仔细研究了最后的方案。

现存的伯拉孟特唯一的古建筑图纸，标注日期已经到了1505年（cat.no.281）。那时伯拉孟特刚开始接手圣彼得大教堂的设计，因此被迫又学习了很多类型的古建筑、古典建筑语汇甚至是早期的建造技术。他先用红铅笔和罗马的帕尔米比例尺（palmi）画出戴克里先浴场的图纸（可以看出来他是实地画的），然后用墨线画上最重要的细节，标出它们大致的测量数据。作为第一位后古典大师，伯拉孟特很清楚建筑空间和墙体之间复杂的虚实交替关系，在之后著名的圣彼得大教堂羊皮卷方案中，他也运用了相同的处理方法（cat. no.282）。圣彼得大教堂方案建筑主体有八角形角落空间和尺度，闭合的主体外伸出交叉的体量——这都是受戴克里先浴场的启发。但是伯拉孟特根本上还是会遵循其他正式的建筑原则：以穹顶作为希腊十字平面建筑的中心和主导，四周呈放射形体量。所以我们可以看到他在羊皮卷方案背面画了这样的草图：一座形式上接近古浴场建筑的巴西利卡由一大圈同心柱廊包围，最外是开敞式有座前廊，尽端是角塔。

圣彼得大教堂1505—1509年间方案的现存稿，使我们第一次可以仔细研究文艺复兴时期某一特定建筑方案的演变。第一阶段是徒手草图，建筑师会把初步方案画成草图给教皇看。圣彼得大教堂选址在彼得的墓地和高祭台以及尼古拉五世时建造的唱诗席上，当梅花形平面方案通过后，伯拉孟特让他的助手用费拉雷特的方法画了第一张带比例的设计图（disegno proporzionato）。在圣彼得大教堂方案中，安东尼奥·达·桑加洛草拟了基地现状图，简化了建筑形式并画出教堂的大致尺寸，在之后的特里布纳利府邸（Palazzo dei Tribunali）项目中他也做了相同的事情。这些尺寸是以尼古拉斯五世合唱团中央过道的一半——20布拉西卡（译注：1布拉西卡约为一人的臂展宽度）——为边长的简单方格网推算而来的（这是费拉雷特说过的方法）。[73a] 最先深入设计的是中央梅花形平面系统，对外延部分的边界在最开始并未精确限定，建筑的

69 C. L. Frommel, in C. L. Frommel, N. Adams 1993: 8ff.

70 G. Vasari, Le vite..., ed. G. Milanesi, vol. IV, Florence 1879: 154.

70a C.L. Frommel, "Living all'antica," in this catalog: 182-203.

71 H. Günther, "Bramantes Hofprojekt um den Tempietto und seine Darstellung in Serlios drittem Buch", in *Studi Bramanteschi, Atti del congresso internazionale* 1970, Rome 1974: 483-501.

72 C. L. Frommel, "Sangallo et Michel-Ange (1513-1550)," in A. Chastel, ed., *Le Palais Famèse*, Rome 1981, vol. I, 1:135, fig. 21.

73 C. L. Frommel, "St. Peter's," in this catalog: 398-423.

73a op. cit., fig. 2.

纵深方向也没有设计。大量中间部分建筑的设计方案已经丢失，但鉴于这是曾呈给教皇过目的设计（图纸以一种不常见的大比例画在珍贵的羊皮纸上，并小心地上了水彩），可以推测设计中肯定有通往旁边旧建筑的通道（cat.no.282）。

假如伯拉孟特真的只画了这个集中式平面方案的一半，那他无非是简单地借用他在那一时期其他大量方案中所用的方法（如 Uff.3A 右页）（cat.nos.280,283,288,296），因为方案的形式连续性很明显，没有必要把所有的部分都画出来。即使一段以罗马帕尔米为尺度的刻度可能曾经被插入羊皮纸图的下边缘（这部分被轻轻地全部撕开过），但从穹顶不变的尺寸已经可以看出这个方案其他部分近似的模样了。在 Uff. 3A 右页平面图中教堂中殿宽度的一半——60 帕尔米 ×60 帕尔米的方格网现在被用作模板。此外，伯拉孟特选择了1 ：150 的严格比例，这样一来两个半模板就是一帕尔莫（palmo）。在接下来的两个项目方案里（cat.nos.283-288），他先把帕尔莫以60 分（minuti）的方格进行分割，再以2 分（约7.4 毫米）的方格细分一次作为测量网格，在图中2 分相当于5 帕尔米。伯拉孟特似乎已经为在圣彼得大教堂红铅笔图方案（在羊皮纸方案之前）中继续做类似的研究做好了准备，以这种方法他可以轻易确定每一个尺寸。方案设计期间可能会多次转录图纸，为方便机械制图，当时可能会在图纸上用红笔画上必要的辅助线，之后再擦掉。实际上在伯拉孟特随后的三个准备性研究中，平面草图和立面设计是互相结合的，但在呈给教皇的最终方案里（如 Uff.1A 所示方案）他会画出预先假设好细节推敲的立面（cat.nos.280,283,288）。

圣彼得大教堂的羊皮纸方案与实际施行的方案相比显得非常"理想化"。实际上伯拉孟特是在说服教皇之后才开始仔细研究方案的细节。他后来深化了柱式和柱拱的处理，并对照静力性能、功能布局和美学标准核实了每一处细节（cat. no.283）（在他著名的建筑基础纪念章铸成之前）。[73b] 当然，再好的方案，如果最后还是被教皇否决，那伯拉孟特也就不得不重新来过了。他对圣彼得大教堂的设计方案再三思量，对承重结构进行更彻底的加固并删减冗余的附属空间。由此，伯拉孟特一步步地完成了他1506 年4 月的最终方案。从现存的过程方案图中我们了解到，在第二阶段他仍然从草图开始设计（cat.nos.283,287,288），他精心设计每一个细节，用方格网测量尺寸，同时反复用草图来解释立面的每一个部分。Uff.20A 红铅笔绘制的平面图为我们提供了一个文艺复兴时期复杂有机的建筑方案生成过程的范例，这是其他所有文艺复兴建筑都做不到的。伯拉孟特保留了原有的巴西利卡平面——借此建筑显示出教皇所期待的古老的庄严感。伯拉孟特画图本领极佳，他可以在一张图上一层叠一层地画很多过程图，他的画法有条不紊很有节制，这使我们今天也可以清楚地将它们区别开。他最初用尺规画图，之后有了方格网做参考便越来越常徒手绘图，他会不时在两个5 帕尔米的方格处做一些标记。

1506 年春，伯拉孟特做了一个类似的设计，在这个设计中他先画了平面的最终实施方案，之后再画立面图并制作了木模型（cat.nos.293,292）。可以说在这个方案里模型没有派上什么用场。建筑基本尺寸最终确定之后便开始了漫长而精细的建造过程，从柱式、穹隅到中心定位，几乎所有的建造细节都靠正交图来完成（cat.nos.295,296,297）。这一系列连续过程向我们展示了伯拉孟特为完

[73b] op. cit.

成一个设计所做的漫长工作：从简单的方案设想图示，到呈现给投资人的方案表现，再到最终的实施方案，过程中建筑的形式逐渐变得复杂，逐渐脱离开精确的建筑模数和图纸网格；我们可以看到在红铅笔图平面阶段就已确定的尺寸，以及他是如何重新把传统的60 帕尔米模块应用于拱廊的。[73c] 在伯拉孟特看来，网格和模型是首要的专业辅助措施，但它们并不是方案的最终目的，所以那些企图通过研究古建筑的最终实施方案来找出理想比例的行为注定会失败。

无论建筑师还是投资人都很清楚方案存在变动的可能性，甚至在建造过程中也不可避免。因为细节只有在项目进行到需要它们时才会变得详尽，而形式的改动也反映出建筑师本身的想法是否成熟——最明显的例子可能就是1519 年开始建造的美第奇府邸，在这个项目中米开朗琪罗甚至牺牲了形式的和谐来迎合对新奇细节的追求。[74] 这就是为什么伯拉孟特要把拱顶的确切形状留到最后再解决（没准还会在考虑完建筑静力问题之后）。

尤里乌斯二世去世后，尽管圣彼得大教堂的柱拱和唱诗班的拱顶都已经建成，但利奥十世还是下令建筑师要马上重新做一个精美壮观的方案（他之后的很多继任者也都这么干）。巴西利卡要变得更大、更壮观、看上去更有古典韵味（cat. nos. 306,307）。这一时期的设计一直持续到伯拉孟特生命的结束，期间他做了不朽的穹顶方案，之后塞利欧（Serlio）的方案应该是对它的复制（cat. nos. 303）。这一方案的表现方式尤其值得注意。它是现存的第一个平面、立面、剖面直接相关并且以相同比例表现的方案。这种联系紧密的三视图很可能就是由伯拉孟特最早确立的，因为伯拉孟特受哥特建筑通透结构的影响很大，而且他绘制的穹隅平面图和剖面图就是互相关联的（cat. nos. 296）。他在天窗平面图中解释了承载和分担拱顶、天窗重量的构件之间竖向的传力关系——在塞利欧保存的坦比埃多的图纸中也有这样的表达。这种同样源自哥特建筑的轴向系统是圣彼得大教堂穹顶和作为其重要原型的万神庙之间最根本的差别。这再次说明了建筑方案和它的表现方法之间有密切的关系。

如果说伯拉孟特的结构研究使建筑设计的正交表现得到完善，那么他绘制的有强烈明暗对比的一点透视图，则体现了建筑杰出的视觉效果和从方案之初就开始考虑的光线的基本作用——"普利弗达利雕刻版画"就用到了这样的表现技术（cat.no.121）。伯拉孟特不仅将这种中心透视法用于他在米兰的第一个唱诗班项目和圣萨提洛圣母玛丽亚教堂，也用在他的罗曼建筑中，如梵蒂冈宫的贝尔维德雷庭院（Belvedere Court）。[75] 他把这些建筑都看作是空间和视觉的单元，用图案化的设计策略来克服场地的不利因素。在米兰教堂设计中，他在通常的长向建筑体量上加上了一段透视欺骗性的唱诗班扶手，而在梵蒂冈宫松果内院方案中他神不知鬼不觉地缩短了壁柱（以至于最近才被注意到）。伯拉孟特就是用这样的方法建造了即使在现在看来也是非常独特的空间形式。

伯拉孟特会仔细研究空间组织对一个理想视点的影响：在梵蒂冈宫方案中，他会研究从波吉亚（Borgia）公寓里教皇的房间看到的景象，但是在其他不要求使用透视技术的方案中他就不会这么做，比如他绘制的红铅笔稿圣彼得大教堂平面（cat. nos. 288）。在左页中他画了形体交叉处的拱顶、低视角有覆

73c C. L. Frommel, "St. Peter's," in this catalog: fig. 23.

74 C. L. Frommel, "S. Eligio und die Kuppel der Cappella Medici," in *Akten des 21. Internationalen Kongresses für Kunstgeschichte Bonn 1964*, Berlin 1967, vol. 2: 53ff.

75 A. Bruschi 1969: 295ff.

图18 巴尔达萨雷 · 佩鲁齐，罗马圣斯蒂法诺 · 罗通多教堂内部

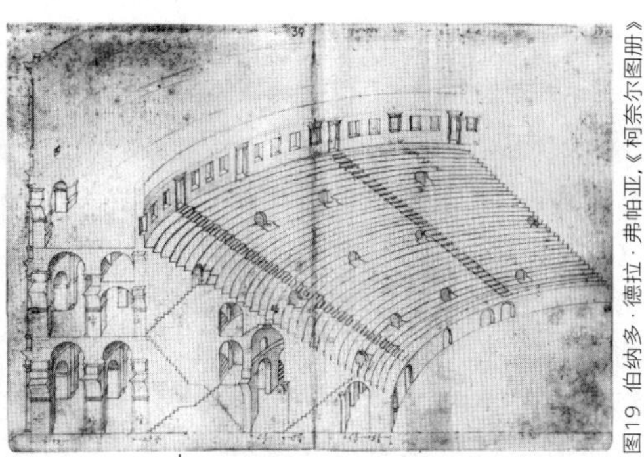

图19 伯纳多 · 德拉 · 弗帕亚，《柯奈尔图册》中的罗马斗兽场剖透视图

盖的拱顶以及高视角的鼓座和外部构造。他设计的纪念章图案中也有类似的视点变化。他以低视点的正视角度绘制了圣彼得大教堂逐层上升的外部形象；而梵蒂冈宫很难从正面表现，他便绘制了它的侧面鸟瞰图。在这两个例子中，伯拉孟特都没有遵从严格的中心透视画法，而是努力表现真实的空间形态所带来的影响。

像"普利弗达利雕刻版画"一样，伯拉孟特对光线的处理极大地激发了这些透视方案视幻觉表现的潜力。伯拉孟特在他的罗曼建筑中只通过明暗对比法就成功诠释了受光区和背光区，其中他精心为圣彼得大教堂做的最后一个方案和坦比埃多的两圈柱廊方案就是典型代表。年轻的佩鲁齐(Peruzzi)可能是受到了坦比埃多或者同心庭院(the concentric courtyard)的启发，在1503—1504 年做出了圣斯蒂法诺 · 罗通多教堂(S.Stefano Rotondo)的内部设计。[76](图18)无论如何，这种有着不同寻常的宽广视角、对于明暗有艺术化处理的表现方式，与朱利亚诺 · 达 · 桑加洛或者弗朗切斯科 · 迪 · 乔尔乔的图纸看起来很不一样，它更接近"普利弗达利雕刻版画"(cat. nos.121)或者伯拉孟特的红铅笔稿平面图。很难想象如果没有伯拉孟特的视幻觉设计，没有伯纳多 · 德拉 · 弗帕亚(Bernardo della Volpaia)所著的《柯奈尔图册》(*Codex Coner*)中伯拉孟特的建筑图，(图19)那些伪桑索维诺专家们(cat. nos.293,292)[77]画透视图时该如何下笔。[78]

真正继承了伯拉孟特精湛的建筑设计方法和表现技术的是拉斐尔(Raphael)，后者很可能就是由伯拉孟特推荐，于1508 年被教皇召到罗马供职。[79]拉斐尔曾在雅典学院(School of Athens)学习，早在1509 年他便继承了伯拉孟特的新建筑风格和视幻觉的表现方法。伯拉孟特看着拉斐尔的设计——从拉斐尔画室(the Stanze)的图画空间设计到他的第一个由阿戈斯蒂诺 · 基吉(Agostino Chigi)委托的建筑设计一步步稳定向前，便将拉斐尔定为他的正统继承人。这也就是为什么伯拉孟特向教皇推荐拉斐尔而不是精通技术的助手安东尼奥 · 达 · 桑加洛作为他的继任者。相比于桑加洛，拉斐尔设计绘制的基吉家族马厩红铅笔草图以及基吉家族葬礼小教堂方形平面的随意轮廓，都使他的建筑设计手法看起来更接近老师伯拉孟特。1514 年，拉斐尔用透视图来核对他为圣彼得大教堂做的第一个方案的空间影响(cat.nos.309)——

76 C. L. Frommel, "Peruzzis römische Anfänge von der 'Pseudo-Cronaca-Gruppe' zu Bramante," in *Römisches Jahrbuch der Bibliotheca Hertziana* 27/28 (1991-92): 173 fig. 36.

77 C. L. Frommel, in C. L. Frommel, N. Adams 1993: 32.

78 op. cit.: 27.

79 op. cit.: 29ff.

之前伯拉孟特也用过相同的方法，他把红铅笔绘的透视图画在了平面图背后。拉斐尔在1515年前后的建筑设计中，不仅借用了梵蒂冈宫壁柱组的创意，还运用了与布雷西亚的雅各布府邸(Palazzo Jacopo da Brescia)相同的透视技术。[80] 他为圣彼得大教堂做的第二个方案的穹顶和整个表现方法，都完全参照了伯拉孟特五年之前做的穹顶方案(cat.no.311)。伯拉孟特那极富艺术表现力的光影透视图最终通过拉斐尔做的一个舞台背景方案实现了，(图20)而此时拉斐尔的人生也走到了尽头。[81]

然而我们不能单纯地只把拉斐尔看作伯拉孟特的继承人。伯拉孟特在画圣彼得大教堂第一批草图的时候非常依赖于他在米兰时的工作经验和方式(cat.no.287)，而拉斐尔从未在米兰工作过。对拉斐尔来说，万神庙和帝王浴场对他的影响远比骨架结构(如米兰大教堂)和后君士坦丁室内设计(如圣洛伦佐教堂)大得多，在伯拉孟特的引导下拉斐尔通过对前两者的学习领悟了建筑。

拉斐尔把从这些古建筑中学到的东西用在了对一个已完成的古罗马复建建筑进行清洗的项目中，在一封写于1519—1520年名为"备忘录"(Memorandum)的上呈信中，他向这项目的赞助人(推测是利奥十世)进行了详细说明。项目调查和表现使用的正交三视图画法、尺规画法、透视表现法等都沿用自伯拉孟特。在伯拉孟特去世后的几年中，古建筑的相关材料和研究以惊人的速度得到了扩充和发展，严格的科学方法论也得到了迅速的提高。虽然没有确凿的证据证实现存的大量古建筑测绘图和拉斐尔重建罗马帝国的设想有必然的关系，但从1518年以后的图纸中可以看到，拉

图20 拉斐尔，某舞台背景设计

斐尔同时代的杰出建筑师们在为提高测绘图的科学准确性和客观性做着坚持不懈的努力。[82] 在为更广泛和深入了解古建筑而努力的过程中，安东尼奥·达·桑加洛(1485—1546)是拉斐尔最密切的伙伴。安东尼奥受到他伯父朱利亚诺·达·桑加洛的影响很大，在1504—1505年他就画出了大斗兽场更精确也带有更多分析的测绘图，(图21，图22)以此证明自己是对三维建筑更感兴趣的真正建筑师，而并非

80 C. L. Frommel, in C. L. Frommel, S. Ray, M. Tafuri, *Raffaello architetto*, Milan 1984: 157-162.

81 C. L. Frommel, in C. L. Frommel, S. Ray, M. Tafuri 1984: 225-228.

82 C. L. Frommel, in C. L Frommel, N. Adams 1993: 30-34.

图21 小安东尼奥·达·桑加洛，罗马斗兽场平面图

图22 小安东尼奥·达·桑加洛，罗马斗兽场剖立面图

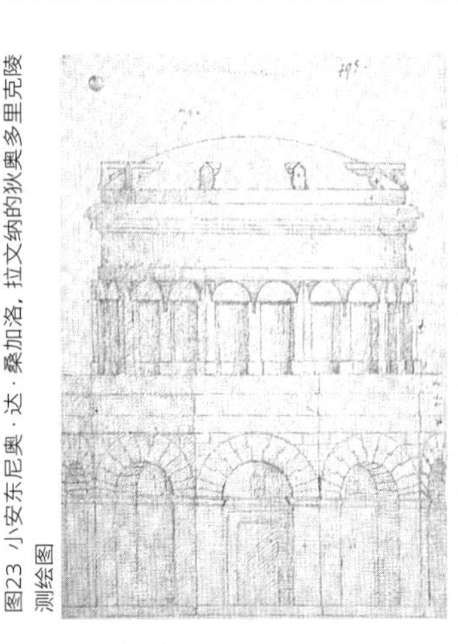

图23 小安东尼奥·达·桑加洛，拉文纳的狄奥多里克陵测绘图

只单纯地停留于建筑立面。大约在1506 年或1507 年，朱利亚诺搬去与伯拉孟特等人住在一起，并画了狄奥多里克陵(Mausoleum of Theodoric)的正交立面图，伯拉孟特1506年左右在博洛尼亚参加军事行动的时候对其做过测绘，朱利亚诺可能是在伯拉孟特测绘数据基础上画的。(图23)它的立面图案化的明暗对比让人想起伯拉孟特晚些时候的穹顶方案。1509 年春天朱利亚诺刚回巴塞罗那，伯拉孟特便请安东尼奥担当他的主力助手。伯拉孟特因痛风导致无法继续画图，便指导安东尼奥画完了圣彼得大教堂最后的方案。[83]

尽管桑加洛能很熟练地掌握透视表现法(他会把它用在草图绘制和舞台背景设计中)，但是比起同时代的建筑师，无论是在建筑设计方案还是古建筑测绘图中，他都更专注于使用严格的正交表现方法。他做方案是从明确的建筑体量而不是从空间扩张开始的，所以他的方案图中较多使用的不是素色方格网，而是像他的同乡安东尼奥·达·佩莱格里诺(Antonio da Pellegrino)那样使用的是刻画轴线，这种方法从兰斯教堂叠印稿开始就很普遍了。这种严格的正交画法符合所有横向和竖向构件的连续性，在他早期的方案中(如始于1513 年的法尔尼斯府邸)应用得非常一致，这一点甚至在伯拉孟特的设计中都找不到。1526 年桑加洛第二次来到狄奥多里克陵，对其进行了独立测绘，这次的测绘图和他之后为圣彼得大教堂做的方案(cat. nos.347-372)的准确性已胜于伯拉孟特，且在此后的几个世纪中无人超越。

巴尔达萨雷·佩鲁齐(Baldassarre Peruzzi，1481—1536)则恰恰相反。他跟随安东尼奥在圣彼得大教堂的项目上工作了很多年，但他一直认为自己的工作起源于艺术。[84]他对古建筑新颖的解读和他第一批设计方案中的鸟瞰图都是受弗朗切斯科·迪·乔尔乔的影响。[85]很久之后他才可以像朱利亚诺·达·桑加洛或者伊尔·克罗纳卡那样客观地观察。佩鲁齐画的圣斯蒂法诺·罗通多教堂室内设计图令人惊叹，而这很可能是模仿了伯拉孟特罗马

83 op. cit.: 10ff.

84 H. W. Wurm, *Baldassarre Peruzzi. Architekturzeichnungen*, Tübingen 1984.

85 C. L. Frommel 1991-92:159ff.

时期光线华丽的广角透视图(图18)。大约从1506年开始(差不多和桑加洛在同一时期),他继承了伯拉孟特的正交表现法,并以前所未有的精确度和美感绘制了古建筑遗迹的细节图。(图24)

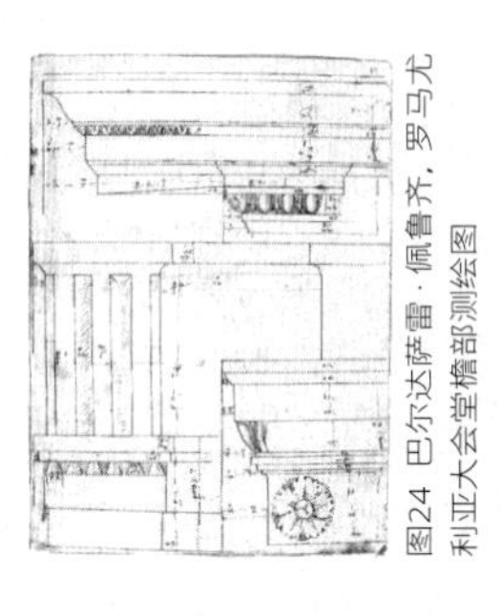

图24 巴尔达萨雷·佩鲁齐,罗马尤利亚大会堂檐部测绘图

佩鲁齐在之后的项目中也继续使用正交图画法。但是在他所有的大型古建测绘图中都没有出现正交三视图,甚至连一个正交的补充说明立面和剖面都没有。同样,相对于桑加洛,对称画法、连续的轴线和檐口在佩鲁齐后来的项目中起的作用要小得多。正因为如此,佩鲁齐成为少数可以设计一些非比寻常的建筑的建筑师之一,比如建在不平场地上的马西莫府邸,不仅吸收了古典建筑的墙身设计方法,还对特殊地形加以利用,佩鲁齐想以此来做出既创新又壮观的方案和透视效果。

佩鲁齐呈给教皇的透视表现方案中建筑强烈的视觉效果得到了承认,被誉为唯一继承了伯拉孟特透视方法的设计。现存最早的有巧妙照明的建筑透视设计可以追溯到教皇利奥十世最初上任的那几年,[86] 由此我们可以看出佩鲁齐受人尊敬的恩师伯拉孟特对他的帮助有多大。如果他在自己更复杂的方案中只有一部分按照中心透视法画,那么他很有可能是模仿了伯拉孟特的做法:像14、15世纪托斯卡纳的大师们或者《柯奈尔图册》中的处理方法一样,他缩短延伸至背景的线条,让画面投影面互相平行以此作为正交立面——这是为了在不降低透视效果的前提下保证一定客观真实性所做的妥协。在1522—1523年为圣彼得洛尼奥教堂做的方案中,他删掉了很大一部分外墙来表现建筑内部的像面,这是一个从建筑形体长向剖断并剖到穹顶部分的正交剖面图,图中亦能看到邻近的从属空间。[87](图25)这幅图虽然并非以固定比例所绘,但佩鲁齐也已表现出了墙的疏密和穹顶的样子(就像阿尔伯蒂说的,它应该是为一个好模型来服务的);他甚至还在空白的地方画上了带透视变形的平面图。佩鲁齐抛弃了自伯拉孟特穹顶方案起流行的(立面和剖面互为补充的)正交三视图画法,而把平面、立面、剖面和透视图画在一张图中,虽然这种做法稍显不客观,但是图面信息却得到了极大丰富。

佩鲁齐这种巧妙的绘图方法可以追溯到达·芬奇米兰时期的草图。在这些草图中,建筑前半部分出现在带透视变形的平面中,而后半部分画在剖透视图中。[88](图26)相同风格的表现方法又出现在戴克里先浴场重建方案里,它很明显是在伯拉孟特和安东尼奥·达·桑加洛1504—1506年完成的测量数据基础上做的,但是有些夸张的鸟瞰图和被拉长了的比例看上去还是和佩鲁齐早期的图纸比较相似。[89](图27)佩鲁齐可能是最初在罗马跟随伯拉孟特工作时学会了这项技术。他在晚期的圣彼得大教堂方案中又重新开始用视角稍有倾斜的鸟瞰图来表现建筑,入口大门只有在带透视变形的平面图中才能看到,室内前半部分和壁龛顶部一样高,只有后半部分表现了穹顶。同样地,在这个方案中所有平行的像面都以近似正交立面图的形式表现(cat. no. 331)。而圣彼得洛尼奥教堂方案透视图视点很低,使得观者感受到建筑空间的宏伟,佩鲁齐似乎更

86 C. L. Frommel, "Baldassarre Peruzzi als Maler und Zeichner," in *Beiheft des Römischen Jahrbucbes für Kunstgeschichte* 11 (1967-68): 32ff., pl. 22c, d, 92c.

87 H. W. Wurm 1984:132.

88 C. Pedretti, *Leonardo architetto*, Milan 1978: 23ff.

89 A. Nesselrath, "Monumenta antiqua romana. Ein illustrierter Romtraktat des Quattrocento," in R. Harpath, H. Wrede, eds., *Antikenzeichnung und Antikenstudium in Renaissance und Frühbarock*. Akten des intemationalen Symposions 8.-10. September 1986 Coburg, Mainz 1989: 33ff.

图25 巴尔达萨雷·佩鲁齐，博洛尼亚圣彼得洛尼奥大教堂完成方案

图26 莱昂纳多·达·芬奇，某教堂设计方案

图27 罗马戴克里先浴场测绘图，作者不详，绘于16世纪早期

在意伯拉孟特在圣彼得大教堂梅花形平面方案鸟瞰图中所表现出的教科书式的通透性。

说到意大利早期建筑图纸就一定会提到米开朗琪罗。自从1505年来到罗马做尤里乌斯二世的陵墓设计开始，他就牢牢地和各种建筑活动联系在一起。[90] 尤里乌斯二世陵的最初两个设计方案标注日期为1505年3月(cat. nos. 278, 279)，在这两个方案中米开朗琪罗复古的手法有些像朱利亚诺·达·桑加洛，大量尚存透视图中涡旋、底座和檐部的处理都让人想起朱利亚诺当时的风格。[91] 至于伯拉孟特对米开朗琪罗的影响，早在劳伦齐阿纳图书馆主厅(piano nobile)和它向外开的壁龛设计中就已不容忽视，尤其是在主题性的设计中体现得更加明显，比如有节奏的秩序设计(the travata ritmica，梁的节奏感)或者出挑构件的灵活运用。米开朗琪罗在1513年春天——甚至可能要早

90 J. S. Ackerman, *The Architecture of Michelangelo*, London 1961; C. G. Argan, *Michelangelo architetto*, Milan 1990.

91 S. Borsi 1985, figs. pp. 424, 469, 473, 477.

于朱利亚诺(差不多和拉斐尔、安东尼奥最早的项目同一时期),便继承了伯拉孟特严格的正交表现方法,以及它图像化的明暗分布。而在圣洛伦佐教堂立面方案中,他对平面、立面和剖面的处理并不比拉斐尔或桑加洛差,他甚至更加周全地考虑了要怎样巧妙回避一些设计中的妥协之处,以便更好地表现透视图(cat. nos.223-235)。只有在像劳伦齐阿那图书馆楼梯厅这种空间特别大的结构中,他才会画透视草图。在这些早期的方案中,他首先会尽力做出建筑的塑性浮雕和准确的细部节点,并以高对比度的水彩加以强调。米开朗琪罗自1516年、1517年开始便以这种方法做圣洛伦佐教堂的立面模型,他让光线直接从南侧射入。相比于朱利亚诺稍早的参选方案,米开朗琪罗的处理更真实也更富于空间效果。而拉斐尔和佩鲁齐当时的设计都更注重模型在形式上丰富的对比关系(图20,图25),显然伯拉孟特是他们共同的灵感来源。米开朗琪罗一生都在坚持这些表现方法,这种通过阴影来加强视觉效果的正交剖面图在欧洲之后几个世纪中被广为应用。[92]

新型建筑绘图技术的发展过程可以被浓缩成几个阶段,这一过程对建筑的建造也有决定性作用:法国的早期哥特风格发现了——或者更恰当地说是重新发现了正交三视图;乔托时代立面透视图和模型的使用让建筑方案变得物质化、具像化、富有空间感,并有较强的明暗对比关系;最后,佛罗伦萨早期文艺复兴时期伯鲁乃列斯基、阿尔伯蒂和达·芬奇仔细研究了所有可能的透视表现方法。三个世纪的经验汇集而成伯拉孟特的圣彼得大教堂新方案,它给当时带来一种详尽的设计方法,让渊源悠久的建筑设计方法第一次变得触手可及,这也是史上第一次对建筑设计方法做如此重要、复杂和精确的整合。伯拉孟特的追随者们使这些方法的各种可能性得到完善,其中比较突出的是安东尼奥·达·桑加洛对正交投影法设计过程、佩鲁齐对透视表现法的贡献。自此,建筑制图和表现的方法高度发达,已不需要根本性的提高。后世中最杰出的设计师——从维尼奥拉(Vignola)、帕拉第奥(Palladio)到波洛米尼(Borromini)、尤瓦拉(Juvarra),都继承了这一宝贵遗产。图纸表现方法发展过程中的每一次进步都与建筑历史的转折相关,所以这些设计方法的留存也体现了建筑形式的连续性。

92 W. Nordinger, in W. Nordinger, F. Zimmermann, eds., *Die Architekturzeichnung vom barocken Idealplan zur Axonometrie*, Munich 1986: 8ff.

访谈 → interview

弗朗切斯科·迪·乔治·马丁尼：伟大的展览*
（毛里奇奥·加尔加诺采访曼弗雷多·塔夫里 胡恒 / 译）

展览三部曲：1984年的"拉斐尔，建筑师"艺术展，1989年的"朱里奥·罗马诺"作品展，以及最近在锡耶纳开幕的追忆弗朗切斯科·迪·乔治·马丁尼(Francesco Di Giorgio Martini)的展览。恰逢三部曲的完结篇，我们采访了曼弗雷多·塔夫里，他给我们讲述了最新历史研究的重要进展。

毛里奇奥·加尔加诺(Maurizio Gargano)：1984 年在罗马举办了展览"拉斐尔，建筑师"，1989 年移步曼托瓦开展了类似的展览"朱里奥·罗马诺"。而今，1993 年，主题为"弗朗切斯科·迪·乔治·马丁尼"的展览正在锡耶纳举办。十年之内，三次重大的努力。如果说这中间有什么关联的话，请问是什么关联起了这些研究活动呢？

曼弗雷多·塔夫里(Manfredo Tafuri)：实际上不是三部曲，而是四部曲——第四部是关于小安东尼奥·达·桑迦诺的完整建筑绘图集。四部曲的想法最开始是由赫兹图书馆的克里斯托夫·卢伊特波尔德·弗罗梅尔(Christoph Luitpold Frommel)提出来的。如果我没有记错的话，当时大概有22 位学者有类似的想法。所以，1984 年的拉斐尔展是由好几个原因促成的。首先，我认为是为了让不同国家的学者打破地域性束缚，在交流中研究；如果能推翻一些障碍壁垒的话，那么学者们就能讨论很多东西。拉斐尔展览促成了一个专家学术委员会，一直马不停蹄：他们在各种大小学术会议上各抒己见，如文艺复兴高级研究中心，以及维琴察的安德烈亚·帕拉第奥中心。克里斯托夫·卢伊特波尔德·弗罗梅尔、霍华德·伯恩斯(Howard Burns)、康拉德·奥伯休伯(Konrad Oberhuber)、西尔维娅·费里诺(Sylvia Ferino)、我本人以及其他学者用了三年时间筹备展览。这三年中，形成了一个小的艺术史学家委员会，大家互相协作；结束了之前成员之间无交流的现象。最重要的是这个团体对意大利历史编纂的偏狭性采取了高度批判的态度。关于拉斐尔的最主要问题在于，开展一个从历史层面说得通的重新分析，从头开始，回到最初，研究文艺复兴概念的基石，不要管伯克哈特(Burckhardt)的观点，或是其他什么人提出的观点。对拉斐尔进行这种调查研究是很合适的，因为拉斐尔有时进步，有时却又倒退。所以研究拉斐尔后期作品的出发点必定是弗朗切斯科，没有第二人选。很自然，这种研究也意味着需要找到一条线索连接弗朗切斯科、伯拉孟特和拉斐尔，并不是说要合三为一；这种联系还是可以找到的。现在来谈一谈朱里奥·罗马诺的展览。朱里奥把我们带到了边缘：拉斐尔对非罗马的客户采取蔑视的态度；加之欧洲的影响，这使得重点从首都转移到即将成为新首都的城市。这一切都将手法主义(Mannerism)这一主要问题摆在显微镜下。朱里奥在西班牙（如查尔斯五世宫殿）和巴伐利亚（如慕尼黑宫）也有影响，绝非偶然。

然而整个故事中还是存在一些奇怪的地方：实际上，大多数关于拉斐尔的展览，展出的都是小桑迦诺的绘图作品。拉斐尔、小桑迦诺和罗马诺之间紧密的联系能够让我们有效地理解文艺复兴的"中心"。这个中心的影响波及周围地区。我认为这个中心地区和周边的关系才是核心。至于弗朗切斯科，和拉斐尔相比，他比较像回到原点。他

* *访谈原文发表于 Domus 第750期（1993 年）。*

的原点位于一个可以和佛罗伦萨相媲美的文化之都，而罗马绝对只是一个狭隘的村落。另一方面，我认为，这也关乎解决现代性的问题。这也是伯克哈特的主要主题（虽然他的观念存有偏见，这是受制于他所在的时代）。然而，我认为这并不表明我们试图研究"未成为过去的事情"。即，正如心理分析中所述，如果一个人不能改变自己对过去的观点，那么所谓的过去就不能成为真正的过去，这样的过去可能会改变现在。

加：回到关于连接线索的问题，拉斐尔的父亲——乔凡尼·桑蒂（Giovanni Santi）是一位画家，曾写过韵诗来赞颂弗朗切斯科的方方面面，颂扬他是一位"杰出的建筑师""精妙的装饰者""伟大的创作者""精湛的画家和修补者"。您在关于这次展览的研究过程中，有没有发现证据能证明弗朗切斯科的多才多艺？

塔：虽然对于研究成果我们基本意见一致，但是还有许多未回答的问题。即将出版的书不是为了显露"分歧"观点，而是提供一个基点供大家研究讨论。书目中涵盖大量的弗朗切斯科的专著论文以及关于军事工程的内容。这有几个原因。这些专著论文，尤其是关于民用和军用工程的，锡耶纳两年前有关于它们的展览，一直都刺激着人们的好奇心。虽然我不认为"联系"本身都是有意识的。弗朗切斯科的前辈们，包括达·芬奇以及其他15世纪的"工程师"们（甚至伯鲁乃列斯基的机器），都点燃了我们现代人想象力的火花。似乎他们几乎就是电子学和电脑的先驱者。我认为这种现象是由于兴趣，虽然兴趣可以说是一个无意识层面的理由。但是对军用工程的兴趣可能源于对功能性的驱使；艺术史学家开始处理功能主义以及类似的问题，是在文艺复兴之后。通常艺术史学家需要受到话题的引导，也就是说，如果当前的规划一团糟，他们需要讨论城镇规划，并且需要使用城镇规划的概念回顾过去。我们反复思考应当如何处理弗朗切斯科的建筑，最后决定排除大家认为是出于弗朗切斯科之手的专著论文及其相应日期（我认为关于确切日期有很大的争议），以及几百个要塞和城堡。相反，我们仔细研究确定是出于弗朗切斯科之手的作品，其实这些确定的作品数量很少。（图1）所以，我们发现了一位从各个方面都和时代浪潮背道而驰的建筑师。实际上，如果我们希望给弗朗切斯科贴上人文主义的标签，那么我们就必须细化至"新中世纪"（Neomedieval）人文主义。阿尔伯蒂对新中世纪人文主义有很强大的影响以至于到最后这种人文主义已经非阿尔伯蒂式了。一个伟大的发现就是乌尔比诺大教堂。它的特点就是夺人眼球的苦行主义，萨索科尔瓦罗城堡（Sassocorvaro Castle）庭院、甚至乌尔比诺的圣基亚拉修道院（Santa Chiara Convent）都展示了同样的苦行主义。什么时候我们才使用苦行主义这一术语呢？当一个建筑极端到憎恶装饰的时候。甚至都不屑于使用秩序。这就好像当弗朗切斯科注视着罗马的废墟的时候，他更加着迷于帝国时期雄伟的朴素的拱顶，而非任何其他东西。在我看来，人们经常错把15世纪的意大利建筑看成是16世纪意大利建筑的延续。但是15世纪的

图1 疑似弗朗切斯科的几个作品

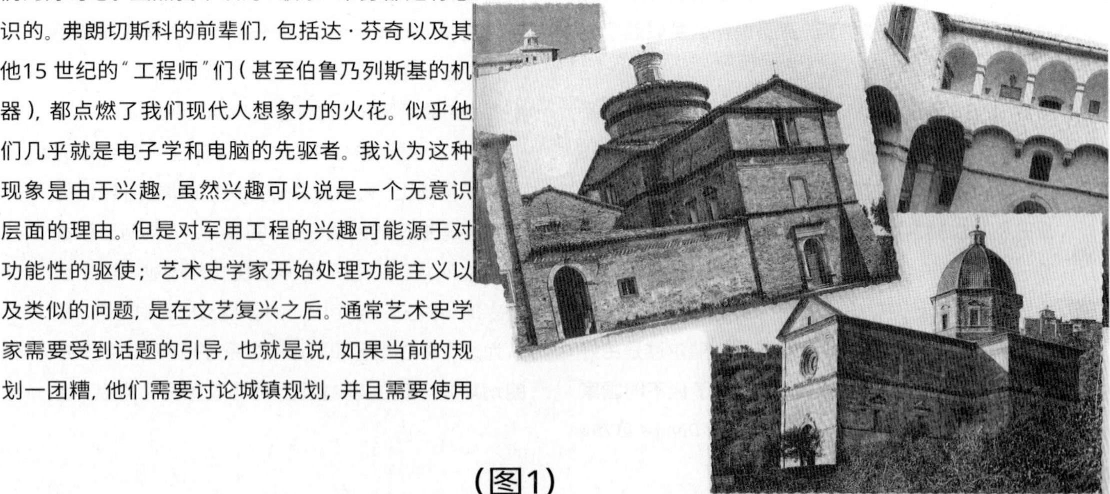

（图1）

建筑经历了千百次塑造及再塑造的过程；当时的图纸采用专门的类似于金属丝一样的细线条进行勾画。最初，这些建筑师看不起厚重的墙体，创作出一种"变形"和"不对称"，这都让弗朗切斯科很满意。这里就存在着"新中世纪主义"。然后，正如许多细节表明的那样，一个新的建筑师团体逐渐形成；与伯鲁乃列斯基、阿尔伯蒂、卢恰诺·劳拉纳（Luciano Laurana）不同，弗朗切斯科根本不在乎对称与否。当他改造圣基亚拉修道院的时候，这点体现得非常清晰。他就好似一位中世纪的建筑师，很自然流畅地借鉴使用古代的思想来进行"梦一般"的改造。另外，水渠是一个更加吸引人的模型，而非马切罗剧场（Theater of Marcellus）或是罗马斗兽场（Colosseum）。此时，一个问题浮出水面：至少在两篇弗朗切斯科的手稿 Codice Saluzziano 和 Codice Magliabecchiano 中，他都没有（或似乎没有）提出这种类型的建筑。仔细研究这些手稿之后，关于"建筑"这一方面我们发现了令人惊讶的地方。弗朗切斯科这种"发明性质"的对古物的再创造与"装饰"并没有什么关系，而乔凡尼·桑蒂却推崇弗朗切斯科为一个"伟大的装饰者"（他甚至都没有忠实地诠释万神庙）。弗朗切斯科真正的建筑作品中，实际上没有任何装饰可言。当他试图魔法般回到物之初始状态的时候，他似乎并没有同时对古代的伟大建筑进行创造性召唤；所以这种"再创造"与他自己的建筑完全脱节。这种思维方式也有点中世纪的味道。他的论著并没有呈现他的建筑——这是第一个有趣的发现。第二个发现就是弗朗切斯科的绘图中的建筑比他论著中的描述更加富有梦幻的意味。实际上，除了个别特例，他绘图中的建筑通常都是隐秘的，不会跃然纸上主动让你看见。最重要的建筑都隐藏在风景或是背景的后面，会突然出现，却又半遮半掩躲在巨石后面。这才是真正的梦境建筑。（图2）这种效果由于使用"不现实的"色彩而加强，这可以说是第三种风格。虽然弗朗切斯科的建筑再创造确实与论著中想象的结构相关，但是很少与真实的建筑有关。他使用柱式、半柱式、扩展物或是模仿君士坦丁拱门（Arch of Constantine），如位于锡耶纳圣多梅尼克教堂的《耶稣诞生》(*Birth of Christ*)。第四个风格就是他的浅浮雕。弗朗切斯科处理透视的时候非常谨慎，比如再现佛罗伦萨的吉贝尔蒂（Ghiberti）在《天堂之门》中所描绘的虚构城市。简而言之，我们的新发现就是——弗朗切斯科创作青铜像，制作浮雕，是一位一级的水利工程师，他发明了没什么用处的机械（已经证明了他设计的所有引擎都无法运转），他和机械之间、和古物之间的关系建立在幻想的基础之上，比较怪诞。第一次，有人对古物这么感兴趣，可惜品位是"扭曲"的。毕竟，扭曲是弗朗切斯科建筑的特点之一。他很喜欢不规则性。我们认为，这一切都让他成为15 世纪意大利独一无二的建筑师。如果我们想要理解这位建筑师，这点认识非常重要，因为如果以线性的视角来看历史发展的话，那么这位建筑师就会显得老古董。然而，对于那些相信历史上每一个瞬间都能让我们学到东西的人来说，弗朗切斯科是一位真正非凡的人，包括他的思维态度。比方说，我们发现他坚决反哥特式风格，但是

(图2)

图2 弗朗切斯科在锡耶纳的圣多梅尼克教堂的《耶稣诞生》

他又非常细致地研究了乌尔比诺的哥特式建筑，反复使用一些出人意料的细节，引出相应的主题。(图3)这很难用言语表述，但是那些图像会把弗朗切斯科的这一特点精妙地传达出来。比方说，他重复使用罗马式和哥特托斯卡纳式的主题，却不使用尖顶拱门；这个还不算最突出的例子。所有的主题都是"隐秘"的。可见他阅览大量的资料，总结出具体的抽象；这种做法恰恰就是一位中世纪手艺人的思维方式，还未学好拉丁语，却试图使用它进行交流。

加：现在我想从历史编纂的角度请教您一个问题，虽然这个问题可能涉及无法比较的问题。我们已经看到弗朗切斯科的画作中使用了建筑背景，所以从某种程度上来说，这就是一种绘画建筑。而今，至少从70年代开始，您会遇到擅长绘画的建筑师。我们能大胆地比较这两个相距甚远的时代吗，虽然它们很明显大不相同？

塔：可能有一种方法可以比较。瓦萨里(Vasari)可能会说绘画、建筑、雕塑、金匠技术，以及次要的各种艺术都归结于一种艺术，那就是制图。通常，一位在绘画或是雕塑方面不是很有天赋的建筑师会被认为稍逊一筹。比方说，瓦萨里看不起类似于小桑迦诺的纯粹建筑师。现实中，像小桑迦诺和米凯勒·圣米凯利(Michele Sanmicheli)这样的艺术家是专家的先驱，他们术业有专攻，具有各自的"知识"。相比于圣米凯利，帕拉第奥更接近于一位专业人士。前者设计民用和军用作品，而帕拉第奥只设计教堂、宫殿和别墅。但是绘画或是雕塑是15世纪意大利的根本。

建筑师—画家，如拉斐尔，或是雕塑家，如贝尔尼尼，也参与建筑，但是决不会影响建筑的独立性。虽然拉斐尔谙熟透视法则，但是在其壁画作品《雅典学派》中，他扭曲了建筑来适应古典的画面。画中穹隆周围的建筑不合逻辑。然而，受其绘画条件的驱使，拉斐尔确实在背景中嵌入了一些高矩形的排档间饰，这是完全反维特鲁威式的。这种设计能够使他处理布雷西亚的雅各布宫殿中的透视问题。所以，某种程度上，建筑师善于绘图，并且使用绘图来尝试各种建筑，这种现象很普遍。

在研究弗朗切斯科的过程中，我们发现了一位非常有意思的艺术家维奇埃塔(Vecchietta)；他似乎是弗朗切斯科的师傅。但是他的绘画和弗朗切斯科的完全不同；有很多证据证明他最初是一位建筑师，而不是一位画家。之前我提到贝尔尼尼是结合雕塑和建筑形成复杂艺术作品的大师。但是我们不应该忘记拉斐尔的基吉小礼拜堂(Chigi Chapel)：绘画、雕塑、镶嵌细工和建筑，浑然一体。实际上某种程度上来说，这也正是为什么贝尔尼尼是拉斐尔的继承者。

20世纪六七十年代以来发生了很大的变化，下面就阐述一下区别。我们试图解决以下问题：一个是道德心层面的强烈冲突；另一个是学科危机——由于持续地将建筑虚无化，当代整个建筑界都受到不良影响。也就是说，我们见证了一些(甚至从历史的角度来看也是)非常可怕的尝试——试图将建筑变成"神话"。这就好比说建筑不能表达的可以通过神话来表达。阿尔多·罗西渴望回到"婴儿期"；有时他所做的尝试也仅仅是实验性的，但偶尔他会试图将试验品变成真正的建筑。还有的，就像迈克尔·格雷夫斯(Michael Graves)的早期作品，追求一种新的纯粹的结合。

(图3)

图3 乌尔比诺公爵府远景

我是指早期现代主义中的“纯粹主义”：绘画—建筑结合的灵感源自奥赞芳（Ozenfant）和柯布西耶，是为了装饰空间。但是现代主义先锋派对它不感兴趣。随后又向纯粹的绘画建筑发展。这里我要指出一些平庸的方面，比如达里奥·帕西（Dario Passi）的无意识绘画（senseless drawing）。然而，最典型的例子还要数马西莫·斯科拉里（Massimo Scolari）和阿尔杜伊诺·坎塔福拉（Arduino Cantafora）开展的将建筑“迁移”到纯粹的绘画之中。但是，这些例子中的建筑确实自由了，如孩童放的风筝。根本不需要预设可能的空间，因为这种建筑绘画根本不需要具体空间。不过反过来，一直以来都有“大规模的努力”复兴那些本应该保持沉默、隐晦和未解的东西，即早期的形而上学画派。这个问题很严肃，因为形而上学画派已沦为一种纯“戏剧性”的东西，虽然它并非源自德·基里科（De Chirico）或是卡拉（Carra）。例如，国家电台3频道为其新闻广播采用了一个新的摄影场地布置，背景是（著名的）乌尔比诺嵌板画——理想城市，在其背后又强行塞入了一幅风格介于达里奥和希尔伯塞默（Hilberseimer）之间的风景画。该布置非常不恰当，很难理解他们到底想表达什么意思。

弗维尔·艾瑞斯专访曼弗雷多·塔夫里*

（刘可　胡恒 / 译）

艾：　一个令人不安的传闻正在建筑师之间传开：塔夫里不再做当代建筑了。这是真的吗？

塔：　历史、建筑史和激进的建筑之间，存在着某种本质上很多义的关系：建筑师习惯于阅读他们称之为"批评家"的外行文章，而对直接参与历史构筑的某个层面的建筑思想却毫无察觉。因此，就像所有历史研究那样，建筑史也根据历史重要性选择或去除其对象。史学家就这么不断做着学科领域内的迭代活动。对我来说，截至1980年我发表了各类论文。通过这些工作我大概已经推定出一个可被称作"当代"的阶段：我并不认为最近发生的事改变了那幅观念的图景。

艾：　我懂，虽然我认为这是一个非常极端的观点。莫非最近没有什么具吸引力的作品或引发挑战和关注的作品产生？

塔：　我觉得，根据审美来定义某人的旨趣方向十分危险。诚然，建筑时常是享乐主义的某个来源，但是这并不必然就具有重要的历史意义。同时亦存在一个学科领域的问题，人们需要极尽心力专注于历史的特定瞬间才可以进入思想的丛林。在此，各种思想在时间之流中，以不同于现在的方式和特征生发并相互缠绕。

艾：　跟历史自主性问题相反，你从不隐瞒对所谓的"激进批评"（Militant Criticism）的不满。这是一个清晰的立场，它完全克服了历史领域假定的科学性和客观性的歧义（虽然尚未实现），因此也祛除了昏聩的批评家的方向杂异的激情（hereodirectional passion）……

*　访谈原文发表于 *Domus* 第750期（1993年）。

塔：　我不相信"激进批评"，也并不理解"激进批评"。激进批评等于糟糕的历史研究。诚然，激进的批评充满热情，但是没有一件历史作品不诞生在激情中。也就是说，没有一件历史作品不揭示那些似乎已经解决或仍然搁置的问题——这些问题是否真的存在还不好说。问题在其他地方：事实上，今天有一种进行中的写作实践，关注"活"（Live）的建筑，并不希求成为历史写作，因此为自己发明出"批评"这一名称，仿佛隔离于历史的批评是可能存在的。另一方面，当我们在世界上某处找到一个平庸建筑师的平庸建筑，就为之书写历史，也是完全不可能的：这样的建筑已经占用太多建筑杂志的版面，通常无人阅读。在我看来，以抽象或含糊的哲学式术语来谈论建筑是极端危险的。

我曾想过就以下话题写点什么：成功写作建筑批评的若干法则。首要原则是，不要看建成品，让一个朋友给你描述它就行，最好用电话。第二，以哲学文本的引述开头——这是秀一把尚未消逝的知识的好机会——但是尽可能与作品自身的文化氛围保持距离。第三，对每个人讲述历史，而后错误的引述透露出你其实一无所知。没有人会注意到错误，你将赢得从波特盖希（Portoghesi）（图1，图2）到派珀（Piper）的评论约稿。

事实上，如果建筑杂志给每个项目两页版面，用足够数量的工程图、草图、照片等图像使

图1 波特盖希

图2 帕潘尼克住宅，波特盖希设计

人得以充分了解，这很有价值。甚至不需一行阐释，有精简的技术说明就足够，而后等待它进入历史的循环。你刚才说，批评是历史（研究）。我的看法与这个观察相悖：今天我们面临着专业水准下降的普遍状况，这个现象关涉画家、建筑师和历史学家。因此，我认为，在历史学家和建筑师难解而矛盾的辩证关系中，是我们对高超的专业水准的内在需求促使他们提升自身。这就是操作（批评）者和语境的问题所在（在你指责某些艺术批评家的行为之前）。今天，他们不是对公众，而是对市场谈论艺术家。由此，尖锐的经济形势确实刺激了他们那充满极尽扭曲的隐喻式用语的妄言：对最大实存的最极致抽象。在建筑界，市场确信其他法则，并不需要批评家的调节和支持。我对上述那些批评文字的模拟，只是证明了各种意识和基础的存在。

艾：　　那么，历史学家是否在所有市场之外？

塔：　　不，他有自己的市场——历史有自身的市场。

艾：　　一旦转向历史，那（评论）立场似乎就排除了在历史的设计中的所有创造性。

塔：　　我不认同这个看法，虽然我相信特定设计领域的存在。任何设计——政治、结构、经济、文化等方面——皆暗示着一条"行军路线"。然而，历史的设计——对过去时代的倾覆，对场所、地理学、年代学的倾覆——并不暗示着单一的"行军路线"，而是数不胜数的可能性。同样地，第一种设计（结构、政治等方面）总是与成功的可能性密切相关，而历史的设计仅是一种以自身为目的的游戏。举例而言，最有趣的历史学派反对权力一元论，引入平行宇宙（Multiversum）的概念，这暗示着我们可以在多个（而非一个）模型中玩耍的可能性。第三，必须考虑到，第一种设计时常倾向于压缩设计与建造的时间间隔，而历史（研究）倒转时间，召回概念，重现过去的问题，倾覆它们，更新它们，突然缩短遥远的距离，或相反，将十分紧密的距离拉开。

艾：　　直觉是否作用于历史学家的工作？

塔：　　贝奈戴托·克罗齐（Benedetto Croce）在第一篇论述美学的文章中就提出历史如同艺术的观点。今天，即使我们不是他的追随者，也可能接受他的另一个反论：在历史被直觉修饰的时候，语义学（philology）就成形了。在历史问题被界定之时，那些从未显现的文献才会曝光。换言之，文献无法定义问题，是问题在寻觅文献。因此，强烈的"直觉"作为历史学家的研究工具和敏感性的组成要素，其作用显而易见。

艾：　　历史学家处于一个不稳定的位置，有什么手段能使他们保持平衡，不致堕落？

塔：　　历史学家发明创造出安全网以及一系列护堤，给予这份工作最大的安全保障。那就是专项史（special histories）。专项史区分事件的秩序或关系，允许构筑内含检验标准的线性、单向的历史。自然地，专项史包含了经济史、政治史、社会史等等。

当试图联合这些秩序中的两个——那时看来这是很勇敢的举动——第一道裂缝便出现了，

在很多情况下甚至诞生了真正的怪物，例如，艺术社会史（Social History of Art）。它联合一种糟糕的历史（比如社会学）和另一种糟糕的历史（比如纯粹、简单的艺术史）。与此相反，如果我们不为研究设限，有意引发一场史学认识论（historiographic episteme）的危机，那么，历史学家便必须以专业技能和新的方式使那些特别具有反抗性的事件脱离它们的关系链。从这个意义上而言，艺术史或建筑史关键就在于它仅是一种基础理论，用以更好地研究历史问题。它们并不孤立地存在于艺术、政治或社会内部，而是人类活动和历史单体的组成部分。

所以，什么是历史学家的手段？工具，某种程度上而言是传统的，比如自我认定的文献学。即便这样，我们依然借助于现代文献学，步入了一个广义阐释的领域。在我看来，勒高夫（Le Goff）的悖论——文献本质上就是谎言——仍可接受。因此，首先有必要批评文献的生产，而后查明那些文献是如何在那个特定的历史时刻被制造出来，接着搞清楚它们包含了什么层面的谎言。

第二个手段正相反，它极其现代。它不是令那些显在的文献发声，而是让沉默的文献发声。实际上，这些疑问就来源于沉默、缺失和真空，历史学家的努力恰使这些缺席之声重新回响。

艾：你如何解释不同层面的设计活动、大众需求和文化组织中对历史日益增长的消费？

塔：这个问题有多种合理的回答。两年前，在一次主题为"恢复古代"（Recovery of the ancient）的圆桌会议上，詹南托尼（Giannantoni）疑惑于为何要去巴黎参加一场伽达默尔（Gadamer）关于柏拉图的讲座，他自己就是古代哲学史的专家，却要努力跟上这一表述，就因为这是伽达默尔关于柏拉图和柏拉图主义的小小总结？然而超过一千人像圣徒般静默地聆听了他的演讲。詹南托尼问自己，这是巴黎人的文化先进的变态——这似乎并未得到客观证实，还是一种时尚？

如今，我认为这些现象实际上掩盖了对滑向所谓的现代的秘密抗拒。大众在希腊雕像或它最糟糕的复制品之中，在拉斐尔或伪造的莱昂纳多·达·芬奇之中找寻什么呢？他们可能仅在无意识地寻找另一种存在的模式。这里面最有趣的一点就是对现状或现状所暗示的未来的日益增长的不满。

我认为事物的发生必有其初始条件。这意味着，人们尚未克服先锋主义（Avant-gardism）提议的与过去决裂所带来的震惊。在《新之传统》（*Tradition of the New*）中，对历史的需求已成为现实：它是一种阻碍（1750年前后），一种指向，一种延展的原则……建筑杂志上任何对新古典主义（Neoclassic Architecture）或超古典主义建筑（Hyperclassic Architecture）的讨论事实上都被平静地接受了，正是因为它看起来像是新的事物。流行作家约瑟夫·里克沃特（Joseph Rykwert）写出名为《第一代现代人》（*The First Moderns*）的书绝非偶然。

保卫一种史学史*
（皮艾托·柯斯采访 曼弗雷多·塔夫里 胡恒 / 译）

CASABELLA

(图1)

《卡萨贝拉》1984 年5 月刊

柯：《书志》(*Rivista dei Libri*) 杂志常常会涉及当代史学辩论的诸项议题，还刊登过罗杰·卡特尔 (Roger Chartier)、朱塞佩·加拉索 (Giuseppe Galasso) 和拉法里·罗曼内利 (Raffaele Romanelli) 的供稿。那么，曼弗雷多·塔夫里先生，关于意大利建筑史，您的看法是什么呢?

塔：如今，可怕的70、80 年代总算过去了，艺术家、画家们的论战也消停了，我要说的尤其是建筑师们的论战：大家津津乐道于那个将建筑比作人的肚脐的隐喻，一切都被失控的自恋所侵蚀，甚至连最优秀的意大利建筑师也都如此。人们发现阿尔多·罗西 (Aldo Rossi) 对其年轻时待过的米兰留恋伤感，而圭多·加奈纳 (Guido Canella) 对米兰的另一面别有情怀。这种自传当然是他国的建筑大师们最后也是最重要的自传的遗产——例如，勒·柯布西耶 (Le Corbusier) 在朗香教堂中的自传意蕴。不同的是，那些是伟大的自传，而我们这里，说得不客气一点，即使是最低调的外省建筑师也免不了谈谈自己，这或许是因为他对社会无话可说，也没有什么新观点要提出来。

向建筑自身 (per se) 回归，可以用许多方式来解释：这符合市场的需求（它总是需要新建筑的）；也符合另一些倒退 (degenerative) 现象，例如为威尼斯世博会所做的德米凯利斯 (De Michelis) 计划。当然，这背后必然存在着"贿赂"(Tangentopoli)。但为了继续我们的话语讨论，我们须记得1985 年威尼斯双年展曾经有这样一句开场白："高处云端，感谢上帝，那里还不错！"(Up in the sky, where thank God it stayed!) 那次事件中，建筑师们被邀请来完成诸如威尼斯迎狮宫 (Venier dei Leoni) 一类的府邸，或者重新设计学院桥 (Ponte dell′ Accademia)；身处某种历史语境，去创作反讽、模仿和滑稽类型的设计没什么不正常的。不知何故，这种气氛很能压制关于建筑的辩论甚至是争论。

结果，如今建筑师事务所里盛行的态度，就是把关于理念的最起码的争论都给抑制了。打个比方，我会选择《卡萨贝拉》(*Casabella*)(图1)。这本杂志由格雷高蒂 (Vittorio Gregotti) 主编，我认为他是在世的最伟大的建筑师之一。我总将我所写的评论发表在《卡萨贝拉》上（无论如何，它都是世界范围内最好的杂志之一）：我赞同格雷高蒂在编辑按语里所写的一切。尽管如此，他似乎更倾向于采取审查的方式，而不是辩论；这意味着要理解该杂志的理念，就必须搞清楚该杂志所排斥的设计是哪些。这里是没有批判或反对什么的。我认为，这就是我们典型的行事方式；我也是这样，只见证事实，不辩论。

* *原文发表于 Casabella 619-620，1995 年。*

现在，在这个大前提下，我试着回答你提出的关于意大利建筑史的问题。理论上，几十年来，作为一门学科的建筑史一直处于昏睡状态。这首先是因为，它从未意识到自己是一门学科。要理解其原因，我们需要回溯至源头（几十年前），那个时候对历史感兴趣的技术人员，面对的是霸占建筑史地盘的具有垄断地位的艺术史家。垄断的结果是，建筑史不是被弃至角落并被遗忘——即使在罗伯特·朗基（Roberto Longhi）那里，建筑也很少被涉及，就是仅仅根据印象来描述，似乎建筑无需特殊的方法也能进行点评一样。例如阿道夫·文杜里（Adolfo Venturi）的《意大利艺术史》（*Storia dell' Arte Italiana*）一书就是这样——它从另一方面来讲算是相当优秀的。但是，难道能说文杜里没有对建筑史产生重大作用吗？不过，出于这样或那样的原因，文杜里兄弟（Adolfo and Lionello Venturi），或者像阿尔甘（Giulio Carlo Argan）这样的伟大历史学家（他写了那么多关于建筑的东西），都不能——或者说缺乏方法——读解出建筑所深含的复杂性。

柯：　也就是说，你认为建筑史不应当只由专家来完成。

塔：　当然不应当。建筑并不一定要从技术知识开始，也不是只有建筑师才能成为建筑史学家。事实上，许多在世的最优秀的建筑史家都来自其他专业：约瑟夫·科勒（Joseph Connors）是搞文学出身；克里斯托弗·弗罗梅尔（Christoph Frommel）是艺术史学家，但比大多数建筑师都更懂得建筑技术的复杂性；霍华德·伯恩斯（Howard Burns）是纯粹的建筑观察家，有现代史的学位，却没有建筑或艺术史的学位。我的意思是，尽管如此，也确实存在着一种理解建筑的独有方式，你必须学会画图，因为你得不断地对设计“复盘”，设想建筑设计后续发展的状况。所以，问题并不在于缺乏技术知识，那是任何人都能获得的。

但是，现在让我们回到源头。几十年前，现代意大利见证了建筑史的诞生，这一点得到了许多人的强力支持，首先是古斯塔夫·乔凡诺尼（Gustavo Giovannoni），然后是文森佐·法索罗（Vincenzo Fasolo）和其他类似的人，当然还有马切罗·皮阿森提尼（Marcello Piacentini）。建筑史，等于就是在做建筑：尽管各流派不无差异，但史学家和建筑师之间却有着普遍的连贯性，这意味着，在同一个人身上，你是无法将建筑学与建筑史区分开的。另一个团体性的面貌肯定会涉及修复——这对乔凡诺尼来说是尤其重要的一面，他既是工程师，又是建筑师，他认为修复与历史并不分离，修复是项目的一部分。这一普遍的意识形态前提导致了某些原先并不存在的建筑学院的诞生；这都架构在“全才建筑师”（integral architect）的论点上。有一个人相当奇怪地分享了这个意识形态基础，乔凡诺尼肯定不了解这个人，但或许听说过（大概他对乔凡诺尼也同样一无所知）。这个人当然就是瓦尔特·格罗皮乌斯（Walter Gropius）。众所周知，他的格言是“从勺子到城市”。在他那里，

（图2）

1948 年出版的《如何品评建筑》，布鲁诺·赛维

“伟大的”(par excellence) 现代主义者与传统主义者会合了，在魏玛历史上存在的阶层差异被消除，因为先锋派必须从零开始。尽管这样，乔凡诺尼的史学还是由灰浆、水泥和砖块组成的，坚决无视当时伟大的史学运动。正是由于乔凡诺尼抛开总体的历史，自顾自地工作，并高傲地断言建筑史家有一双脏手，与其持建筑保守主义的雇主们一个鼻孔出气，所以，如果我们问乔凡诺尼怎样看待阿洛伊斯·里格尔 (Alois Riegl) 或与之密切关联的人，恐怕会显得不太友好。当然，我们现在是讨论问题，没有必要去纠缠他们与法西斯政体走得多近。

那么，法西斯主义之后发生了什么？我们先说说1945—1951 年建筑史上发生的决定性事件。首先，布鲁诺·赛维 (Bruno Zevi)，非常年轻，从美国归来，著有三本史学分量巨著：《有机建筑方法》(*Verso un' architettura organica*)(1945 年)、《如何品评建筑》(*Saper vedere l' architettura*)(1948 年)(图2)、《现代建筑史》(*Storia dell' architettura moderna*)(1950 年)，均由 Einaudi 出版社出版。它们就像一次爆炸，一次由全新的辩论方式引发的爆炸。艺术史、建筑史、社会、众多观点、为新城和新社会所做的设计，通通汇聚在其中。它们大肆宣扬，割舍对文献学的流连依赖，将有利于产生新的观点。

因此，我尊敬赛维作为一位伟大史学家 (可以说是建筑史学家“鼻祖”) 的声望。(但是，当我认为有必要进行议论时，也多次同他进行过激烈议论，而他也肯定地给予了回复。) 我曾经写过，赛维是建筑史界的德·桑蒂斯 (Giuseppe De Santis)。我也吸收了他的写作方式——受马基雅维利 (Machiavelli)、维拉尼 (Giovanni Villani)、孔帕尼 (Compagni) 激发的博学式历史，并且以笔代剑。为了克服20 世纪二三十年代发生的事情，并同新的民主社会相抗争，赛维倡导这样一种建筑，它正从纯理性的方案转变成为有机的设计，因而也更接近于人。

这些年里，阿尔甘的观点与赛维的观点形成了鲜明的对照。在 Einaudi 出版社1951 年出版的《瓦尔特·格罗皮乌斯和包豪斯》(*Walter Gropius e la Bauhaus*) 一书中，阿尔甘再次肯定了纯理性之路，他认为这是已然失败的欧洲理性的最后求生之地。这一论点并非人人都能理解——赛维的论点更清晰和尖锐一些，对建筑师也有强烈的直接影响，阿尔甘的语言则更接近哲学家，离建筑师们比较遥远。这一“难懂的”论点产生了一种建筑史，我曾经称之为“操作式的”(operative) (历史)，如今我更愿意重新命名为“操作式 - 规范的”(operative-normative)(历史)，它为人们正确行事指明了方向。

柯：　也就是说，史学非常具有选择性。

塔：　不，不是非常具有选择性。与之相反，历史宣称“方向正确，就会看得准”(look that rightness is in this direction)，这会让它成为建筑师们的顾问。事实上，我坚持认为赛维是一位史学巨匠，人们不应该仅仅通过其著作来讨论他，因为他还创立了“有机建筑协会”(Associazione per l' Architettura Organica, A.P.A.O.)。如果我们读读该协会的宣言，就能发现一个真正的政治计划 (program)，它非常接近于行动党 (Partito d' Azione) 的计划——行动党的许多成员都是犹太复国主义者 (Zionist)，或来自“正义与自由”运动 (Giustizia e Libertà)。赛维的社会计划包括某些一级工业部门的国有化，以及公共用地收归国有：在建筑变得大众化之前，必须实施一些结构性的改革。我每次重读这些都深受触动，因为它的确迈出了超越建筑学的一步。由于这些观点带有极显在的政治智慧，所以大家会付之一笑；但人们也得意识到它们在当时的重要意义。

事实上，随着赛维和有机建筑协会对抗争的呼吁、煽动与召唤，多种不同的路线相继出现，从民粹主义到新现实主义。许多事情一开始就交叠在一起。观察这种试图在当下有所作为的历史，最终如何面对无数阻碍（不让它运作），是非常有意思的事情。一旦这种历史与其过去的真身相遇，状况就会变得非常明显。这影响到了波尔托盖希(Paolo Portoghesi)、马可尼(Paolo Marconi)等年轻的史学家。于是，人们产生了一种论点——例如在赛维和波尔托盖希于1964年举办的米开朗琪罗展上就可以清楚地看到——认为米开朗琪罗或波罗米尼成为当代建筑的典范(exemplum)：他们将当前的需要投射到过去之上。显然，这不是意大利独有的现象。像吉迪翁(Sigfried Giedion)1941年的《空间、时间和建筑》这样极其重要的书提出了同样的问题。这本书有许多个版本，并已取得巨大成功，同样也有1954年出版的糟糕的意大利语版本。吉迪翁研究了西斯托五世(Sisto V)的城市规划，结果为美国发展出一种驾车专用道路(parkway)和新的城市景观。他认为，这是一种长时段的连贯性元素，自文艺复兴时期就开始了。

1951年，几乎与吉迪翁一书的意大利版本同时，吉洛·多夫莱(Gillo Dorfles)出版了一本关于巴洛克的书；该书将贝尼尼(Bernini)和波罗米尼同巴西建筑师莱迪(Affonso E. Reidy)相比较，并将佩德雷古柳区(Pedregulho)的波浪形同（英格兰）巴斯(Bath)镇18世纪时的新月形相比较。波尔托盖希在其专论波罗米尼的著作（还有其他书）中倒腾的这种历史，使得史学研究显得相当幼稚：因为它是建筑师阐释的历史。我把这称作"贵妇们专属的牛顿主义"(newtonianism for dames)。

1960年，Einaudi出版社出了赛维的巨著《费拉拉建筑师比亚焦·罗塞蒂：欧洲现代城市规划的肇始者》(*Biagio Rossetti architetto ferrarese, il primo urbanista moderno europeo*)，此书在1971年以"城市规划品鉴"(Saper vedere l′ urbanistica)为副标题再版。我常说这是一本重要的历史书，但我也常说比亚焦·罗塞蒂从未以这种形式存在过。因为文献证明了，他只是一个建造大师、某些建筑作品的承建者，他并不对费拉拉的扩建以及其他通常归在他头上的作品负有责任。如果说这本书从学术观点来说是个彻底的错误，那它为什么还如此重要呢？这是因为，在1960年，布鲁诺·赛维是通过比亚焦·罗塞蒂，来告诉第一个左翼政府城市规划应该怎么做。换个更直接的说法就是：当谈到比亚焦·罗塞蒂时，赛维实际上想到的是路易吉·皮奇纳托(Luigi Piccinato)，这个城市规划专家将他喜欢的城市转到左派的方向。这种历史讨论的是一些与历史无关的东西，当它遭遇到国外历史学家的研究时就会暴露出所有弱点。这一"遭遇"很有戏剧性，因为大家很快就会发现，意大利建筑史身上的意识形态负担，是与戏剧性的文献学衰落相依相伴的。这一历史冲击了乔凡诺尼、法索罗、德奥斯塔特(De Angelis D′ Ossat)几十年来经营的学院派史学。在社会改革和全面认识(comprehensive ideas)的领域里，冲击也在不断地重复；但在文献的出处、研究和诠释的范畴内，这一历史的弱点也是相当清楚的；并且，在无力将建筑事件与社会事件连接起来的问题上，它表现出巨大的史学缺陷。在阿尔甘撰写的艺术史中也可发现同样的问题。它深受70年代早期某一聪明的、"进步的"二流学院的学生们的喜爱，因为它通过"艺术之外的"(extra-artistic)现象来诠释艺术。但是，同全面深入的文献研究相比，它就显得薄弱了。建筑史，或者艺术史，再一次吸收了意识形态的意义，同时也深受其控制。但它并不抗拒与国际史学研究成果相比较。

国际学者阅读的詹姆斯·艾克曼(James Ackerman)这类作者的著作，大部分通过Einaudi出版社的译本传到意大利，这要归功于维琴察的帕拉第奥研究中心(Centro Studi Palladiani of Vicenza)。维琴察已成为每年文艺复兴学者大会唯一的、组织得最好的地方。年轻的学生们在精神上多次受到该中心研讨会的强烈打击。国际学者传播着新奇感，并把历史解释为不同种历史纠结缠绕在一起的一缕长发（随着文献学的强势回归）。比较之下，本地学者所提出的历史类推法看上去既粗糙草率又前后脱节，真是相当的幼稚。那些年里，意识形态与政治预设同样幼稚，真是失败，比如负责低造价公共住宅的新机构 Gescal。当第一个中左政府显出毛病的时候，各种事情就接踵而至：1960年，城镇规划者制订了城镇规划法规；1964 年，天主教民主党（Christian Democrats）跟那位提交城镇规划法给议会的部长苏洛（Fiorentino Sullo）决裂了。1964 年以来，我们实际上一直处于无政府状态，甚至领土也是这样：如今的城市是不适合居住的。在这点上，"操作性历史"是完结篇。

那么，结果是什么呢？一方面，人们试图通过消除一切既有的意识形态来重新诠释近代史。但是，这逐渐演变成一种对现代性的批评，因为人们发现谋杀者并不存在，有证据显示，整个时代应该负起责任。这一新潮流的结果就是幼稚的（所谓的）后现代建筑。它意识到了历史先锋派曾自相矛盾地施加在历史上的激进断裂，并认为此断裂造成了一切错误，甚至包括投机式的城市。在这一点上，某些历史学家——我指的仍然是波尔托盖希，他作为1980 年双年展的主持人，发明了一种全新的操作模式——在表达自己时，较少运用话语，更多的是通过计划，例如在威尼斯的军械库展厅的"主街"（Strada Novissima）展览。同样，针对这个场合，建筑师们被要求对自己有所提前计划，并被告知该遵循哪条道路（这带来了所有幻想的破灭，30年已过去，却没有创作出任何好东西）。如今，既悖论又令人意外的是，我们发现，那些始于20 世纪50年代的极其炫目的"操作式–规范性历史"，非常像是战前的保守派捣鼓出来的东西。

这听起来或许有些傲慢不恭。我无意冒犯任何人，这只是一个单纯的历史观察。当然，人们希望能找到一个干净的、重建的社会所需要的建筑，但历史的功能不是让我们栖居于已然远离的东西上，历史不是一种记忆回想，它要为我们当下必然而为的事找到一些前提理由；有些人这样做，有些人那样做。但他们之间仍然有着非常紧密的关系，即使莱昂纳多 · 本奈沃洛（Leonardo Benevolo）之类的年轻作者也是这样。他在1960年出版过一本重要的书，写作路线明显不同于赛维、阿尔甘等人。另外，Laterze 出版社出版的他的《现代建筑史》（*Storia dell'architettura moderna*）也提供了一种方向：我们已经向前走了很远，发现这条主路还是在现代建筑（发端于18世纪晚期）上，我们应当继续走下去；这或多或少是阿尔甘的理性之路，但是结论没那么悲观。本奈沃洛是一以贯之的：因为书出版数年之后，他放弃了学院生涯，终止了作为历史学家的实践工作，开始在布雷西亚（Brescia）做建筑师。他发挥聪明才智，将其城镇规划研究的学术专长运用到特定的城镇上。他同市政部门来往密切，因此培养出一种同市政当局之间的有效关系。

不管人们怎么看待他在布雷西亚的圣保罗住宅区设计，它无疑是条理清晰的。该设计所表达的态度，类似于他在1960 年的书里强调过的观点。就个人史来说，它类似于瓦尔特 · 格罗皮乌斯在1928 年终止教学，跑到柏林去做执业建筑师的姿态。本奈沃洛或许是最后一个同时持有历史与建筑两项技能的建筑师，但他也有着人们对其诟病的"哲学"短板。当然，这一问题又属于不同的语境了。

柯：　那如今的史学呢？

塔：　如今的建筑史学在宏大叙事上表露出了危机。现在的历史写作都是踉踉跄跄，跟打嗝一样；即使是那些最好的著作（我说的不是那些综合性的书，而是全面的书），也一直是中断式历史（interrupted history）。与主要方法相平行的形式法（form paths）同其他方法叠合起来，就像蜘蛛网一样，包含了许多微观分析式的深度研究，包含许多细微的现实——它们通过重估某种实录式文献学的价值来一一诠释其他的现实。由维特科维尔（Wittkower）、罗茨（Lotz）和弗罗梅尔等历史学家——后两人主持编写了罗马的赫兹图书馆的书目（Bibliotheca Hertziana），罗茨开了头，然后弗罗梅尔跟进——开启的这一思考方法，确信上帝存在于细节之中。这种方法在原理上是没问题的，但其结果却是每况愈下，因为它摒弃了宏大叙事（great narration）的模式，取而代之以与当前现实相贴合的叙述方式，也即海德格尔所说的"中断的方式"（interrupted paths）。但事实上，只有伟大的历史学家才能处理好这一叙事方式的转化，缺乏天赋的年轻历史学家必然越走越窄，最后钻进一个死胡同。新一代在三四十岁的时候往往着迷于那些围绕于建筑的编史细节，建筑及其委托人，或对委托人历史的分析。他们只在非常有限的时期内进行研究，并坚守一种偏执的方式。从他们获得学位的那天开始，直到耗尽自己全部的智力资源为止。这真是一种病态的学院派野心。大家总是优先选择那些资料易于获得的、按编年顺序来的时期（例如18、19世纪），并不断地老调重弹——它们本可以用更为复杂的专业语言来加以重述。最终，大家捣鼓出一本没有辩论（polemics）与异议的400页的专著。没有辩论，没有异议，没有历史。这是一种明显的趋势，在大学里尤其如此。事实上，这是一种新的经院哲学，很难被摆脱掉。因为，当学生非常聪明、非常认真的时候，他们往往把文献证据当作救命稻草死死抓住。

我们越是将问题看作是世界范畴的、星系式的，我们就越害怕那个细节自我封闭的世界——它比较类似于建筑师所采用的方式。这种时常被艺术史和建筑史采用的方法（对建筑史而言后果常常是灾难性的）利用了图像学和图像志的分析技术，却没有触及瓦尔堡学派的根源。人们涉及的大多是晚期帕诺夫斯基（Panofsky），也就是一种被稀释过且美国化了的——请原谅我用这个词——图像学。很抱歉，我知道这样说对美国学派非常不公平。

柯：这是一种对老派"观念史"的回归，永恒且不可更改的？

塔：是的，寻找意义但一无所获的观念史。每一个画类似 *Amore vincente* 画作的同性恋者都无法画出神圣爱神（amore divino）之箭。因此，萨尔瓦托利·塞提斯（Salvatore Settis）和卡洛·金兹伯格（Carlo Ginzburg）这些在70年代中期大肆攻击意大利艺术史的艺术史家，称之为"野蛮的图像学"（savage iconology），它指向的是完全没有必要的意义属性。同样，在意大利，许多值得尊敬的艺术史家都制造出了糟糕的传人——有时候是由他们的著作制造出的。这一问题时常渗入建筑史领域：16、17世纪的每一个建筑项目看上去不是对天国耶路撒冷的重建，就是复制了《启示录》，每一个都变成了所罗门神庙或诺亚方舟；有的人还在这些建筑甚至布鲁诺·陶特（Bruno Taut）二三十年代的玻璃实验建筑中发现了神秘的共济会建筑的痕迹。真是滑稽。

近来出版了一本关于西斯托五世——可怜的帕瑞提（Peretti）教皇——真正可怕的书，我称之为"野蛮的数字"（savage numericality）。像许多其他书一样，这本书的确很滑稽，预示着令人难以置信的衰败。这一切都开始于20世纪60年代。那个时候，整整一代的平庸学者开始在大学任职。这一代人没有留下任何功绩；唯一残余的是一种危险的浅薄涉猎的特点，由于早先过度的透视导致的透视缺失（它从未去找个替代品）。所以，所有的一切都变成一种"缺席"，一种可充气的思想真空；在这个真空当中，想要去制造一把勺子，生产一个尚无必要或不成熟的合成物，大概相当于在教年轻的学生们，艺术史如何能同其他历史联系起来。

建筑史的极限（胡恒）

在一篇关于塔夫里的《球与迷宫》的论文中，我曾经幼稚地认为，将书中的导言《历史"计划"》中的每一个命题整理出来、排列好，论文就可以宣告完成。就像巴特认为他的关于米什莱的博士论文，"只要列出米什莱的各种主题，就可以写出一本深刻的、创新的著作"。[1] 很快，我发现这条路行不通，或者说，这最多只算是一个准备阶段。在艰苦地罗列《历史"计划"》各项命题的过程中，我感觉对塔夫里的研究离不开一个基本主旨——关于塔夫里的价值的认定。这实际上正是我一直以来力图回避的主旨。讲讲塔夫里多么重要、多么深刻、多么伟大，这有什么意义呢？无数本书（谈到塔夫里的书）都讲过类似的话。现在，我发现，这个问题还是应该成为一个主旨。并且，它还需要一个界外的参照，一条导引线。

我对塔夫里价值的强烈感受，产生于一篇对雅克·拉康的访谈《不可能有精神分析学的危机》。这是拉康在1974年接受意大利《全景》(*Panorama*)杂志的一个访谈。他在其中驳斥了"精神分析学的危机"的论调，认为"这全部是捏造。首先，危机不存在，不可能存在。精神分析学还没有完全到达其自身的界限。在实践与认知中，仍然有这么多的东西有待发现……"[2]"危机"让我立即想到塔夫里。在《历史"计划"》中，"危机"是核心命题。塔夫里认为，历史就是"关于危机的计划"。历史，就是将主体、将写作、将全部的现实世界都推向危机。一个认为学科并没消亡，"危机"不存在；另一个则认为学科要生存下来，就必须制造危机，这两者不是正相逆反吗？

我认为，这就是理解拉康的论点和塔夫里的价值之间关系的要点。拉康认为精神分析学没有危机，这只是拉康自身的感受。实际情况是精神分析学的危机一直存在（在上述访谈随后的一段中，拉康就开始大谈精神分析学的糟糕状况），但是由于拉康的存在，这一危机被缓解。他的创造性工作使危机重重的学科焕发生机。对于塔夫里来说，情况也是一样，建筑学的危机因为塔夫里的存在而被化解（尽管是暂时性的和局部性的缓解）。表面上，塔夫里的态度和拉康正相反，他高举危机的大旗，而不是对危机矢口否认。

1 路易－让·卡尔韦. 结构与符号——罗兰·巴尔特传 [M]. 车槿山，译. 北京：北京大学出版社，1997：74.

2 E. 葛朗乍多，J. 拉康. 不可能有精神分析学的危机——1974年拉康访谈录 [J]. 黄作，译. 世界哲学，2006(02)：66-71.

但是，我们能够认为塔夫里和拉康为自身的学科所做的贡献是一样的吗？从某种角度来说，是一样的。这就是拉康所说的，“精神分析学（学科）还没有完全到达其自身的界限”。拉康将精神分析学带到了自己的边界——应该说达到了一个极限。这是学科的新界限，是弗洛伊德未曾划出过的。塔夫里同样将现代建筑学带到了新的界限。这一新的界限不是建筑学所覆盖的面积的盲目扩大而造成的。塔夫里并没有一味将经典建筑学学科界限之外的知识填充进来，将这些非建筑学知识转化为建筑知识；也没有强化建筑学自身的功能，使之超越学科界限，对其他学科领域强行干预，更没有聪明地在不同学科之间寻找中间地带（所谓的学科间性），以证明建筑学自身模糊的生存权，最终暗示出具体、激进走向的不可能性。塔夫里所做的是，暂时抛开学科的规则，也就是现存的学科语法（概念体系、方法分类、教育格式）这些仪式般的自我呈现形式。他回到了一个原点，这就是拉康所说的实践和认知。“在实践与认知中，仍然有这么多的东西有待发现……”所以塔夫里在《球与迷宫》之后，开始逐渐摆脱掉“建筑史学家”“建筑理论家”之类的称呼，而认为自己只是个“分析者”，一个不断在实践中改变自身的“分析者”。分析的对象没有任何变化，仍然是建筑——建筑物、方案、建筑师、建筑活动。改变的是主体（分析者）的位置。他不再是一个既定学科内的规则的实践者，而是一个独立的个体实践者。他自己划定分析范畴、分析方法、分析目标，并且在反复推翻自身的分析的内在情感原质（也就是分析的基础和基本动力）的过程中，使自身的分析活动达到一个极限。这是《历史“计划”》中的一个重要命题。同样，这一极限也蕴含在每一个分析对象之中。因为，每一个分析对象中都凝结着不同的经验，有多少个分析对象，就有多少种分析方法，就存在着多少潜在的界限。

在此前提下，无论是拉康还是塔夫里，他们对其他知识领域的介入才有了与众不同的意义。这些知识领域一方面为他们提供了不同的现实世界的构成模式，另一方面也为研究主体进行自我质疑提供了有效武器。这些领域中的思想，有很多尚处于萌芽状态就被取用，它们帮助主体重建研究平台，并且避免使这一新的平台迅速平庸化（这是很容易的）。

从另外一个角度来看，拉康和塔夫里为自身的学科所做的贡献又不一样。一个是只有不足百年历史的新兴学科（如果从1900 年《释梦》出版来算的话，只有70 年生命），另一个则是延续了三百余年的古老学科（如果算上维特鲁威的《建筑十书》的话，那就有千年的寿命）。它们所面临的"危机"有着不同的内涵。对于精神分析学来说，我们可以认为，正如拉康所说的，危机的表征是，"把弗洛伊德的教导简化为某种平庸格式的精神分析学：仪式般的分析技术、限制在行为治疗中的实践和作为方法的个体与其社会环境的再适应。这是对弗洛伊德的否定。这是一种舒适的、沙龙式的精神分析学"。[3] 如果扩展这一话题的话，那么，危机更在于精神分析的"美国化"，被资本主义转化为一种"人体工程学"，一种缓和阶级矛盾的精神药剂，一种医学化的意识形态。所以，拉康的挽救策略是"回到弗洛伊德"。拉康自己为精神分析学建立了一个"结构周期"，这显然可以很有效地免除从一个端点开始下滑的学科悲剧。他用黑格尔的辩证法改变弗洛伊德的论题方法，用数学上的拓扑学再加补充，用索绪尔的语言学来改造弗洛伊德关于无意识的规律的描述。他的弗洛伊德已离开原本的弗洛伊德很远。所以，"回到弗洛伊德"的结果是拉康成为学科的真正创立者。

塔夫里对自身学科的作用没有拉康那样明确。古老的建筑学体制的危机不在于它的精英身份的平庸化和世俗化，而在于它的命运和资本主义的命运紧密相连。也就是说，它的危机是因为，它在资本主义制度受到剧烈冲击的时候（19 世纪的社会危机），发挥着掩盖这一社会矛盾的功能，这一现状导致学科自身的自闭和停滞。学科成为主流意识形态的栖息地和保护所。所以，它的危机不是它无以为继，而在于它对社会变革（包括建筑变革）的麻木不仁，仍然不停地、机械地生产着一看即知的学科话语——而且似乎这一生产可以无限地进行下去。塔夫里的话语对这一状况提出挑战。按照他自己的话来说就是，"现代建筑学面临的重要问题是重建它的思想内涵"。[4] 社会危机使得建筑活动出现革命行为（先锋派活动），那么，建筑话语同样应该出现革命行为。这一革命行为要去做的就是"重建学科的思想内涵"。

塔夫里的学科重建方式与拉康迥然不同。他没有把自己的工作建立在一个诸如弗洛伊德的新原点上。这是一种真正的彻底重建。因为他面临的是，在当下的时代中，

3　E．葛朗乍多，J．拉康．不可能有精神分析学的危机——1974 年拉康访谈录．

4　塔夫里，达尔科．现代建筑［M］．刘先觉，等译．北京：中国建筑工业出版社，1999：5．

如何建立对建筑的认知？也就是说，如何创造关于这个时代的建筑知识？所有建筑（一切时代、一切地点的建筑），在这个新的现实世界中，它们正在成为的那种知识是什么样的？我们（革命的理论家）应该如何去认知这一知识，如何揭示这一知识的生产过程，从而创造新的建筑知识？

这一彻底重建需要三个前提条件。第一个前提条件是，构造新的现实层。在《历史"计划"》中，塔夫里用尼采、弗洛伊德和马克思的理论来进行这一构造。其中，马克思是主要的参照系。也就是说，塔夫里用生产关系、生产方式、具体劳动 / 抽象劳动、学术劳动、劳动分工这些概念，组织起现实世界的构成模式。因为这个原因，本雅明的著名观点——"作品对生产关系说了些什么是次要的，首要需考虑的是作品在生产关系中所起的作用"，[5] 在这里起到至关重要的作用。除了马克思式的现实构造层外，塔夫里还试图将尼采的权力理论当作其现实层的第二构造方式。相对于马克思，这一理论运用起来要困难得多（或许是因为尼采的陈述完全不具备像马克思那样的明确的功能形态）。虽然有福柯这个中介，但是权力理论要成为实实在在的现实层的构造基础，还是件相当遥远的事。塔夫里在《历史"计划"》中，只在几个重要的地方略微表现出这一意向。

第二个前提条件是，建立一个赋予一切建筑都有生存权的历史参数。这一点的提出，显然是针对资本主义社会体制下的建筑学学科中，参照阶级等级而建立起的学科对象的等级观——宗教建筑、市政建筑、府邸建筑、特殊建筑（监狱、军营）等。这些建筑在研究著述中占据的重要性，和它们在社会制度中占据的重要性相吻合。塔夫里将被历史抹掉的建筑和被遮蔽的建筑重新提到研究对象的位置。正如塔夫里所说的，历史上的每一分钟都会给我们提供些什么东西。[6]

第三个前提条件是，将建筑史学家和建筑师的身份完全区分开。也就是说，建筑史学家的写作不干涉建筑师的创作，不为建筑师指引创作方向和提供创作方式，他只是"分析者"。而建筑师的创作也无须考虑史学家或理论家的观点或理论，只须安心创作便是。塔夫里用这一区分表明，建筑史学家的身份是知识分子，他的职责就是创造新知识。

5 Manfredo Tafuri. The Historical Project[M]. The Sphere and the Labyrinth, Cambridge, Mass.: MIT Press, 1987: 15.

6 加尔加诺，塔夫里. 弗朗切斯科 · 迪乔治 · 马丁尼：伟大的展览 [J]. Domus, 1993(12): 97.

第一个前提条件的作用在于将现实问题化。在一个充满疑问和矛盾的现实世界中，建筑活动的含义该如何理解。第二个前提条件的作用在于无限制地扩大研究对象的范围。建筑学不再围绕那几个老生常谈的伟大作品打转。第三个前提条件最重要。它的作用在于明确史学家的批评者身份、批判者身份、知识分子身份——也就是明确自己的政治身份。在这三个前提基础上，塔夫里开始新的建筑知识的生产。

塔夫里的学科重建，没有去攻击旧有的经典建筑学学科规范。他所做的是以个人之力来建立自己的建筑史。他在1960 年的博士论文（关于斯瓦本王朝时期的西西里建筑）的写作中，就置当时的博士论文候选人必须进行建筑设计创作的要求于不顾。无视现有的学科规则，对于塔夫里来说是理所当然的。但更为重要的是，要对自己的研究进行不断的质疑（而不是对既有学科规则进行质疑）。所以，他在《建筑学的理论与历史》一出版，就开始了理论反思，结果《走向建筑的意识形态批判》在1969 年出现。1973 年《建筑与乌托邦》出版后，他就在1977 年的《历史"计划"》中提出新的意识形态理论。这一个人的建筑史没有确定的规则，也没有确定的终极目标。如果有什么东西一直贯穿始终的话，那就是要在研究中改变自己。所以，塔夫里的这些研究，无论是具体的史学实践，还是方法论总结，它们都只是"临时建构"。虽然，它们给我们带来了那么多的新鲜灵感和知识刺激，但是我们不能将这些"临时建构"绝对化、固定化、原则化。换句话说就是，塔夫里的研究不具有传统意义上的教学性。这也是个人建筑史的内在特征——它无法公式性地进入普通的教育体系。

原因很简单，教学（学科的基本运转条件之一）必然具有一个道德标准，或者说学科道德标准。好的建筑、不好的建筑，好的方法、不好的方法，好的写作、不好的写作，这些区分是教学的自然结果。塔夫里的研究不产生这样的结果。但是一旦强行将其纳入教学体系，将其固定化、规则化，也就是真理化，那么，一系列令人不解的自相矛盾将会随之出现。塔夫里的价值认定也随之成为疑问。

詹姆斯·艾克曼在一篇文章中表露出生硬学习塔夫里的思想，反过来给自己带来的困惑。艾克曼认为，塔夫里的允许一切建筑存在的新史学参数和意识形态诠释视野这些史学新方法“不可限量地丰富了自己的工作”。[7] 所以，他和大多数学生一样，也学着把关于建筑生产的相关动力的陈述完全建立在文献的基础上，并且注意力不再集中于个别的“伟大”建筑师。但是，塔夫里的后期著作中，却仍然保持了对伟大建筑师的重视。“他的注意力一直都固定在皮拉内西和柯布西耶上。最近几年出版了有关他曾参与组织的个展的目录书，其中包括对拉斐尔、朱里奥·罗马诺和弗朗切斯科·德·乔尔乔的研究。塔夫里去世的时候，几乎已经完成了小桑迦洛（Antonio da Sangallo the Younger）画丛一书的词条。”艾克曼无法理解这一差异——似乎塔夫里并没有遵循他的启发性的方法论原则。“我不确定他会怎样解释这一变化……”[8] 艾克曼困惑的原因其实很简单，这就是将塔夫里的话语真理化的后果。

正如我们所知，像《历史“计划”》这样的方法论文章已被广泛引用。当然，主要的引用形式是脱离前后文地摘引几个句子，以此作为自己立场或观点的佐证。而且，大家摘引的都相差无几，似乎文中其他部分并不存在。实际上，该文翻译为中文大约3 万余字，常被援引的大概是其中的几百字。也就说，绝大部分都被视而不见。一旦将此文的完整性还原，我们会立即发现，这不是一篇关于建筑史方法论的结论式综述。它只是塔夫里在1977 年针对历史认识论与方法论问题所做的小结式阐述。它是探索性的，而不是宣言式的。它是一次“临时建构”，而不是永恒规律的揭密。以之为参照，我们会发现，其中各项主题在其他的著作中已经反复出现过，有些已经得到大幅修改，有些则基本不变。我们还会发现，在《球与迷宫》中的9 篇正文中，塔夫里开辟了9 个建筑史的研究场地。并且，9 种建筑史的视角与方法的具体运用，和《历史“计划”》之间存在一种动态的对应关系。9 次不同的写作（时间跨越8 年），将塔夫里的主体带出了学科的法定界限。这已是有目共睹。但是，事情并非到此为止。因为建筑史的学科界限从来都是暧昧不明，或者说无关紧要的。简单地说，学科界限只是在不同研究工作的相互模仿之下而形成的默认之规。它的唯一功能，也是不变的功能，在于它维持着学科脆弱的自尊和合法性。它是学科生物链的一个端

7 James S. Ackerman. The lesson of Manfredo Tafuri[J]. Casabella, 1995(619-620): 165.

8 同上。

点。了无生气的从业者通过它而获得生存的物质基础和精神基础，并在社会网络中占据相应的安全位置。这一点对塔夫里而言毫无意义。9 篇文章以自己的方式将塔夫里带出了自身。这是它们唯一做到的事。

我们能够从这些文章中获得很多启示。但也只是启示而已。塔夫里的写作并不会树立起榜样，要我们跟着他一起这样或那样做。它们所传达出的信息是，建筑史的写作可以这样，也可以那样，当然还可以……所以，塔夫里的个人建筑史抵达的是自己的极限，而不是学科的极限。学科不需要极限，只需要规则，但是个体实践却正好相反（用卡西亚里的话说，就是塔夫里所钟爱的“无法则和约束的秩序”[9]）。这一点即使对于拉康来说也是一样的。

我们无法将塔夫里与建筑学学科相比较来确认他的写作的价值。因为他不是为学科写作，而是为自身写作。在1976 年的一个访谈中（几乎和拉康的访谈同时，而且是接受法国人的访谈，这和拉康的访谈形成一个有趣的对应），塔夫里谈到他的书不为读者而写，也无需读者。[10] 但是，我们不能因此简单地认为他的写作真的无关他者。举个例子来说，我们可以这样理解，如果塔夫里的《球与迷宫》一书具有某种价值的话，那么这一价值应该从两个方面来认定：一个相对于整个思想史（而不仅仅相对于建筑学）；另一个相对于塔夫里个体。

第一个方面的价值认证，需要做的铺垫性工作当然是回到文本自身。这是不二之途。比如《历史“计划”》一文。我们必须深入这一文本的每一细胞和间质，将它们剥离开，再现每一阐述的背景空间——这是一项极为巨大和恐怖的工程。然后，我们再重新将这些拆散的零件组合起来。只有这样，我们才能使之成为一个有机整体。其次，更为重要的是，使之进入思想史空间，将其彻底历史化（这也是塔夫里历史方法论的命题之一）。我想，其中的每一项具体的分析步骤，都在为塔夫里的这一文本做价值认定，因为，它辨析的是联系和差异（而不是单纯地下结论）——文本的价值无疑产生于此。当然，被分解开的文本最终再度统一在一起，并不是简单地统一为一个新文本，而是统一到塔夫里主体之上。这样，第二个方面的价值认证就可以开始进行了。它首先要讨论的是文本和主体之间的关系。

9 Massimo Cacciari. Quid tum[J]. Casabella, 1995(619-620): 169.

10 Françoise, Manfredo Tafuri. The culture markets[J]. Casabella, 1995(619-620): 39.

在文章的开头，我就试图通过拉康的观点阐明文本对于写作主体的意义何在。我们现在已经知道，它是塔夫里个人建筑史的一次新的实践——不是重复性的实践，而是在质疑且颠覆了自己的研究基础之后所进行的实践。它不具有教育功能，因为它只是个体的一次越界的实验。它不具有史学典范作用，因为它没有成功与否的标准。它没有为我们开辟出新的道路，因为这条道路在他走过之后便被关闭。塔夫里在《历史"计划"》最后一段的阐述，清晰地表露出他对这一问题的自我看法。写作就是一种"越界"，最终要达到的目的是实现主体的自由。

在"越界"和"主体的自由"两个概念的指引下，被分解开的《历史"计划"》自然汇聚到了一个终点（文本的拆解和重组画出一个完整的圆）。令人遗憾的是，我们无法真实地还原这一再生的统一体。因为，我们能够在某种程度上还原个体和集体的危机的历史，但对还原个体经验则束手无策——我们无法成为那个永不停止变化的塔夫里。（有些研究者正在致力于局部地还原这一个体经验和集体危机的历史的综合，比如丘奇的《形式的历史》一文。）但是，事情不是就此陷入绝境，我们发现，塔夫里在两者之间所打下的那个"结"，就是带领我们进入这一新的统一体之中的阿里阿德涅线团。塔夫里曾经在1976 年说，他在《建筑学的理论与历史》中，在个体经验与个体和集体危机的历史之间打下一个"复杂的结"[11]。这个结或许在1977 年解开了——我们比较它与《历史"计划"》的差异时能够感受到这一点。那么，我们是不是可以认为，在《历史"计划"》中新的"结"又被打上了呢？

可见，对于塔夫里的无法接近的主体经验，我们并非真的束手无策。这一阿里阿德涅线团式的"结"，就是我们可以探询和追踪的线索。那么，这一（些）"复杂的结"隐藏在何处呢？我们怎样才能找到它呢？

我们不得不再度回到文本自身。那些潜藏在文本中的矛盾，那些我们在深度剖析、反复解析的过程中出现的难解之处，就是"复杂的结"的藏身之所。如果用塔夫里自己的话说，就是"癫狂的表征"。实际上，我们在文本分析的过程中多次产生的困惑，已经

11 The culture markets, p.37.

在悄悄提示"复杂的结"的存在：还是以《历史"计划"》为例，文中"历史空间"的含义的差异性；三大历史危局的悬而未决；权力概念的闪烁不定；三部分格局的理论坐标的无声转换；"集体知识分子"和重构的学科之间虚构的辩证交换；快感的理论位置……有些是塔夫里自己有所感觉，有些则在塔夫里的意识之外。对这些"症状"的研究，也就是对"复杂的结"的研究，换句话说，就是对塔夫里所进行的精神分析。因为这已经不是在分析语言，而是在分析言语（文本之下的低语）。这一分析虽然仍难以帮助我们复原塔夫里的主观经验，但是它可以向我们突显出在这一特定文本中，塔夫里的主观经验所遭遇的困境。从某种角度来说，这一困境甚至是文本的一个真正出发点。它被掩盖在文本中所宣称的那些目标、目的、期望、针对点之下。

平心而论，找到这些"复杂的结"虽说不易，但我们在经过详尽的地毯式文本分析之后，已经或多或少发现了一些它们的位置。可是，如果要对这些"结"进行深入分析，却还是困难重重。这已经不是锚定一个文本就能解决的问题——我们需要研究这一文本写作周期中，塔夫里的所有写作和与之有所关联的写作。显而易见，这是一件极为庞大的工作。

所以，对塔夫里文本价值的认定，依然难以最终完成。也就是，相对于整个思想史，塔夫里的个人建筑史所具有的价值，能够在关于其文的具体分析中得到体现。另一半价值，即相对于塔夫里的主体而言的价值，则暂时无法确定。我们在文本分析过程中梳理出那些"复杂的结"的若干位置，同时也发现，从某种角度来看，这些结也无须解开，它们是文本的魅力之源，它们表明了个体经验的冲突与和谐，表明了这一经验与"悲剧性的当下环境"之间一触即发的碰撞和随之而来的"符号僵局"，表明了历史写作自身的艰巨和痛苦，也表明了理论话语的真实形态——矛盾与冲突，以及修辞和装饰。但是，追踪这些"结"的来龙去脉，却是文本分析自身已不能停止的工作，就像一个已经启动的程序。这里，喊一声暂停是必要的。不是因为它的运转将有可能使塔夫里的写作价值消解为零（这是深入研究的必然结果之一），而是因为这已是另外一个层面的分析工作——文本在此变为一个症候，而不是一个历史事件。

《建筑文化研究》集刊是一项跨学科合作的研究计划。它以建筑与城市研究为主轴，将其他学科（历史、社会学、哲学、文学、艺术史）的相关研究吸纳进来，合并为一张新的研究版图。在这个新版图中，建筑研究将获得文化研究的身份，进入到人类学的范畴——建筑研究不再是专业者的喃喃自语，它面对的是社会的普遍价值与人类的精神领域，简而言之，它将成为一项无界的基础研究。

投稿信箱：huhengss@163.com

图书在版编目（C I P）数据

建筑文化研究 . 第 9 辑，历史与批判 / 胡恒主编 . --
上海：同济大学出版社，2020.10
ISBN 978-7-5608-8218-5

Ⅰ . ①建… Ⅱ . ①胡… Ⅲ . ①建筑－文化－文集
Ⅳ . ① TU-8

中国版本图书馆 CIP 数据核字 (2020) 第 173142 号

建筑文化研究　第 9 辑
历史与批判
胡恒 / 主编

出 版 人：华春荣
策　　划：秦蕾 / 群岛工作室
责任编辑：李争　杨碧琼
责任校对：徐春莲
装帧设计：typo_d
版　　次：2020 年 10 月第 1 版
印　　次：2020 年 10 月第 1 次印刷
印　　刷：联城印刷（北京）有限公司
开　　本：787mm X 1092mm　1/16
印　　张：13
字　　数：324 000
书　　号：ISBN978-7-5608-8218-5
定　　价：79.00 元
出版发行：同济大学出版社
地　　址：上海市四平路 1239 号
邮政编码：200092
网　　址：http://www.tongjipress.com.cn
经　　销：全国各地新华书店

Studies of Architecture & Culture
Volume 9: History and Critique

ISBN 978-7-5608-8218-5

Edited by: HU Heng
Initiated by: QIN Lei/Studio Archipelago
Produced by: HUA Chunrong (publisher), LI Zheng / YANG Biqiong (editing), XU Chunlian (proofreading), typo_d (graphic design)

Published in October 2020, by Tongji University Press,1239, Siping Road, Shanghai, China, 200092.
www.tongjipress.com.cn

sac → volume#9 → sac → volume#9 → sac → volume#9 → sac → vo
ume#9 → sac → volume#9 → sac → volume#9 → sac → volume#9
sac → volume#9 → sac → volume#9 → sac → volume#9 → sac → vo
ume#9 → sac → volume#9 → sac → volume#9 → sac → volume#9
sac → volume#9 → sac → volume#9 → sac → volume#9 → sac → vo
ume#9 → sac → volume#9 → sac → volume#9 → sac → volume#9
sac → volume#9 → sac → volume#9 → sac → volume#9 → sac → vo
ume#9 → sac → volume#9 → sac → volume#9 → sac → volume#9
sac → volume#9 → sac → volume#9 → sac → volume#9 → sac → vo
ume#9 → sac → volume#9 → sac → volume#9 → sac → volume#9
sac → volume#9 → sac → volume#9 → sac → volume#9 → sac → vo
ume#9 → sac → volume#9 → sac → volume#9 → sac → volume#9
ac → volume#9 → sac → volume#9 → sac → volume#9 → sac → vo
ume#9 → sac → volume#9 → sac → volume#9 → sac → volume#9
sac → volume#9 → sac → volume#9 → sac → volume#9 → sac → vo
ume#9 → sac → volume#9 → sac → volume#9 → sac → volume#9
sac → volume#9 → sac → volume#9 → sac → volume#9 → sac → vo
ume#9 → sac → volume#9 → sac → volume#9 → sac → volume#9
sac → volume#9 → sac → volume#9 → sac → volume#9 → sac → vo
ume#9 → sac → volume#9 → sac → volume#9 → sac → volume#9
ac → volume#9 → sac → volume#9 → sac → volume#9 → sac → vo
ume#9 → sac → volume#9 → sac → volume#9 → sac → volume#9
ac → volume#9 → sac → volume#9 → sac → volume#9 → sac → vo
ume#9 → sac → volume#9 → sac → volume#9 → sac → volume#9
ac → volume#9 → sac → volume#9 → sac → volume#9 → sac → vo
ume#9 → sac → volume#9 → sac → volume#9 → sac → volume#9
ac → volume#9 → sac → volume#9 → sac → volume#9 → sac → vo
ume#9 → sac → volume#9 → sac → volume#9 → sac → volume#9
ac → volume#9 → sac → volume#9 → sac → volume#9 → sac → vo
ume#9 → sac → volume#9 → sac → volume#9 → sac → volume#9
ac → volume#9 → sac → volume#9 → sac → volume#9 → sac → vo
ume#9 → sac → volume#9 → sac → volume#9 → sac → volume#9
ac → volume#9 → sac → volume#9 → sac → volume#9 → sac → vo
ume#9 → sac → volume#9 → sac → volume#9 → sac → volume#9
ac → volume#9 → sac → volume#9 → sac → volume#9 → sac → vo
ume#9 → sac → volume#9 → sac → volume#9 → sac → volume#9
ac → volume#9 → sac → volume#9 → sac → volume#9 → sac → vo

ac → volume# → sac → volume#9 → sac → volume#9 → sac → vol
me#9 → sac → volume#9 → sac → volume#9 → sac → volume#9 →
ac → volume#9 → sac → volume#9 → sac → volume#9 → sac → vol
me#9 → sac → volume#9 → sac → volume#9 → sac → volume#9 →
ac → volume#9 → sac → volume#9 → sac → volume#9 → sac → vol
me#9 → sac → volume#9 → sac → volume#9 → sac → volume#9 →
ac → volume#9 → sac → volume#9 → sac → volume#9 → sac → vol
me#9 → sac → volume#9 → sac → volume#9 → sac → volume#9 →
ac → volume#9 → sac → volume#9 → sac → volume#9 → sac → vol
me#9 → sac → volume#9 → sac → volume#9 → sac → volume#9 →
ac → volume#9 → sac → volume#9 → sac → volume#9 → sac → vol
me#9 → sac → volume#9 → sac → volume#9 → sac → volume#9 →
ac → volume#9 → sac → volume#9 → sac → volume#9 → sac → vol
me#9 → sac → volume#9 → sac → volume#9 → sac → volume#9 →
ac → volume#9 → sac → volume#9 → sac → volume#9 → sac → vol
me#9 → sac → volume#9 → sac → volume#9 → sac → volume#9 →
ac → volume#9 → sac → volume#9 → sac → volume#9 → sac → vol
me#9 → sac → volume#9 → sac → volume#9 → sac → volume#9 →
ac → volume#9 → sac → volume#9 → sac → volume#9 → sac → vol
me#9 → sac → volume#9 → sac → volume#9 → sac → volume#9 →
ac → volume#9 → sac → volume#9 → sac → volume#9 → sac → vol
me#9 → sac → volume#9 → sac → volume#9 → sac → volume#9 →
ac → volume#9 → sac → volume#9 → sac → volume#9 → sac → vol
me#9 → sac → volume#9 → sac → volume#9 → sac → volume#9 →
ac → volume#9 → sac → volume#9 → sac → volume#9 → sac → vol
me#9 → sac → volume#9 → sac → volume#9 → sac → volume#9 →
ac → volume#9 → sac → volume#9 → sac → volume#9 → sac → vol
me#9 → sac → volume#9 → sac → volume#9 → sac → volume#9 →
ac → volume#9 → sac → volume#9 → sac → volume#9 → sac → vol
me#9 → sac → volume#9 → sac → volume#9 → sac → volume#9 →
ac → volume#9 → sac → volume#9 → sac → volume#9 → sac → vo
me#9 → sac → volume#9 → sac → volume#9 → sac → volume#9
ac → volume#9 → sac → volume#9 → sac → volume#9 → sac → vo
me#9 → sac → volume#9 → sac → volume#9 → sac → volume#9
ac → volume#9 → sac → volume#9 → sac → volume#9 → sac → vo
me#9 → sac → volume#9 → sac → volume#9 → sac → volume#9